# 陕西专利数据分析 2023

陕西省科学技术情报研究院◎编

科学技术文献出版社

SCIENTIFIC AND TECHNICAL DOCUMENTATION PRESS

·北京·

**图书在版编目（CIP）数据**

陕西专利数据分析. 2023 / 陕西省科学技术情报研
究院编. -- 北京 : 科学技术文献出版社, 2024. 12.
ISBN 978-7-5235-1844-1

Ⅰ. G306.72

中国国家版本馆 CIP 数据核字第 2024LT3947 号

## 陕西专利数据分析2023

策划编辑：郝迎聪　　　责任编辑：张瑶瑶　　　责任校对：张永霞　　　责任出版：张志平

| | |
|---|---|
| 出　版　者 | 科学技术文献出版社 |
| 地　　　址 | 北京市复兴路15号　邮编 100038 |
| 出　版　部 | (010) 58882941, 58882087（传真） |
| 发　行　部 | (010) 58882868, 58882870（传真） |
| 邮　购　部 | (010) 58882873 |
| 官 方 网 址 | www.stdp.com.cn |
| 发　行　者 | 科学技术文献出版社发行　全国各地新华书店经销 |
| 印　刷　者 | 北京时尚印佳彩色印刷有限公司 |
| 版　　　次 | 2024 年 12 月第 1 版　2024 年 12 月第 1 次印刷 |
| 开　　　本 | 889×1194　1/16 |
| 字　　　数 | 261千 |
| 印　　　张 | 13.25 |
| 审　图　号 | 陕S（2024）023号 |
| 书　　　号 | ISBN 978-7-5235-1844-1 |
| 定　　　价 | 98.00元 |

# 编写组

主　　编：张　薇

副 主 编：张秀妮

编写人员：（按姓名拼音排序）

　　　　　　高　尧　龚　娟　胡启萌　李　鹤

　　　　　　李　娟　李　鹏　刘佳悦　钱　虹

　　　　　　武　茜　佘　虎

# 前　言

　　专利作为技术创新成果的要素之一，可以从一个侧面反映一个组织或地区的创新能力。《陕西专利数据分析 2023》对 2023 年陕西的国内外专利公开数据进行多维度分析，展示陕西专利的全貌及特征，揭示陕西在几个主要技术领域技术创新的优势和不足。

　　本书以 incoPat 专利数据库、德温特专利数据库，以及中国、美国、日本、韩国，世界知识产权组织、欧洲专利局"四国两组织"的专利官网为数据源，从专利公开量、授权量、有效发明专利、主要申请主体、技术分类 5 个维度对 2023 年陕西全省及 11 个市（区）的专利数据进行分析；并遴选了陕西有比较优势的 17 个产业技术领域进行重点分析。聚焦陕西高价值专利申请地市及县区，从专利数量和质量两大方面构建高价值专利评价指标，以 2023 年公开的专利数据为基础对各县区的高价值专利竞争力水平进行评价。

　　专利数据整理分析涉及数据采集、清洗、分类、核准等繁杂而细致的工作，在每年度分析中会对上一年度的检索路径和方法进行优化。由于受数据源多样性及数据分析人员专业知识所限，书中疏漏和差错在所难免，真诚希望读者给予理解和指导，将发现的错误及改进意见反馈给我们，以便今后不断完善。

专利情报分析研究组

2024 年 6 月

# 目  录

## 第一章

# 陕西专利数据总览

## 一、陕西"国内专利"概况

2023 年，陕西取得的"国内专利"许可公开量、专利授权量和有效发明专利等指标数据如表 1-1 所示。

表 1-1　2023 年陕西"国内专利"主要指标数据[①]

| 序号 | 指标名称 | 数据 | 同比增长 | 全国排名 |
|---|---|---|---|---|
| 1 | "国内专利"许可公开量 / 件 | 112 562 | −3.81% | 13 |
| | 其中，发明专利许可公开量 / 件 | 63 034 | 11.34% | 10 |
| 2 | 专利授权量 / 件 | 71 556 | −9.84% | 14 |
| | 其中，发明专利授权量 / 件 | 22 028 | 16.19% | 10 |
| 3 | 发明专利经济效率 /（件 / 亿元 GDP） | 0.67 | 6.35% | 8 |
| 4 | 有效发明专利 / 件 | 98 316 | 6.85% | 11 |
| 5 | 有效发明专利密度 /（件 / 万人）[②] | 24.85 | 6.79% | 8 |

**（1）有效发明专利密度**

陕西每万人拥有有效发明专利 24.85 件，排名第八，低于全国 33.56 件 / 万人的平均水平。

**（2）申请主体**

2023 年公开的陕西"国内专利"中，高校和企业是主要申请主体，专利许可公开量约占全部公开量的 88%，其中，发明专利授权量的比例近 92%；TOP 10 机构中有 9 家高校、1 家企业。

---

① 书中涉及的专利数据采用 incoPat 专利平台的实时检索数据，与国家知识产权局最终公布数据可能会略有差异。

② 本书中采用 2022 年年底各地区常住人口数据得出专利密度。

**（3）技术分类**

2023年公开的陕西"国内专利"中，其IPC分类号中G06F（电数字数据处理）和G01N（借助于测定材料的化学或物理性质来测试或分析材料）两类居前列，均超过5000件。

**（4）专利转让**

2023年陕西的"国内专利"转让数量达到8070件，其中，转让的发明专利4241件，约占53%。转让技术涉及最多的是电数字数据处理技术，其次是分离和借助于测定材料的化学或物理性质来测试或分析材料技术方面。

**（5）地域特征**

按专利申请地址进行归类统计，西安的发明专利许可公开量、发明专利授权量、有效发明专利占比等指标均处于绝对优势。

## 二、陕西"国外专利"概况

**（1）国外专利总量**

陕西"国外专利"，仅指陕西取得的PCT国际专利、欧洲专利和美、日、韩3国专利。2023年公开的陕西"国外专利"共计1438件。其中，PCT国际专利595件，比上年增长11.63%；陕西申请的美、欧、日、韩专利中，美国专利550件，居首位，比上年增长1.29%。

**（2）主要申请主体**

2023年公开的陕西"国外专利"中，西安热工研究院有限公司申请的"国外专利"数量为154件，居全省首位。其中，申请PCT国际专利107件、日本专利35件、美国专利10件、欧洲专利2件。

**（3）技术领域优势**

2023年公开的陕西"国外专利"中，杂环化合物、电数字数据处理和半导体器件3个技术领域的数量位居前列。

## 三、部分技术领域专利概况

本书选择陕西有比较优势的17个产业技术领域进行重点关注。截至2023年年底，陕西在新一代信息技术（新型显示、量子信息、集成电路、传感器）、高端装备制造（增材制造、数控机床、输变电装备）、新材料（钛、钼、石墨烯、陶瓷基复合材料）、新能源化工〔太阳能光伏、氢能、煤制烯烃（芳烃）深加工〕、航空航天、民用无人机和生物医药这17个技术领域方向的发明专利数据详见附录一。

## 1. 新一代信息技术

在新一代信息技术产业领域中选取新型显示、量子信息、集成电路和传感器 4 个方向进行重点分析。

**（1）新型显示**

截至 2023 年年底，在新型显示技术领域，陕西的国内发明专利许可公开量和授权量均位居全国[①]第十一。2023 年，陕西在该技术领域申请的国外专利的公开量为 117 件，合计 93 个同族专利。其中，PCT 国际专利 35 件，美国专利 61 件，欧洲专利 7 件，日本专利 6 件，韩国专利 8 件。

陕西莱特光电材料股份有限公司在新型显示技术领域表现卓越，在无环或碳环化合物、杂环化合物等方向的国内发明专利授权量居全国前五。

**（2）量子信息**

截至 2023 年年底，在量子信息技术领域，陕西的国内发明专利授权量位居全国第七。2023 年当年的国内发明专利授权量在全国排名第九。

西安电子科技大学在密码编译、无线电定向导航测量和图像数据处理方向表现突出，获得的国内发明专利授权量居全国前五。

**（3）集成电路**

截至 2023 年年底，在集成电路技术领域，陕西的国内发明专利授权量在全国排名第九。2023 年当年的国内发明专利授权量在全国排名第十一。

西安电子科技大学在该技术领域的国内发明专利许可公开和授权总量、2023 年当年国内发明专利许可公开量和授权量均位居第一。国外机构在该技术领域的专利活动非常活跃，在多个主要技术方向上申请的国内发明专利授权量居全国前五。

**（4）传感器**

截至 2023 年年底，在传感器技术领域，陕西的国内发明专利授权量在全国排名第七。2023 年当年的国内发明专利授权量在全国排名第九。

西安交通大学在测量（力、应力、转矩、功、机械功率、温度、热度等）技术方向表现突出，国内发明专利授权量居全国首位。

## 2. 高端装备制造

在高端装备制造产业中选取增材制造、数控机床和输变电装备 3 个方向进行重点分析。

---

① 本书提及的全国排名均不含港、澳、台地区。

**（1）增材制造**

截至 2023 年年底，在增材制造技术领域，陕西的国内发明专利许可公开量位居全国第六，国内发明专利授权量位居全国第五。2023 年，陕西在该技术领域仅有 6 件国外专利公开。

西安交通大学在增材制造技术领域 7 个技术方向的国内发明专利授权量进入全国 TOP 5 之列，3 个技术方向居全国首位。

**（2）数控机床**

截至 2023 年年底，在数控机床技术领域，陕西的国内发明专利许可公开量位居全国第十一，国内发明专利授权量位居全国第十。

西安交通大学和西北工业大学分别在铣削，电数字数据处理，尺寸、角度和面积计量，金属处理 4 个技术方向上国内发明专利授权量进入全国 TOP 5 之列，具有一定优势。

**（3）输变电装备**

截至 2023 年年底，在输变电装备技术领域，陕西的国内发明专利许可公开量位居全国第十一，国内发明专利授权量位居全国第十。在该技术领域，2023 年陕西有 24 件国外专利公开，其中，PCT 国际专利 3 件，美国专利 12 件，欧洲专利 5 件，日本专利 4 件。

中国西电电气股份有限公司在电变量、磁变量测量，磁体、电感等及磁性材料选择，电开关、继电器、紧急保护开关，电容器、光电敏器件等 4 个技术方向上国内发明专利授权量位居全国申请主体前列。

### 3. 新材料

在新材料产业领域中选取钛、钼、石墨烯和陶瓷基复合材料 4 种材料进行重点分析。

**（1）钛材料**

截至 2023 年年底，在钛材料技术领域，陕西的国内发明专利许可公开量居全国首位，国内发明专利授权量位居全国第二，仅次于北京。

西北有色金属研究院在全国钛材料的多个技术分支中表现突出，国内发明专利授权量处于全国领先地位，在金属半成品及辅助加工技术方向上国内发明专利授权量居全国首位。

**（2）钼材料**

截至 2023 年年底，在钼材料技术领域，陕西的国内发明专利许可公开量和授权量均居全国首位。

金堆城钼业股份有限公司在钼材料技术领域的 9 个技术方向上国内发明专利授权量进入全国 TOP 5 之列，5 个技术方向上居全国首位。

**（3）石墨烯**

截至 2023 年年底，在石墨烯材料技术领域，陕西的国内发明专利授权量位居全国第八。

2023 年当年的国内发明专利授权量在全国排名第十。

西安电子科技大学在半导体器件技术方向上国内发明专利授权量位居全国第二。西安稀有金属材料研究院有限公司和西北有色金属研究院在金属粉末制造制品及加工技术方向上国内发明专利授权量进入全国 TOP 5 之列。

**（4）陶瓷基复合材料**

截至 2023 年年底，在陶瓷基复合材料技术领域，陕西的国内发明专利授权量位居全国第三，落后于北京、江苏。2023 年当年的国内发明专利授权量在全国排名第二，仅次于江苏。

西安交通大学、西北工业大学在该技术领域多个技术方向上国内发明专利授权量进入全国 TOP 5 之列。其中，西安交通大学在 3 个技术方向上国内发明专利授权量居全国首位；西北工业大学在石灰、氧化镁、矿渣、水泥及其组合物技术方向上国内发明专利授权量居全国首位。

### 4. 新能源化工

在新能源化工产业领域中选取太阳能光伏、氢能和煤制烯烃（芳烃）深加工 3 个方向进行重点分析。

**（1）太阳能光伏**

截至 2023 年年底，在太阳能光伏技术领域，陕西的国内发明专利许可公开量和授权量均居全国第八。2023 年，陕西在该技术领域申请的国外专利的公开量为 155 件。其中，PCT 国际专利 94 件，美国专利 26 件，欧洲专利 13 件，日本专利 15 件，韩国专利 7 件。

太阳能光伏技术领域的国内授权发明专利中，咸阳中电彩虹集团控股有限公司在电容器、整流器、检波器、开关器件、光敏热敏器件及转变化学能为电能的方法或装置技术方向上，西安工程大学在空气调节、增湿和通风技术方向上，西安交通大学在弹力、重力、惯性或类似的发动机相关技术方向上国内发明专利授权量居全国领先地位。

**（2）氢能**

截至 2023 年年底，在氢能技术领域，陕西的国内发明专利许可公开量和授权量均居全国第十。

西安交通大学在氢能技术领域的表现相对突出，其国内发明专利授权量在陕西位居第一，远超其余机构，且在非金属元素，以及生产化合物或非金属的电解工艺、电泳工艺 2 个技术方向上国内发明专利授权量进入全国 TOP 5 之列。

**（3）煤制烯烃（芳烃）深加工**

截至 2023 年年底，在煤制烯烃（芳烃）深加工技术领域，陕西的国内发明专利许可公开量和授权量均居全国第五。

陕西机构在该技术领域的表现一般，申请机构中陕西科技大学在碳 – 碳不饱和键反应得到的高分子化合物技术方向上，西安科技大学在水、废水、污水或污泥的处理技术方向上进入全国发明专利授权量 TOP 5 之列。2023 年，陕西在该技术领域仅有 1 件国外专利公开。

### 5. 航空航天

选取陕西具有比较优势的航空航天产业领域进行重点分析。

截至 2023 年年底，在航空航天领域，陕西的国内发明专利授权量在全国排名第二，仅次于北京。2023 年申请的国外专利的公开量为 17 件，比 2022 年增加 7 件。

西北工业大学、西安电子科技大学、西安空间无线电技术研究所、中国飞机强度研究所、中国航空工业集团公司西安飞机设计研究所、中国航空工业集团公司西安航空计算技术研究所在该领域的多个技术分支中表现突出，国内发明专利授权量处于全国领先地位。

### 6. 民用无人机

选取民用无人机产业领域进行重点分析。

截至 2023 年年底，在民用无人机领域，陕西的国内发明专利授权量位居全国第四，落后于北京、广东、江苏。2023 年当年的国内发明专利授权量位居全国第五。

西北工业大学、西安电子科技大学多个技术方向的授权发明专利数量位居全国 TOP 5 之列。民营企业西安爱生技术集团有限公司在 6 个技术方向上国内发明专利授权量位居陕西 TOP 5 之列。

### 7. 生物医药

选取生物医药产业领域进行重点分析。

截至 2023 年年底，在生物医药领域，陕西的国内发明专利许可公开量和授权量均居全国第 12 位。2023 年，陕西在该技术领域申请的国外专利的公开量为 154 件，较 2022 年减少 27 件。其中，PCT 国际专利 45 件，美国专利 66 件，欧洲专利 16 件，日本专利 25 件，韩国专利 2 件。

西安交通大学在生物医药领域的国内发明专利授权量高居榜首，突显了其在省内该领域的"领头羊"地位，在医用配制品、药物的特定治疗活性和诊疗等技术方向处于领先地位。西安大医集团股份有限公司的 2023 年国外专利公开量居陕西首位，达 27 件，表现优异。

（整理编写：龚娟）

## 第二章

# 陕西"国内专利"数据

### 一、专利总量数据

2023 年，陕西"国内专利"许可公开量为 112 562 件，同比降低 3.81%。其中，发明专利许可公开量 63 034 件，占陕西当年"国内专利"许可公开总量的 56.00%。陕西"国内专利"授权量 71 556 件，同比降低 9.84%。其中，发明专利授权量 22 028 件，全国排名第 10 位，占陕西当年"国内专利"授权总量的 30.78%（图 2-1）；增长率排名第 24 位，较上年下降了 7 位（图 2-2）。

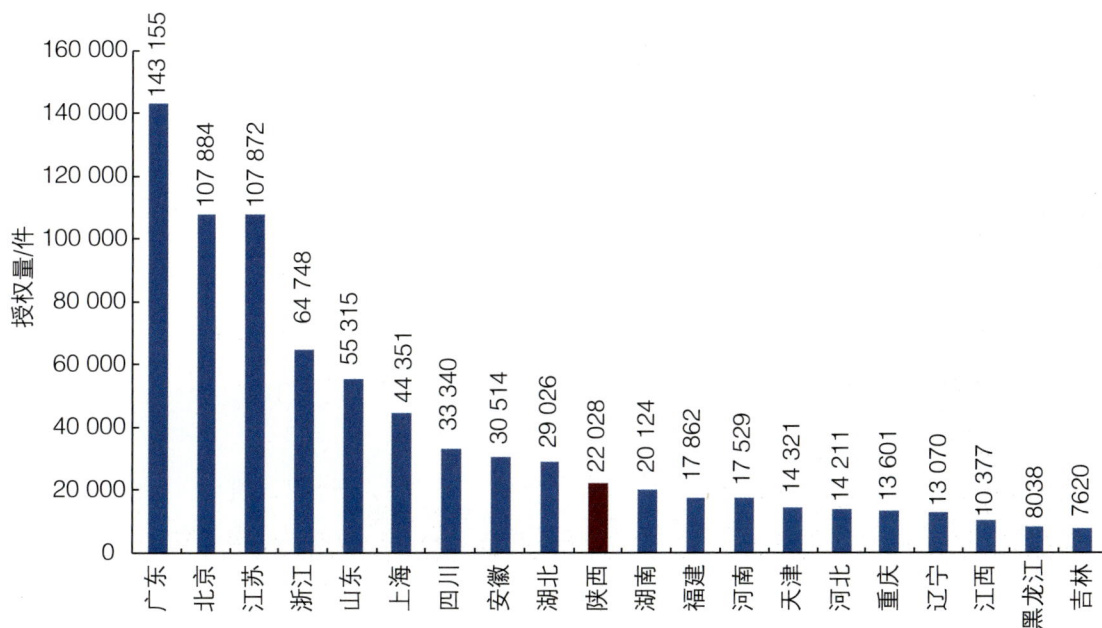

图 2-1　2023 年部分省（自治区、直辖市）发明专利授权量

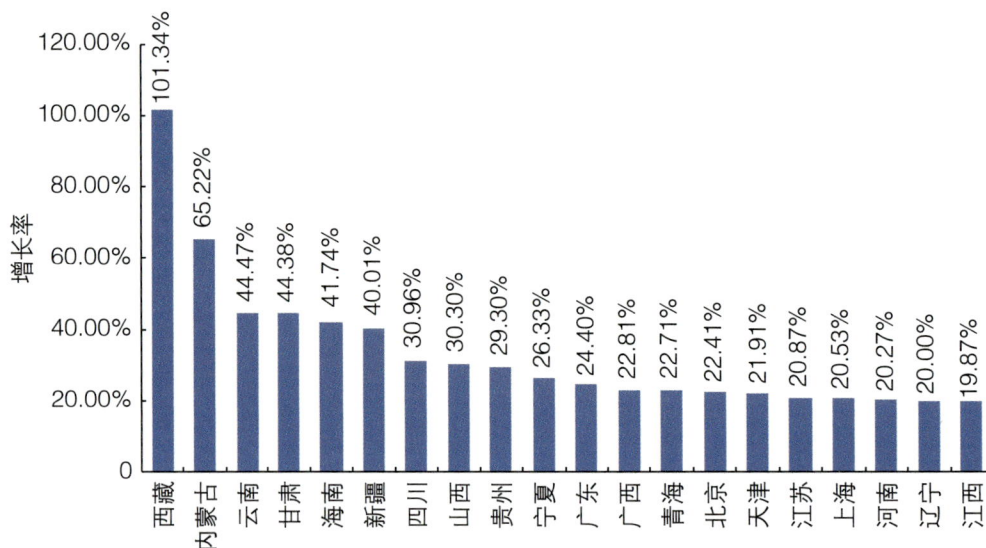

图 2-2　2023 年部分省（自治区、直辖市）发明专利授权量增长率

## 二、专利经济效率

2023 年部分省（自治区、直辖市）每亿元 GDP 产出的专利授权量情况如图 2-3 所示。

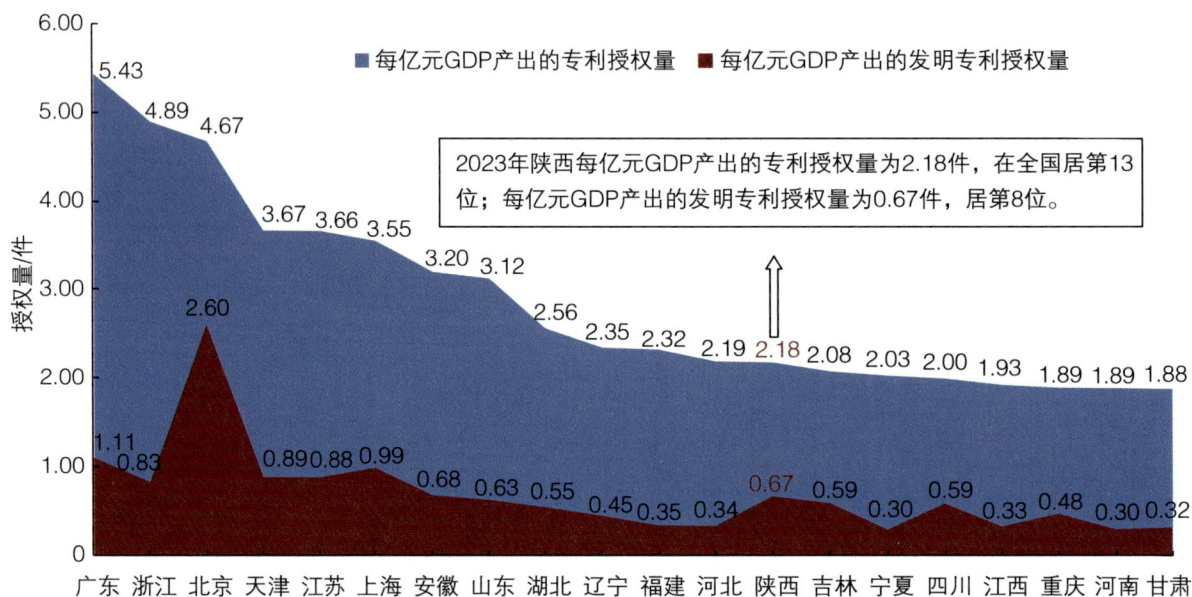

2023年陕西每亿元GDP产出的专利授权量为2.18件，在全国居第13位；每亿元GDP产出的发明专利授权量为0.67件，居第8位。

图 2-3　2023 年部分省（自治区、直辖市）每亿元 GDP 产出的专利授权量

## 三、专利密度数据

图 2-4 反映的是 2023 年部分省（自治区、直辖市）每万人拥有的专利授权量和发明专

利授权量数据。

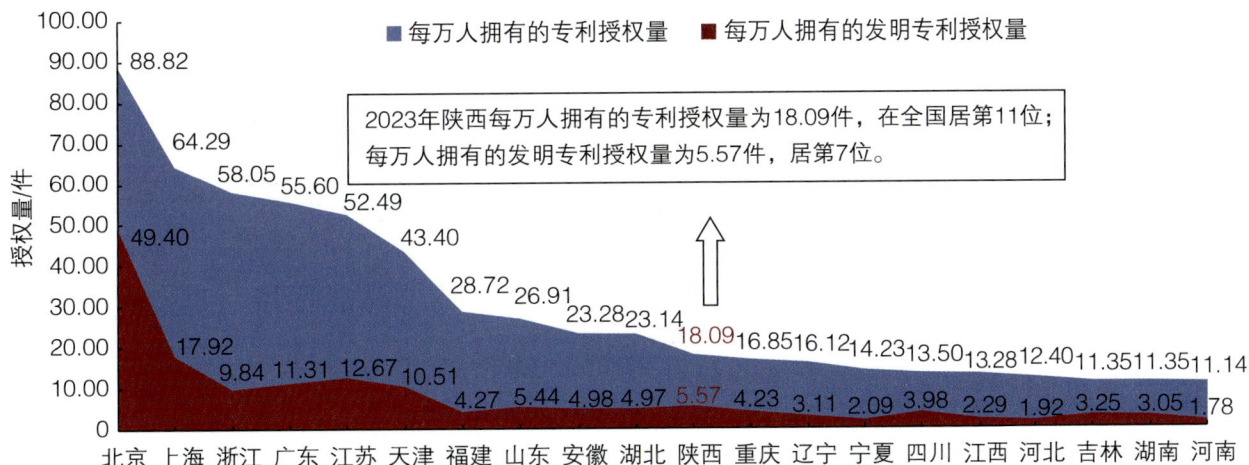

图2-4 2023年部分省（自治区、直辖市）每万人拥有的专利授权量

截至2023年年底，部分省（自治区、直辖市）的有效发明专利拥有量[①]和有效发明专利密度如图2-5所示。陕西的有效发明专利密度为24.85件/万人，排名第八，低于全国平均水平（33.56件/万人）。

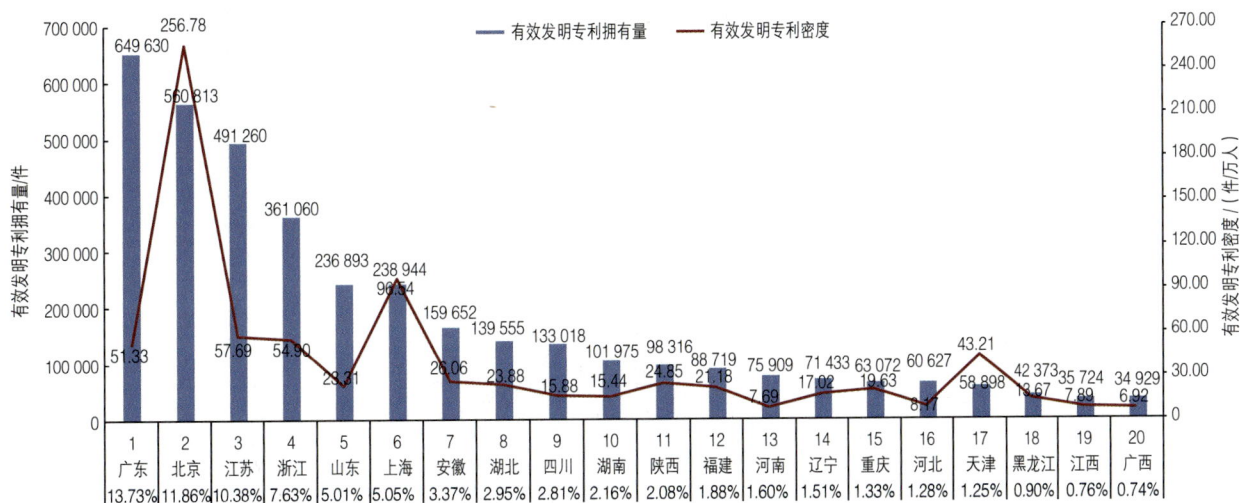

图2-5 部分省（自治区、直辖市）有效发明专利拥有量及密度

注：图中按照有效发明专利拥有量进行排名；采用2022年年底各地区常住人口数据得出专利密度；各省（自治区、直辖市）下方数字为该省（自治区、直辖市）有效发明专利拥有量占全国有效发明专利拥有量的百分比。

---

① 书中涉及的有效发明专利数据采用incoPat专利平台的检索数据，检索日期2024年6月30日。

## 四、专利申请主体

### 1. 申请主体 TOP 10

**（1）专利许可公开量** TOP 10

2023 年公开的陕西国内专利中，前 100 名机构的总量为 50 698 件，约占全省专利许可公开总量的 45.04%。2023 年公开的陕西国内专利申请机构、非高校申请机构和申请企业 TOP 10 如图 2-6 至图 2-8 所示。2023 年公开的陕西国内专利申请机构 TOP 10 以高校为主，其中

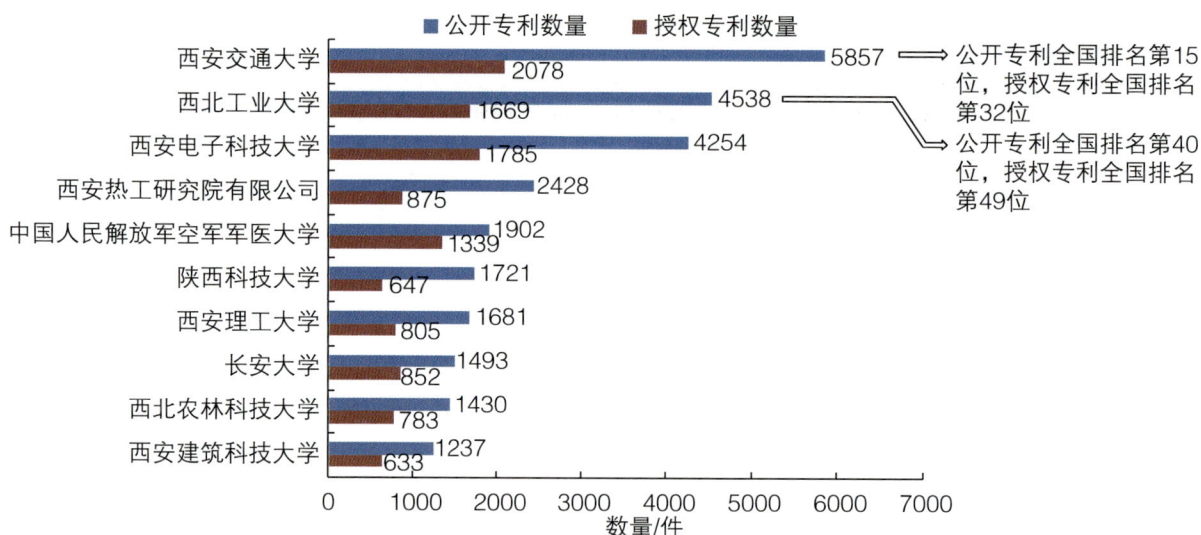

图 2-6　2023 年公开的陕西国内专利申请机构 TOP 10（以公开量排名为准）

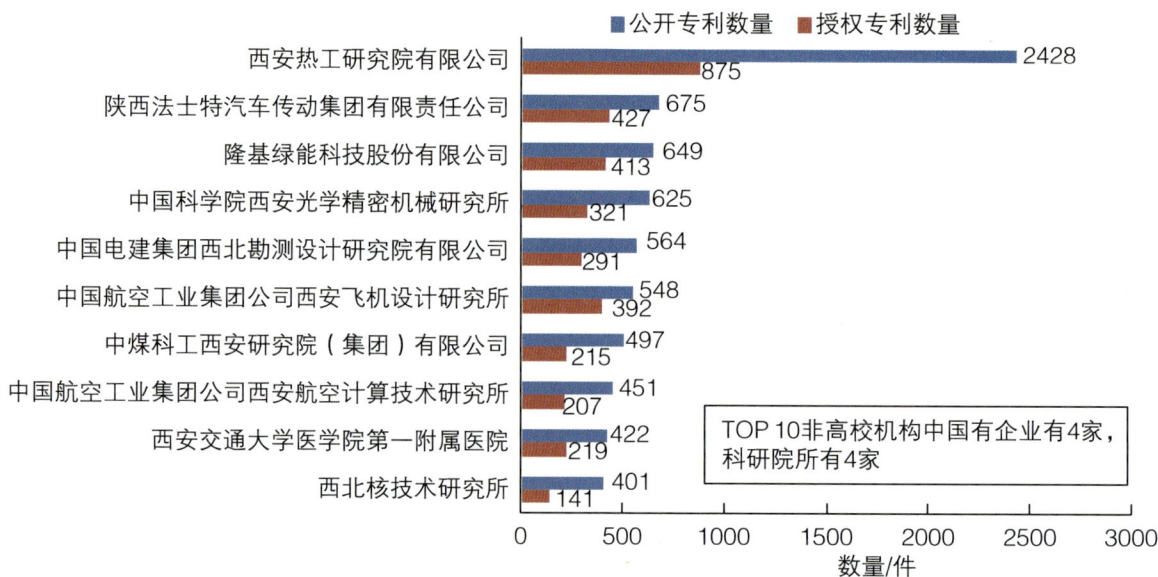

图 2-7　2023 年公开的陕西国内专利非高校申请机构 TOP 10（以公开量排名为准）

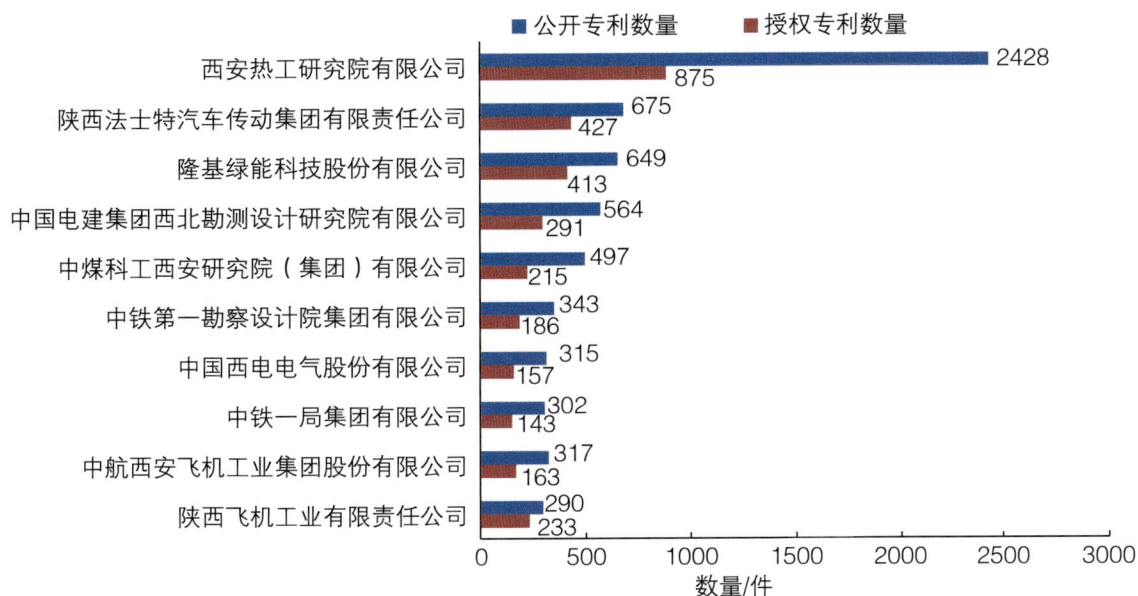

图 2-8　2023 年公开的陕西国内专利申请企业 TOP 10（以公开量排名为准）

高校 9 家、企业 1 家。西安交通大学的专利许可公开量和专利授权量在全国的排名较为靠前，分别为全国第 15 位和第 32 位。

（2）**发明专利** TOP 10

2023 年陕西授权发明专利的申请主体中，高校占主导地位，图 2-9 为申请机构 TOP 10，其中高校 9 家、企业 1 家；图 2-10 为非高校申请机构 TOP 10，其中科研院所 8 家、国有企业 2 家；图 2-11 为申请企业 TOP 10，其中国有企业 8 家、民营企业 2 家。

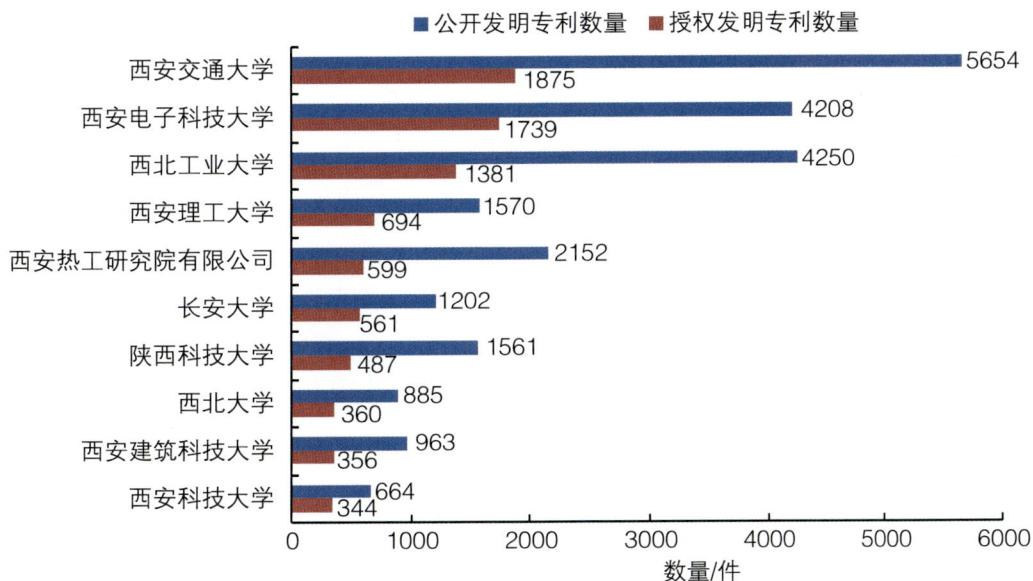

图 2-9　2023 年陕西发明专利申请机构 TOP 10（以授权量排名为准）

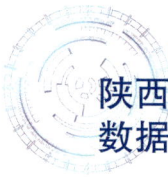

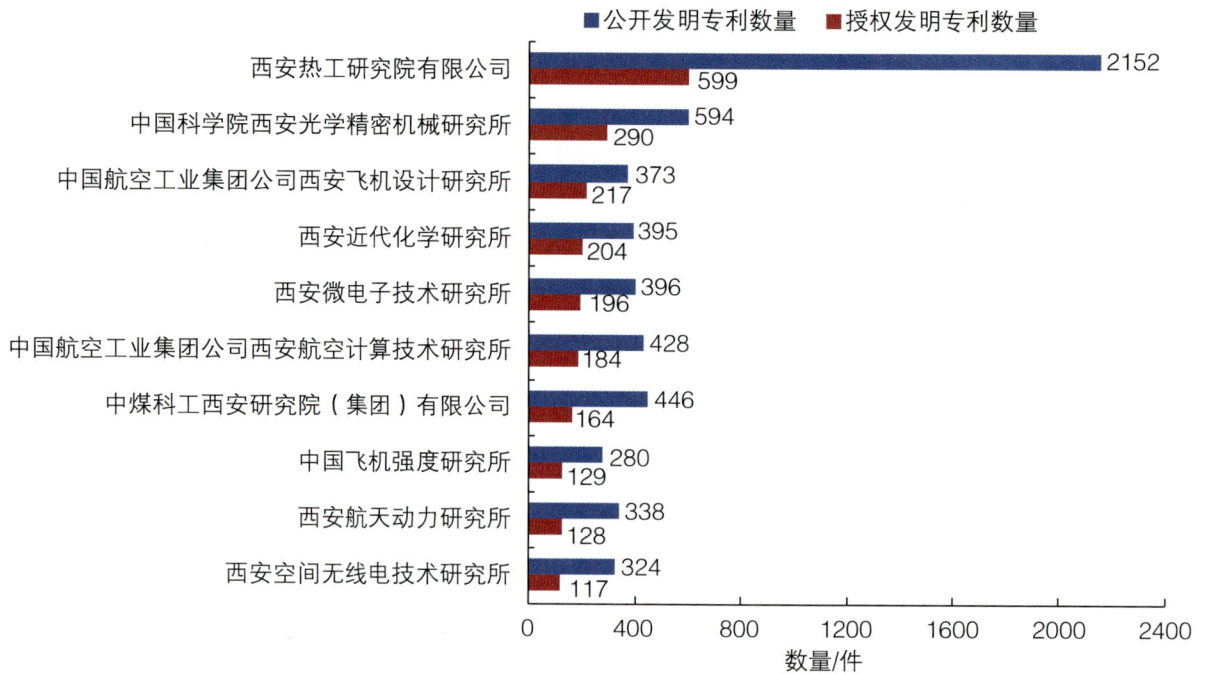

图 2-10　2023 年陕西发明专利非高校申请机构 TOP 10（以授权量排名为准）

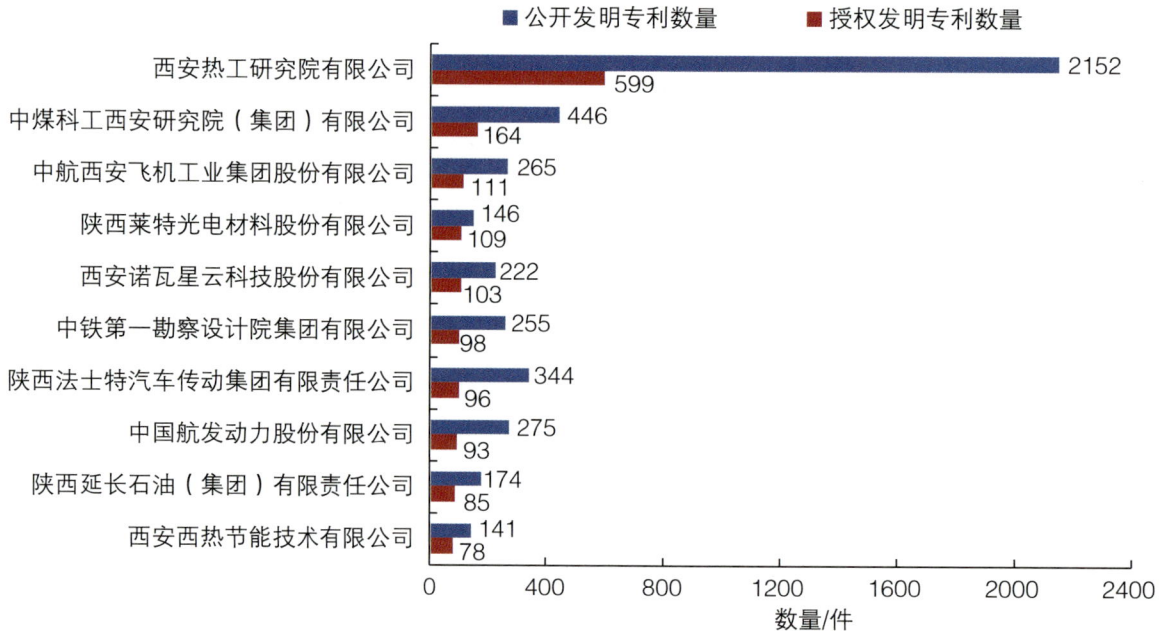

图 2-11　2023 年陕西发明专利申请企业 TOP 10（以授权量排名为准）

**（3）有效发明专利 TOP 10**

截至 2023 年年底，陕西国内有效发明专利的申请主体排名前 10 的机构中，9 家为高校，1 家为国有企业（图 2-12），排名前 10 的机构有效发明专利总量为 47 586 件，占全省有效发明专利总量的 48.4%。

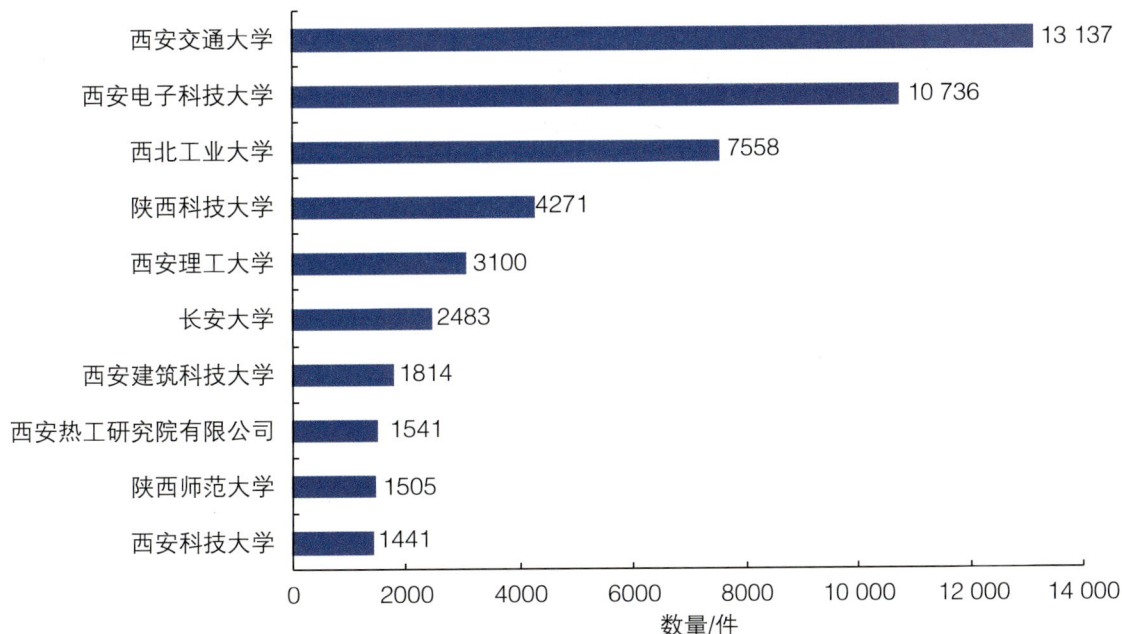

图 2-12　截至 2023 年年底陕西有效发明专利申请机构 TOP 10

　　如图 2-13 所示，截至 2023 年年底，陕西有效发明专利非高校申请机构 TOP 10 基本是大型研究院所和国有企业，特别是央属院所，但总数量与高校相差悬殊，从某一方面反映出陕西的省属企业和院所技术创新能力表现欠佳。图 2-14 所示的陕西有效发明专利申请企业TOP 10 中，仅有 2 家民营企业。

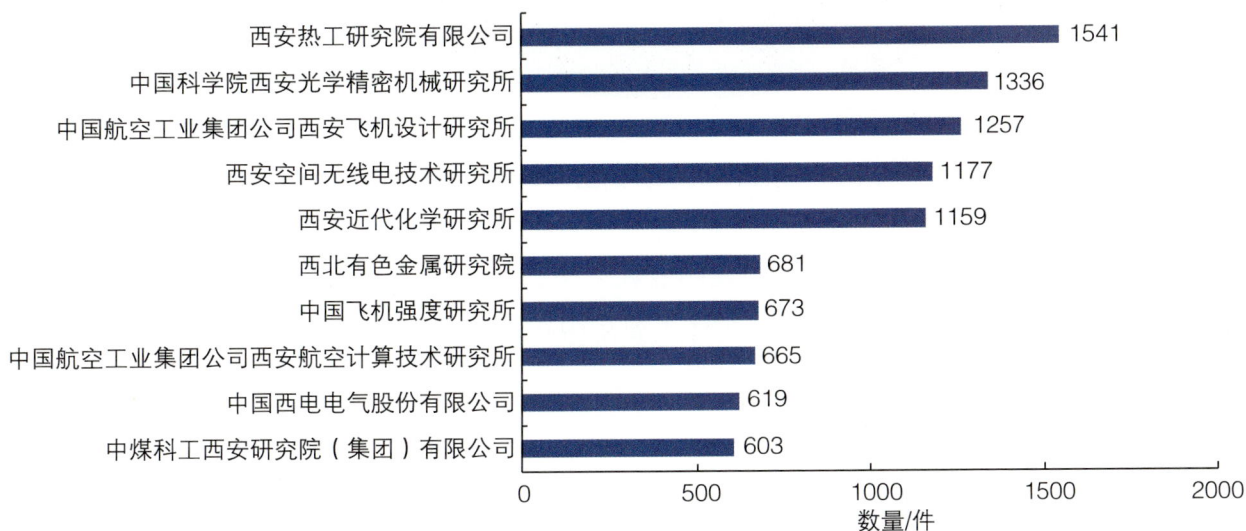

图 2-13　截至 2023 年年底陕西有效发明专利非高校申请机构 TOP 10

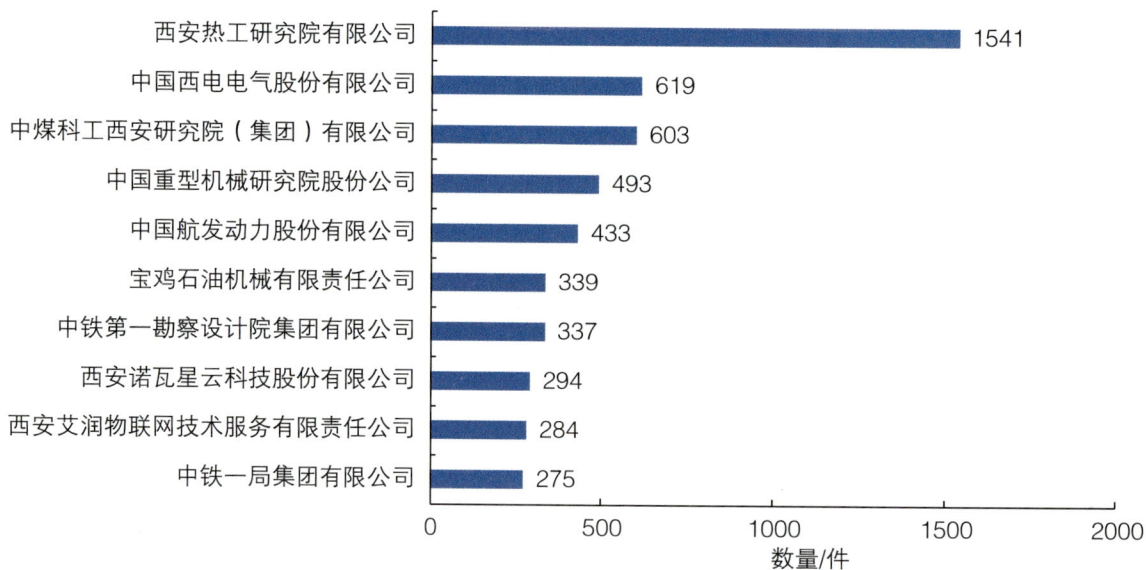

图 2-14　截至 2023 年年底陕西有效发明专利申请企业 TOP 10

## 2. 申请主体类型

2023 年，陕西许可公开的国内专利的申请主体分布情况如图 2-15 所示，陕西高校和企业两类主体取得的专利约占"国内专利"许可公开总量的 88%。

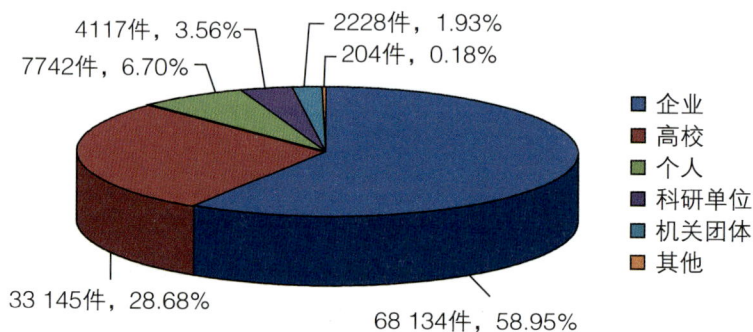

图 2-15　2023 年陕西许可公开的国内专利的申请主体分布情况

2023 年，陕西取得授权的"国内发明专利"中，高校占 47.26%，高校和企业的合计占比高达 91%（图 2-16）。企业的申请主体主要集中在国有企业，民营企业实力较弱。

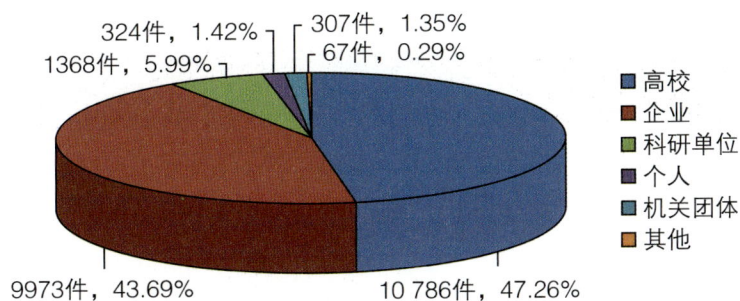

图 2-16　2023 年陕西取得授权的国内发明专利的申请主体分布情况

## 3. 申请主体技术优势

选取 2023 年公开的陕西专利申请主体 TOP 10 的机构，展示其优势技术领域的专利公开数据，如表 2-1 所示。TOP 10 主体以高校为主，其中高校 9 家、企业 1 家。西安交通大学居首位，而且在技术方向上覆盖范围较广；其他机构的优势技术方向特色较明显。

表 2-1　专利申请主体 TOP 10 机构的主要技术优势

| 申请主体 | 涉及的主要 IPC 分类号 | 含义 | 专利数量 / 件 |
| --- | --- | --- | --- |
| 西安交通大学 | G06F | 电数字数据处理 | 1093 |
| | G06N | 基于特定计算模型的计算机系统 | 623 |
| 西北工业大学 | G06F | 电数字数据处理 | 994 |
| | G06N | 基于特定计算模型的计算机系统 | 618 |
| 西安电子科技大学 | G06N | 基于特定计算模型的计算机系统 | 1065 |
| | G06F | 电数字数据处理 | 953 |
| 西安热工研究院有限公司 | G06F | 电数字数据处理 | 350 |
| | G01N | 借助于测定材料的化学或物理性质来测试或分析材料 | 217 |
| 中国人民解放军空军军医大学 | A61B | 诊断；外科；鉴定 | 449 |
| | A61M | 将介质输入人体内或输到人体上的器械 | 300 |
| 陕西科技大学 | B01J | 化学或物理方法，例如，催化作用或胶体化学；其有关设备 | 194 |
| | C08L | 高分子化合物的组合物 | 158 |

| 申请主体 | 涉及的主要 IPC 分类号 | 含义 | 专利数量 / 件 |
|---|---|---|---|
| 西安理工大学 | G06F | 电数字数据处理 | 328 |
| | G06N | 基于特定计算模型的计算机系统 | 272 |
| 长安大学 | G01N | 借助于测定材料的化学或物理性质来测试或分析材料 | 242 |
| | G06F | 电数字数据处理 | 236 |
| 西北农林科技大学 | C12N | 微生物或酶；其组合物 | 293 |
| | A01G | 园艺；蔬菜、花卉、稻、果树、葡萄、啤酒花或海菜的栽培；林业；浇水 | 154 |
| 西安建筑科技大学 | E04B | 一般建筑物构造；墙，例如，间壁墙；屋顶；楼板；顶棚；建筑物的隔绝或其他防护 | 123 |
| | C02F | 水、废水、污水或污泥的处理 | 111 |

## 五、专利技术领域

### 1. 技术方向

表 2-2 列示的是 2023 年许可公开的陕西专利中技术方向排名前 10 的专利数据。其中，G06F（电数字数据处理）和 G01N（借助于测定材料的化学或物理性质来测试或分析材料）2 个技术方向的专利许可公开量均超过 5000 件，是陕西具有优势的专利技术方向。西安交通大学、西北工业大学、西安电子科技大学及西安热工研究院有限公司分别在 G06F（电数字数据处理）、G01N（借助于测定材料的化学或物理性质来测试或分析材料）、B01D（分离）、G06N（基于特定计算模型的计算机系统）等多个技术方向表现出色。

表 2-2　2023 年陕西许可公开专利技术方向 TOP 10 的数量分布

| IPC 分类号 | 含义 | 专利数量 / 件 | 代表机构 |
|---|---|---|---|
| G06F | 电数字数据处理 | 9260 | 西安交通大学（1093）西北工业大学（994） |
| G01N | 借助于测定材料的化学或物理性质来测试或分析材料 | 5251 | 西安交通大学（336）长安大学（242） |

续表

| IPC 分类号 | 含义 | 专利数量 / 件 | 代表机构 |
|---|---|---|---|
| G06N | 基于特定计算模型的计算机系统 | 4615 | 西安电子科技大学（1065）<br>西安交通大学（623） |
| B01D | 分离 | 3604 | 西安热工研究院有限公司（154）<br>西安交通大学（148） |
| G06V | 图像或视频识别或理解 | 3001 | 西安电子科技大学（686）<br>西北工业大学（313） |
| G06T | 一般的图像数据处理或产生 | 2809 | 西安电子科技大学（487）<br>西安交通大学（245） |
| B08B | 一般清洁；一般污垢的防除 | 2322 | 中国人民解放军空军军医大学（41）<br>西安热工研究院有限公司（28） |
| G06Q | 专门适用于行政、商业、金融、管理或监督目的的信息和通信技术 | 2204 | 西安交通大学（239）<br>西安热工研究院有限公司（145） |
| G01S | 无线电定向；无线电导航；采用无线电波测距或测速；采用无线电波的反射或再辐射的定位或存在检测；采用其他波的类似装置 | 2174 | 西安电子科技大学（764）<br>西北工业大学（191） |
| H04L | 数字信息的传输，例如电报通信 | 2127 | 西安电子科技大学（443）<br>西安交通大学（132） |

## 2. 地市专利技术特色

2023 年，陕西各个地市的许可公开专利数量中，IPC 分类排前 2 的技术方向如图 2-17 所示。西安市的许可公开专利量远超其他地市，约占全省许可公开专利量的 79%。各个地市的许可公开专利中技术优势各具特色，反映出与各地区的优势特色产业有一定的对应性。

分离；
一般清洁；一般污垢的防除

B01D（346）
D08B（197）

榆林

延安　E21B（204）
　　　B01D（139）

土层或岩石的钻进；
分离

微生物或酶；其组合物；变异或遗传工程；
借助于测定材料的化学或物理性质来测试
或分析材料

分离；
一般清洁；一般污垢的防除

B01D（51）
B08B（30）

渭南

咸阳　铜川

B01D（154）
B65G（110）

分离；
运输或贮存装置，例如装载或倾卸用输送机、
车间输送机系统或气动管道输送机

机床的零件、部件或附件；
土层或岩石的钻进

宝鸡

C12N（334）
G01N（290）

B23Q（161）
E21B（152）

G06F（8890）
G01N（4480）

电数字数据处理；
借助于测定材料的化学或物理性质来测
试或分析材料

西安

汉中

G01N（96）
B08B（83）

商洛　B01D（26）
　　　B08B（26）

分离；
一般清洁；一般污垢的防除

安康

A23F（100）
B01D（64）

借助于测定材料的化学或物理性质来测
试或分析材料；
一般清洁；一般污垢的防除

咖啡；茶；其代用品；它们的制造、配制或泡制；
分离

**图 2-17　2023 年陕西各地市许可公开专利技术方向特色分布示意**

### 3. 行业专利数据

　　2023 年许可公开的陕西专利中，排名前 10 的国民经济行业主要分布在制造业的各个分支行业（图 2-18），金属制品、机械和设备修理业，仪器仪表制造业，专用设备制造业的专利许可公开量均超过 4 万件，反映出陕西在制造业方面有着丰厚成体系的技术基础优势；另外，通用设备制造业，机动车、电子产品和日用产品修理业也表现出色。

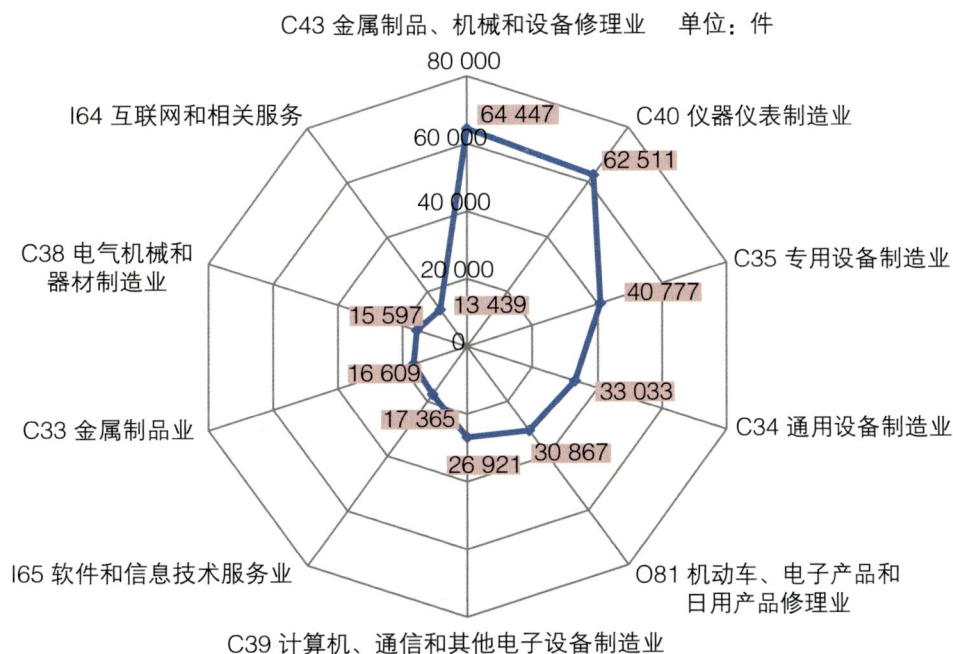

图 2-18　主要国民经济行业分类构成

## 4. 产业专利数据

2023 年许可公开的陕西专利分布在 9 个战略性新兴产业分类中，其中新一代信息技术产业的专利许可公开量最多，超过 2 万件（图 2-19），彰显了陕西在该产业领域的技术创新优势；另外，新材料、高端装备制造、节能环保、生物和新能源产业也表现出色。

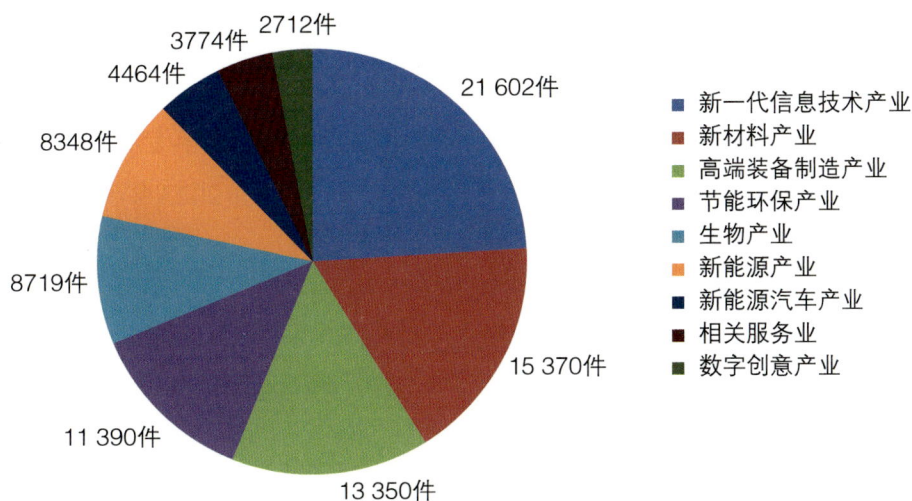

图 2-19　新兴产业分类构成①

① 战略性新兴产业根据国家知识产权局《战略性新兴产业分类与国际专利分类参照关系表（2021）（试行）》进行分类。

## 六、专利状态数据

### 1. 专利状态结构

图 2-20 是 2023 年许可公开的陕西专利处于有效、无效和审中 3 种专利权法律状态[①]的结构分布。其中，无效专利包括"撤回""未缴年费""驳回""放弃""全部无效"专利，在图中合并显示。

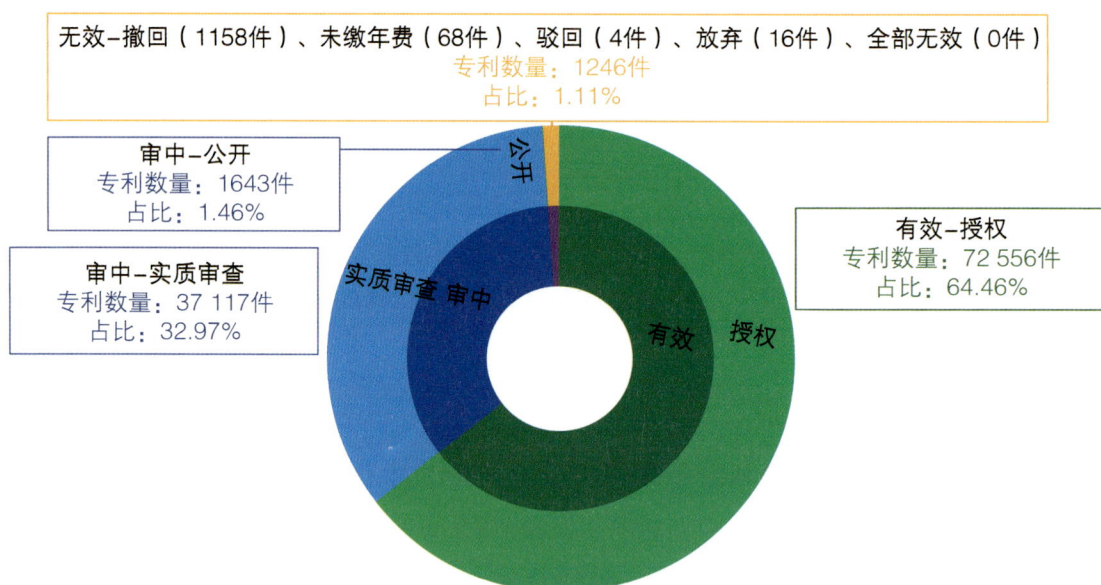

无效-撤回（1158件）、未缴年费（68件）、驳回（4件）、放弃（16件）、全部无效（0件）
专利数量：1246件
占比：1.11%

审中-公开
专利数量：1643件
占比：1.46%

审中-实质审查
专利数量：37 117件
占比：32.97%

有效-授权
专利数量：72 556件
占比：64.46%

图 2-20　2023 年许可公开的陕西专利的状态结构分布

### 2. 专利转让总数

近几年，陕西专利转让数量总体呈现增长趋势（图 2-21），2023 年专利转让数量为 8070 件，较上一年增加 838 件。其中，转让的发明专利为 4241 件，约占 2023 年专利转让数量的一半以上。

----

[①]　当前法律状态所指检索时间是 2024 年 4 月 12 日。

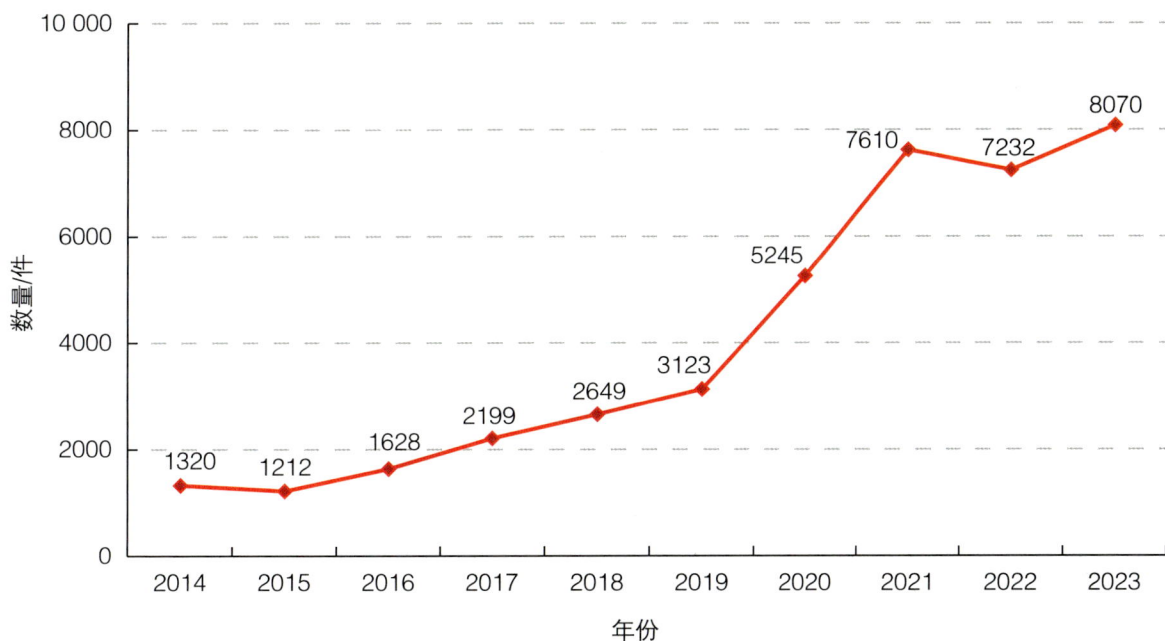

图 2-21　2014—2023 年陕西专利转让数据

## 3. 转让人 TOP 10

2023 年陕西专利转让人 TOP 10 如图 2-22 所示。

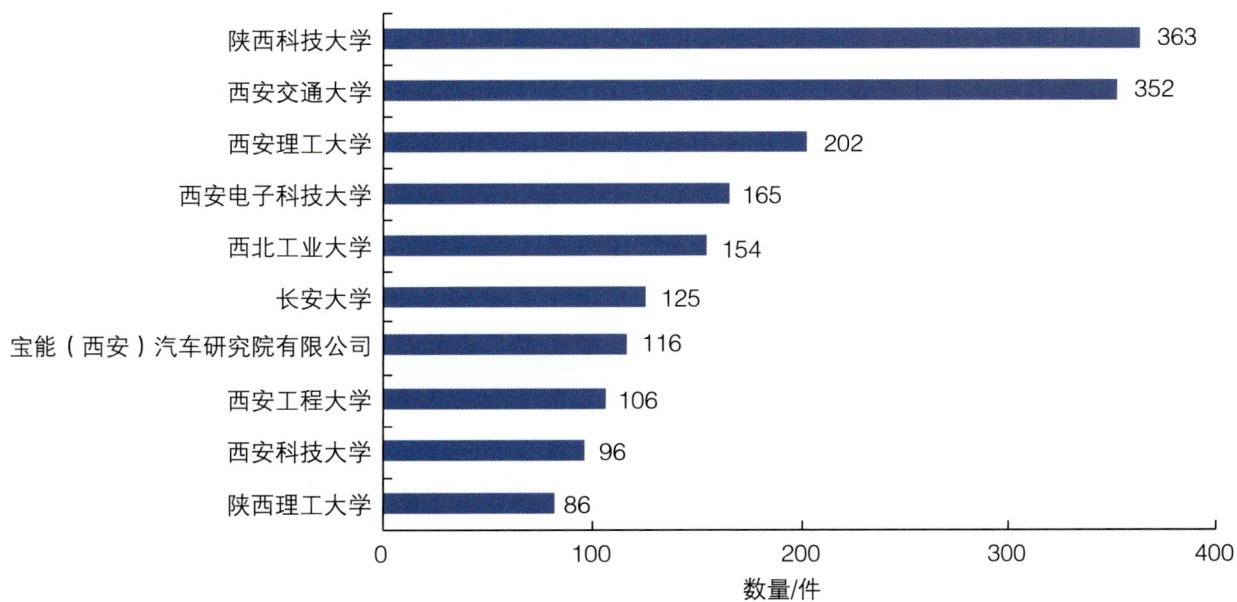

图 2-22　2023 年陕西专利转让人 TOP 10

## 4. 受让人 TOP 10

2023 年陕西专利受让人 TOP 10 如图 2-23 所示。排名第一的受让人为深圳万知达科技有限公司，其超过 95% 的专利均由西安理工大学、陕西科技大学、西安工程大学等高校转让而来，其中超过 78% 的专利又已转让给其他不同机构；排名第二的深圳市晟博海瑞管理有限公司的专利全部由宝能（西安）汽车研究院有限公司转让而来；排名第三的龙图腾网科技（合肥）股份有限公司的专利全部由陕西省内高校转让而来。

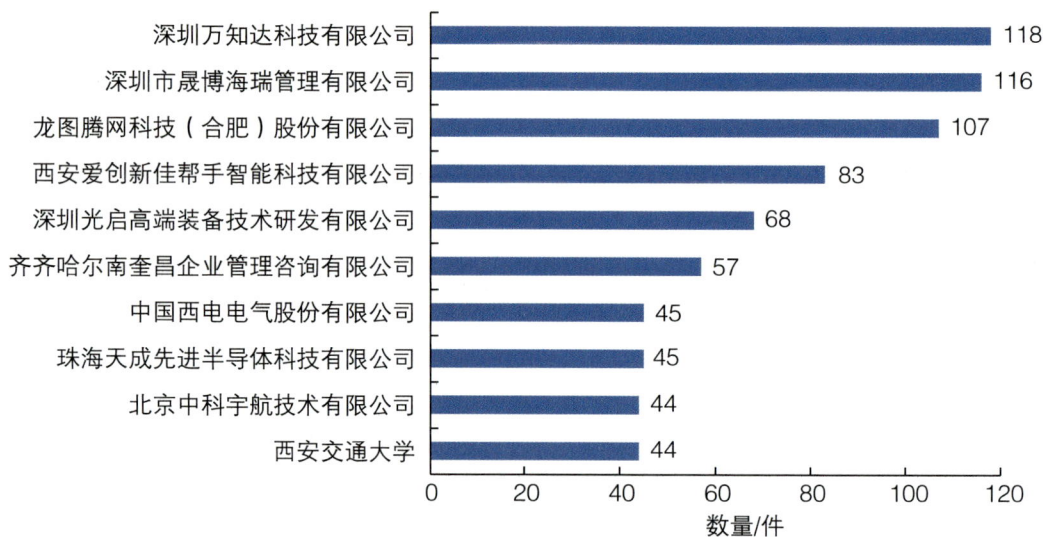

图 2-23　2023 年陕西专利受让人 TOP 10

## 5. 转让技术 TOP 10

按 IPC 分类，2023 年发生转让的陕西专利排名前 10 的技术方向如表 2-3 所示。电数字数据处理的专利转让最为活跃。

表 2-3　2023 年陕西转让专利的 IPC 分类 TOP 10

| IPC 分类号 | 含义 | 专利数量 / 件 |
| --- | --- | --- |
| G06F | 电数字数据处理 | 324 |
| B01D | 分离 | 278 |
| G01N | 借助于测定材料的化学或物理性质来测试或分析材料 | 272 |
| B08B | 一般清洁；一般污垢的防除 | 239 |
| C02F | 水、废水、污水或污泥的处理 | 189 |
| H01L | 不包括在 H10 类目中的半导体器件 | 161 |

续表

| IPC 分类号 | 含义 | 专利数量 / 件 |
|---|---|---|
| H02S | 由红外线辐射、可见光或紫外光转换产生电能 | 133 |
| A01G | 园艺；蔬菜、花卉、稻、果树、葡萄、啤酒花或海菜的栽培；林业；浇水 | 125 |
| H02J | 供电或配电的电路装置或系统；电能存储系统 | 124 |
| H04L | 数字信息的传输，例如电报通信 | 124 |

## 七、专利质量数据

专利的被引证次数可以作为衡量专利质量的重要参考指标。截至 2023 年年底，陕西有效国内发明专利被引证次数 TOP 10 的申请人中，有 4 家高校、4 家企业，其中西安电子科技大学有 3 件高被引专利（表 2-4）。这 10 件专利中，有 2 件已转让给省外公司，为"基于主动学习的问答方法及采用该方法的问答系统"和"一种智能药箱"的专利。

表 2-4　截至 2023 年年底陕西高被引有效发明专利 TOP 10

| 序号 | 专利名称 | 申请号 | 申请人 | 主分类号 | 被引证次数 / 次 |
|---|---|---|---|---|---|
| 1 | 一种含噻虫酰胺和生物源类杀虫剂的杀虫组合物 | CN201110023254.1 | 陕西上格之路生物科学有限公司 | A01N43/90 | 257 |
| 2 | 基于区块链的电子医疗记录存储和共享的模型及方法 | CN201811034508.8 | 西安电子科技大学 | G16H10/60 | 172 |
| 3 | 一种深度强化学习的实时在线路径规划方法 | CN201710167590.0 | 西北工业大学 | G05D1/02 | 172 |
| 4 | 基于属性加密的区块链隐私数据访问控制方法 | CN201610948544.X | 西安电子科技大学 | G06Q20/38 | 152 |
| 5 | 基于主动学习的问答方法及采用该方法的问答系统 | CN201410264111.3 | 西安蒜泥电子科技有限责任公司 | G06F17/30 | 147 |
| 6 | 一种基于区块链的安全文件存储和共享方法 | CN201810139906.X | 西安电子科技大学 | H04L9/06 | 135 |
| 7 | 一种移动终端、控制系统和控制方法 | CN201810135896.2 | 西安中兴新软件有限责任公司 | H04M1/02 | 134 |
| 8 | 基于深度学习的图像语义分割方法 | CN201811646148.7 | 陕西师范大学 | G06K9/34 | 127 |
| 9 | 一种碳纤维天线面的制造方法 | CN201410389690.4 | 西安拓飞复合材料有限公司 | B29C70/36 | 127 |
| 10 | 一种智能药箱 | CN201510254126.6 | 陕西科技大学 | A61J1/00 | 127 |

## 八、获奖专利数据

陕西在"第二十四届中国专利奖"上获奖专利数量为14件，与河南并列全国第十一，与广东、北京、江苏等省市差距较大，获奖数量约为广东的1/18、北京的1/11（表2-5）。其中，西安交通大学的专利"一种非线性光学材料弛豫铁电单晶单畴化的方法"和"一种液态金属钠高功率加热系统及其调节方法"获得金奖，中国科学院西安光学精密机械研究所的专利"一种无调焦干涉光谱仪真空像面预置方法"获得银奖，西安电子科技大学、西安交通大学、西北工业大学、西安航天动力研究所、中煤科工西安研究院（集团）有限公司、陕西煤业化工技术研究院有限责任公司、中国电建集团西北勘测设计研究院有限公司、西安诺瓦星云科技股份有限公司、西安特来电智能充电科技有限公司、中铁二十局集团第六工程有限公司等11家机构申报的专利获得优秀奖。

表 2-5　部分省（自治区、直辖市）发明、实用新型获奖专利数据（第二十四届）

| 省（自治区、直辖市） | 金奖/项 | 银奖/项 | 优秀奖/项 | 总数/项 |
| --- | --- | --- | --- | --- |
| 广东 | 5 | 2 | 245 | 252 |
| 北京 | 8 | 15 | 131 | 154 |
| 江苏 | 4 | 1 | 85 | 90 |
| 浙江 | 3 | 0 | 52 | 55 |
| 上海 | 4 | 0 | 46 | 50 |
| 山东 | 2 | 0 | 39 | 41 |
| 湖北 | 0 | 1 | 24 | 25 |
| 安徽 | 1 | 0 | 19 | 20 |
| 湖南 | 1 | 0 | 18 | 19 |
| 辽宁 | 0 | 1 | 15 | 16 |
| 河南 | 0 | 0 | 14 | 14 |
| 陕西 | 2 | 1 | 11 | 14 |
| 福建 | 0 | 0 | 13 | 13 |
| 四川 | 0 | 0 | 12 | 12 |
| 天津 | 0 | 0 | 12 | 12 |
| 重庆 | 0 | 1 | 11 | 12 |
| 山西 | 0 | 0 | 9 | 9 |
| 黑龙江 | 0 | 0 | 7 | 7 |
| 河北 | 0 | 0 | 6 | 6 |
| 云南 | 0 | 0 | 6 | 6 |

续表

| 省（自治区、直辖市） | 金奖/项 | 银奖/项 | 优秀奖/项 | 总数/项 |
|---|---|---|---|---|
| 广西 | 0 | 0 | 5 | 5 |
| 吉林 | 0 | 0 | 5 | 5 |
| 江西 | 0 | 0 | 5 | 5 |
| 贵州 | 0 | 0 | 4 | 4 |
| 内蒙古 | 0 | 0 | 4 | 4 |
| 新疆 | 0 | 0 | 4 | 4 |
| 宁夏 | 0 | 0 | 2 | 2 |
| 青海 | 0 | 0 | 2 | 2 |
| 甘肃 | 0 | 0 | 1 | 1 |
| 海南 | 0 | 0 | 1 | 1 |

"第二十四届中国外观设计专利奖"中，广东的获奖专利数量共计21件，位居全国第一；其次为浙江，获奖专利数量为12件；排名第三的为江苏，获奖专利数量为8件（表2-6）。

表2-6　部分省（自治区、直辖市）外观设计获奖专利数据（第二十四届）

| 省（自治区、直辖市） | 金奖/项 | 银奖/项 | 优秀奖/项 | 总数/项 |
|---|---|---|---|---|
| 广东 | 4 | 8 | 9 | 21 |
| 浙江 | 0 | 2 | 10 | 12 |
| 江苏 | 1 | 4 | 3 | 8 |
| 安徽 | 0 | 0 | 5 | 5 |
| 北京 | 1 | 0 | 3 | 4 |
| 江西 | 0 | 0 | 3 | 3 |
| 辽宁 | 1 | 0 | 2 | 3 |
| 山东 | 1 | 0 | 2 | 3 |
| 湖北 | 0 | 0 | 2 | 2 |
| 四川 | 0 | 0 | 2 | 2 |
| 广西 | 0 | 0 | 1 | 1 |
| 河南 | 0 | 0 | 1 | 1 |
| 湖北 | 0 | 0 | 1 | 1 |
| 湖南 | 0 | 0 | 1 | 1 |
| 重庆 | 0 | 0 | 1 | 1 |

续表

| 省（自治区、直辖市） | 金奖/项 | 银奖/项 | 优秀奖/项 | 总数/项 |
|---|---|---|---|---|
| 吉林 | 0 | 1 | 0 | 1 |
| 福建 | 1 | 0 | 0 | 1 |
| 河北 | 1 | 0 | 0 | 1 |

## 九、市（区）专利数据

### 1. 市（区）发明专利总量

2023年陕西各个市（区）[①]的几项专利指标数据如表2-7和图2-24所示，各个市（区）的专利表现梯次明显。西安市作为省会城市、国家中心城市，科教、经济等资源密集，整体技术创新能力远强于其他市（区），几项专利指标数据均处于省内绝对优势地位。西安市的有效发明专利密度是当年全省有效发明专利密度平均水平（24.85件/万人）的近3倍，遥遥领先。

表 2-7　2023 年陕西各个市（区）国内发明专利授权量数据

| 市（区） | 授权发明专利 | | 有效发明专利 | | 有效发明专利密度/（件/万人） |
|---|---|---|---|---|---|
| | 专利数量/件 | 占比 | 专利数量/件 | 占比 | |
| 西安 | 19 759 | 89.70% | 89 287 | 90.82% | 68.68 |
| 咸阳 | 523 | 2.37% | 2096 | 2.13% | 5.03 |
| 杨凌 | 393 | 1.78% | 1233 | 1.25% | 49.32 |
| 宝鸡 | 329 | 1.49% | 1968 | 2.00% | 6.04 |
| 榆林 | 301 | 1.37% | 860 | 0.87% | 2.38 |
| 汉中 | 243 | 1.10% | 1099 | 1.12% | 3.46 |
| 渭南 | 175 | 0.79% | 802 | 0.82% | 1.74 |
| 延安 | 119 | 0.54% | 351 | 0.36% | 1.55 |
| 安康 | 93 | 0.42% | 264 | 0.27% | 1.07 |
| 商洛 | 49 | 0.22% | 235 | 0.24% | 1.16 |
| 铜川 | 44 | 0.20% | 121 | 0.12% | 1.70 |

---

① 本书中各市（区）数据均基于第一申请人的申请地址进行统计。

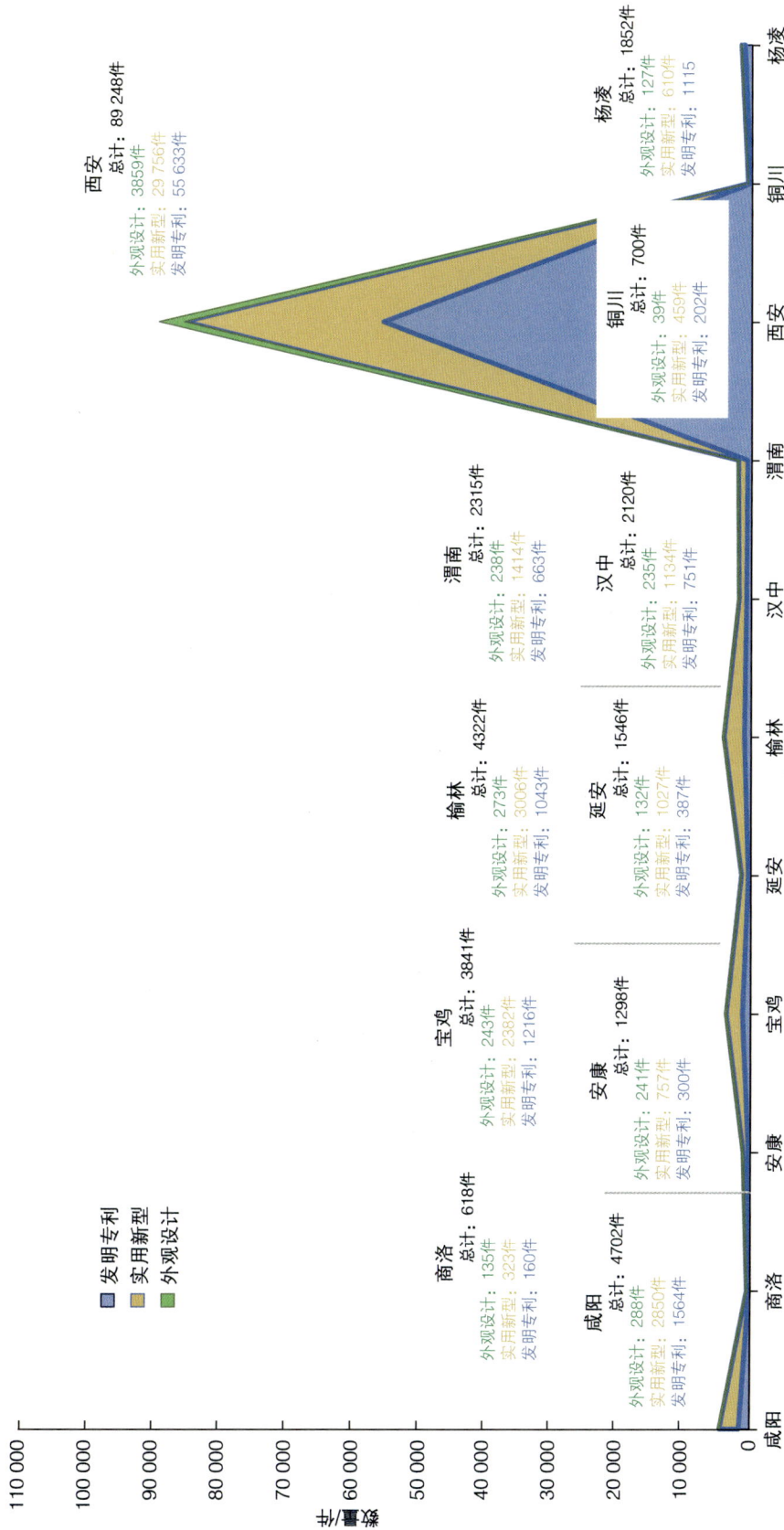

图 2-24 2023 年陕西各个市（区）专利的许可公开量数据

西安
总计：89 248件
外观设计：3859件
实用新型：29 756件
发明专利：55 633件

杨凌
总计：1852件
外观设计：127件
实用新型：610件
发明专利：1115

铜川
总计：700件
外观设计：39件
实用新型：459件
发明专利：202件

渭南
总计：2315件
外观设计：238件
实用新型：1414件
发明专利：663件

汉中
总计：2120件
外观设计：235件
实用新型：1134件
发明专利：751件

榆林
总计：4322件
外观设计：273件
实用新型：3006件
发明专利：1043件

延安
总计：1546件
外观设计：132件
实用新型：1027件
发明专利：387件

宝鸡
总计：3841件
外观设计：243件
实用新型：2382件
发明专利：1216件

安康
总计：1298件
外观设计：241件
实用新型：757件
发明专利：300件

商洛
总计：618件
外观设计：135件
实用新型：323件
发明专利：160件

咸阳
总计：4702件
外观设计：288件
实用新型：2850件
发明专利：1564件

发明专利
实用新型
外观设计

件/数量

## 2.市（区）发明专利申请主体

### （1）西安市

2023年西安市的发明专利许可公开量为55 633件，申请主体整体上以高校和企业为主，两者专利数量之和占到全市发明专利许可公开量的91%（企业占比46%、高校占比45%）。全市发明专利许可公开量排名前10的机构中有9家高校、1家企业（图2-25）；非高校申请机构TOP 10（图2-26）中有8家科研院所、2家国有企业〔西安热工研究院有限公司和中煤科工西安研究院（集团）有限公司〕。

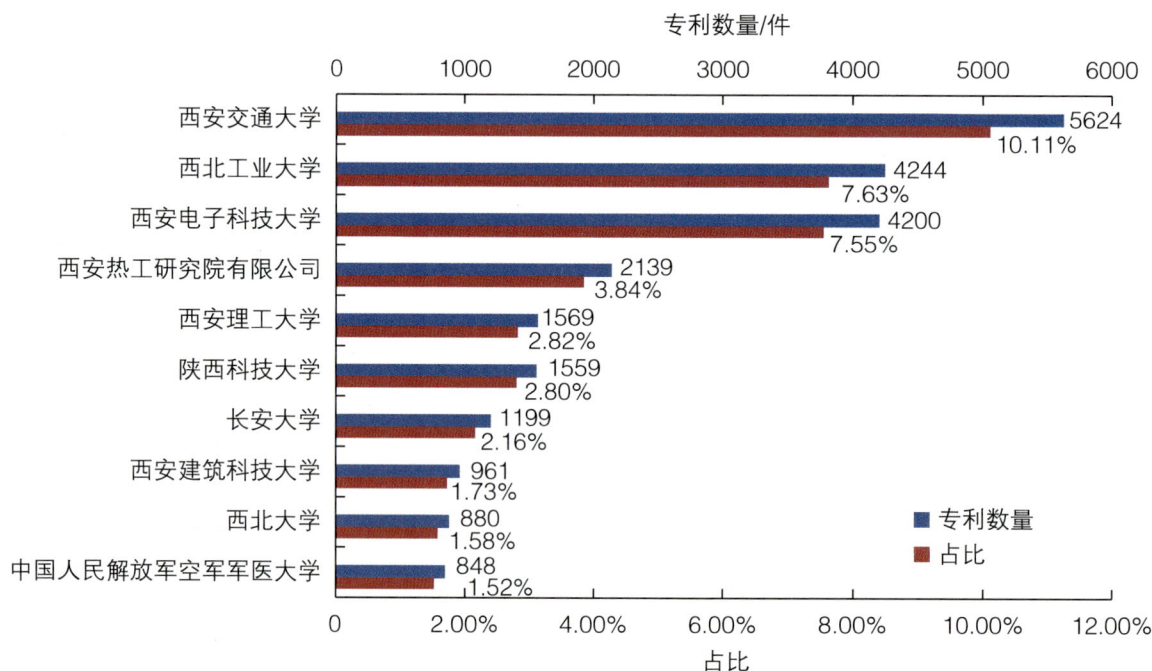

图 2-25　2023 年公开的西安市发明专利申请机构 TOP 10

注：图中占比指2023年公开的发明专利中该机构的许可公开量占西安市许可公开量的比重。后续图2-26至图2-48中的占比指某机构2023年发明专利许可公开量（授权量）占该机构所属地市发明专利许可公开量（授权量）的百分比，在此一并说明，不再分别解释。

专利数量/件

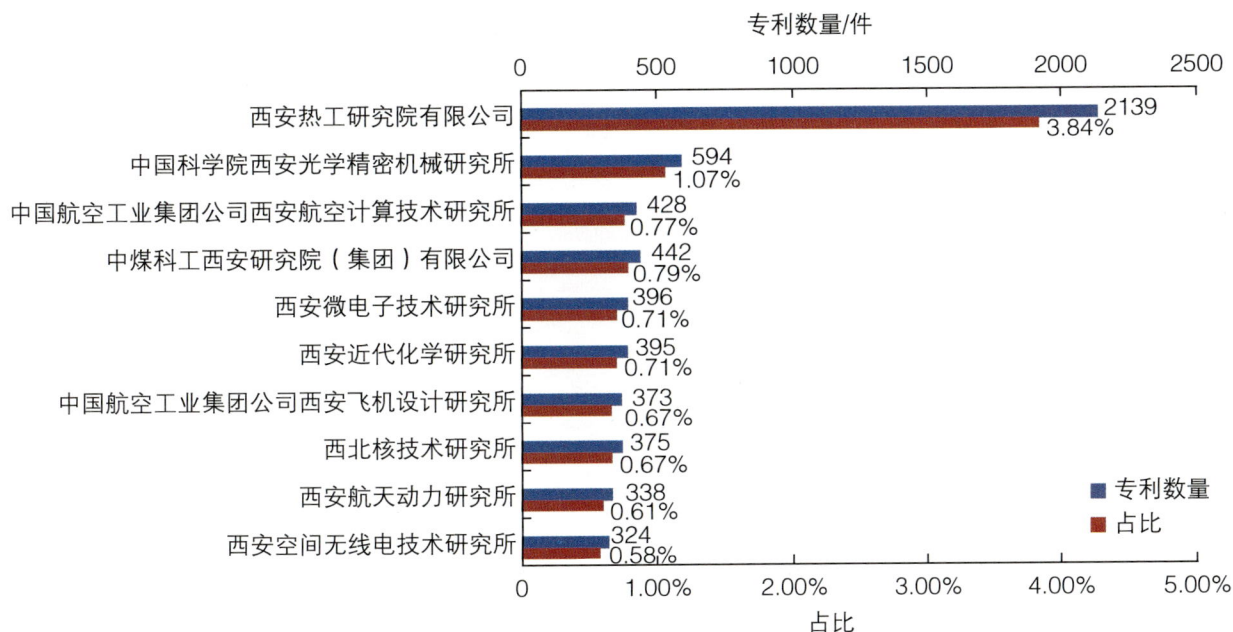

图 2-26　2023 年公开的西安市发明专利非高校申请机构 TOP 10

2023 年西安市发明专利授权量为 19 759 件,申请主体仍以高校和企业为主,两者的专利数量之和约占全市发明专利授权量的 91%,其中高校占比达 49%,占据了 2023 年西安市授权发明专利申请机构 TOP 10 中的 9 个位置(图 2-27)。非高校申请机构 TOP 10(图 2-28)中有 8 家科研院所、2 家企业(均为国企)。

专利数量/件

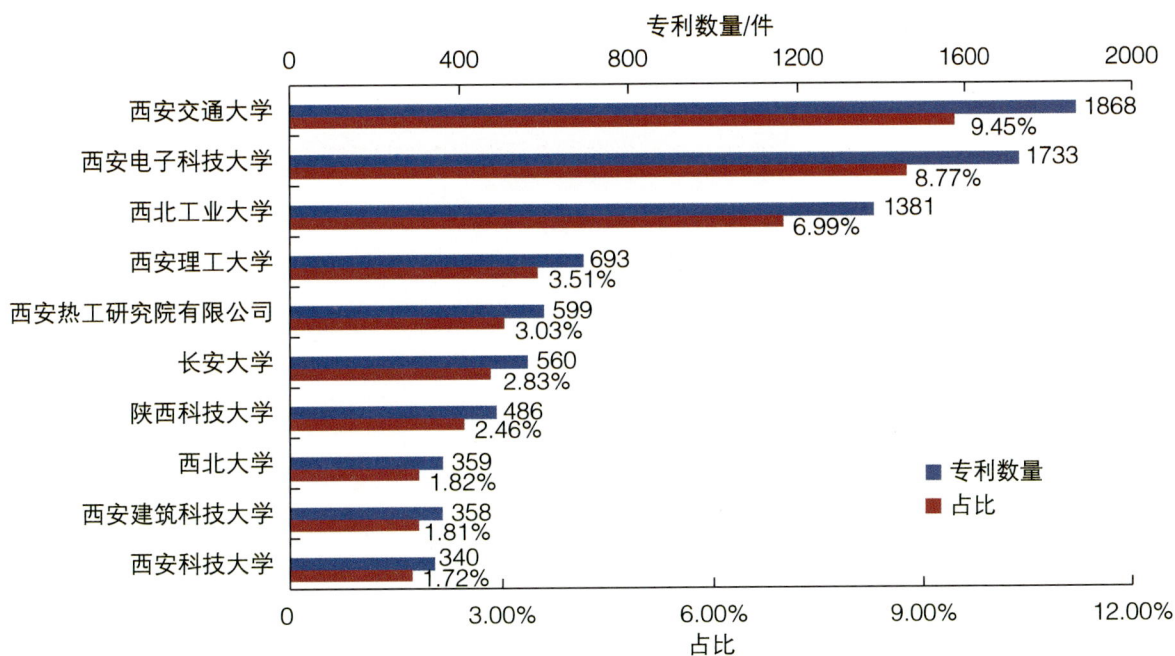

图 2-27　2023 年西安市授权发明专利申请机构 TOP 10

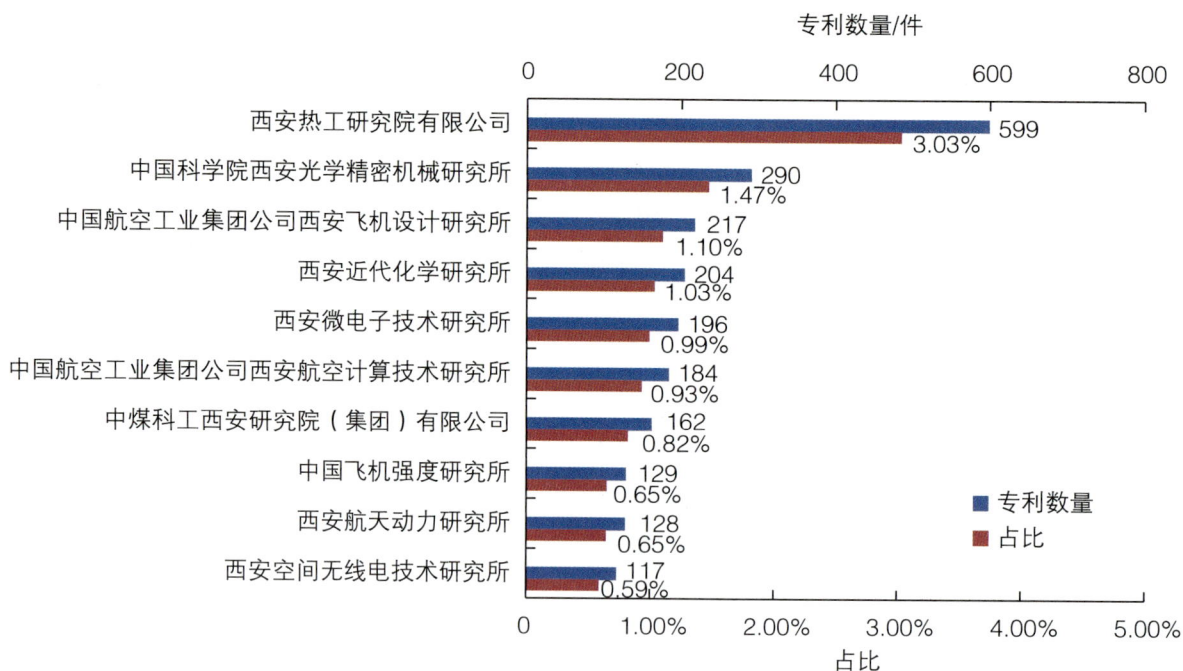

图 2-28　2023 年西安市授权发明专利非高校申请机构 TOP 10

**（2）咸阳市**

2023 年咸阳市发明专利许可公开量为 1564 件，申请主体以企业和高校为主。进入 TOP 10 的申请机构中有 3 家高校、6 家企业、1 家科研院所（图 2-29）。咸阳中电彩虹集团控股有限公司表现相对突出，发明专利许可公开量占咸阳市发明专利许可公开总量的 11.70%。

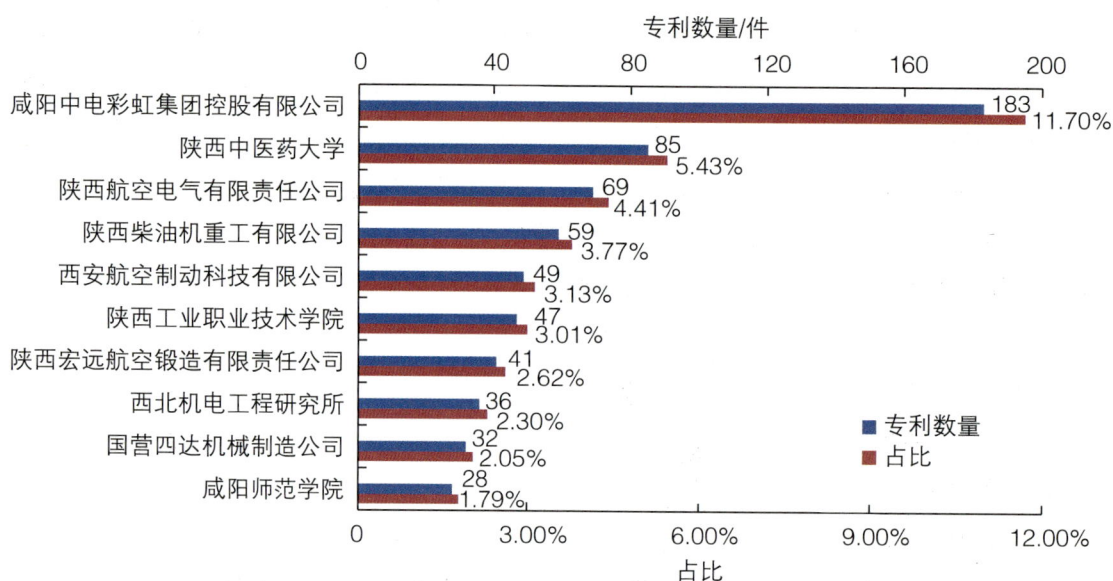

图 2-29　2023 年公开的咸阳市发明专利申请机构 TOP 10

2023 年咸阳市发明专利授权量为 523 件，申请主体中企业和高校的专利数量合计超过咸阳市总量的 93%；排名第一的申请主体为咸阳中电彩虹集团控股有限公司（图 2-30）。

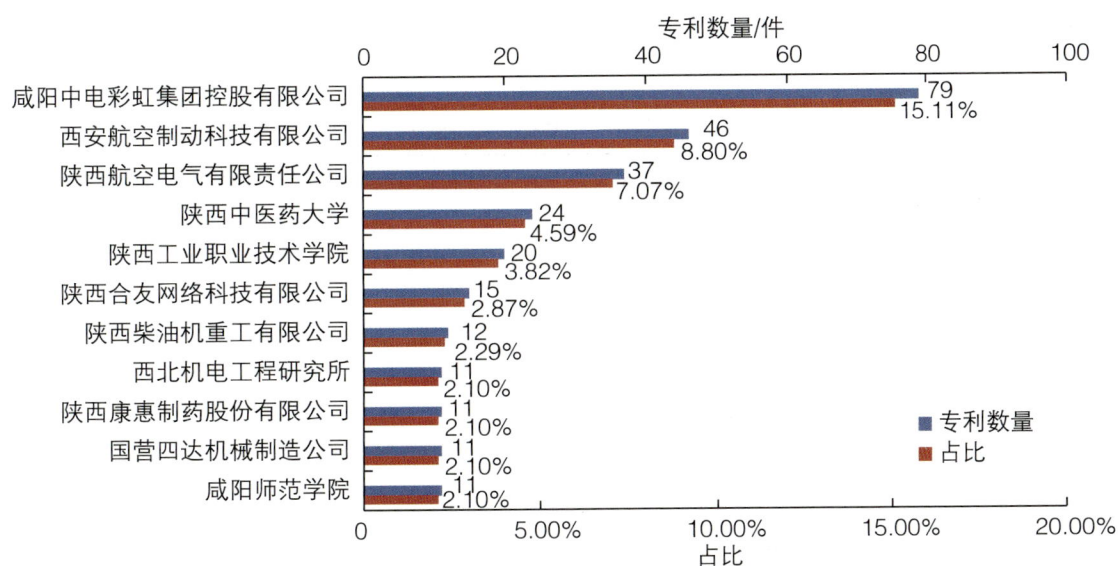

图 2-30　2023 年咸阳市授权发明专利主要申请机构

### （3）杨凌示范区

2023 年杨凌示范区发明专利许可公开量为 1115 件，主要申请主体中，西北农林科技大学的发明专利许可公开量遥遥领先于其他机构，其占比达到 85.92%（图 2-31）。

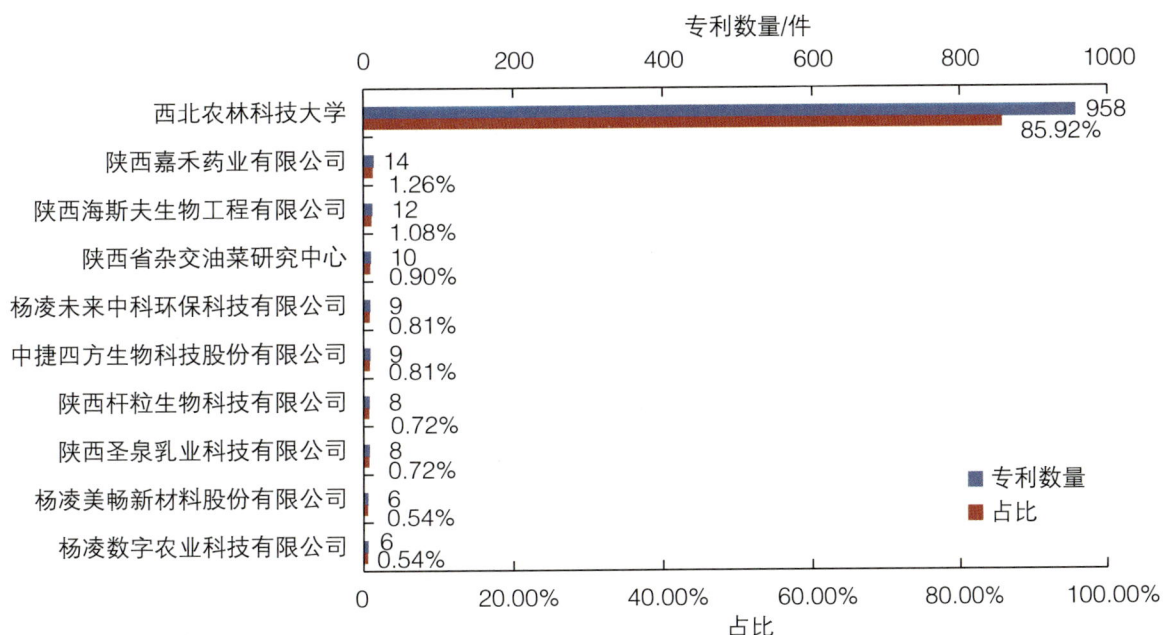

图 2-31　2023 年公开的杨凌示范区发明专利申请机构 TOP 10

2023 年杨凌示范区发明专利授权量为 393 件，申请主体西北农林科技大学的发明专利授权量占比超过 80%，除西北农林科技大学外，主要申请机构中有 1 家事业单位，其余均为民营企业（图 2-32）。

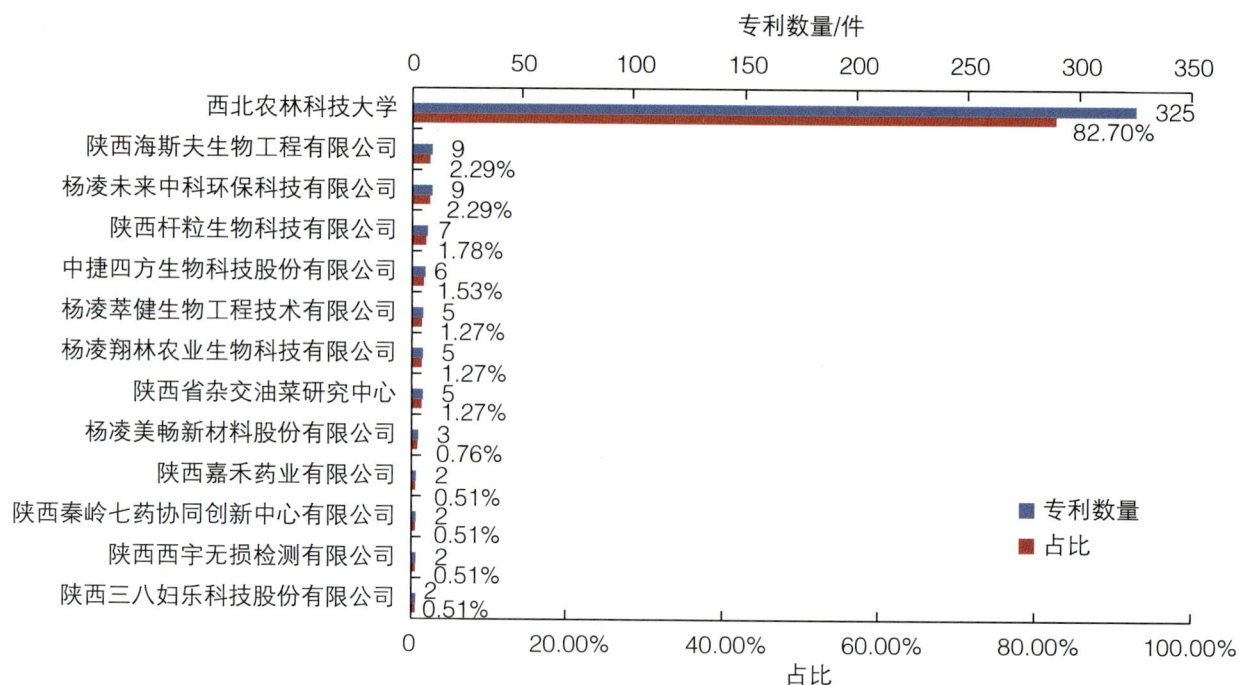

图 2-32　2023 年杨凌示范区授权发明专利主要申请机构

**（4）宝鸡市**

2023 年宝鸡市发明专利许可公开量为 1216 件，申请机构 TOP 10 中以企业为主，企业发明专利许可公开量约占全市总量的 84%；其次为自然人和高校，发明专利许可公开量均约占 6.9%。排名第一的中铁宝桥集团有限公司发明专利许可公开量超过全市总量的 10%，表现优异（图 2-33）。

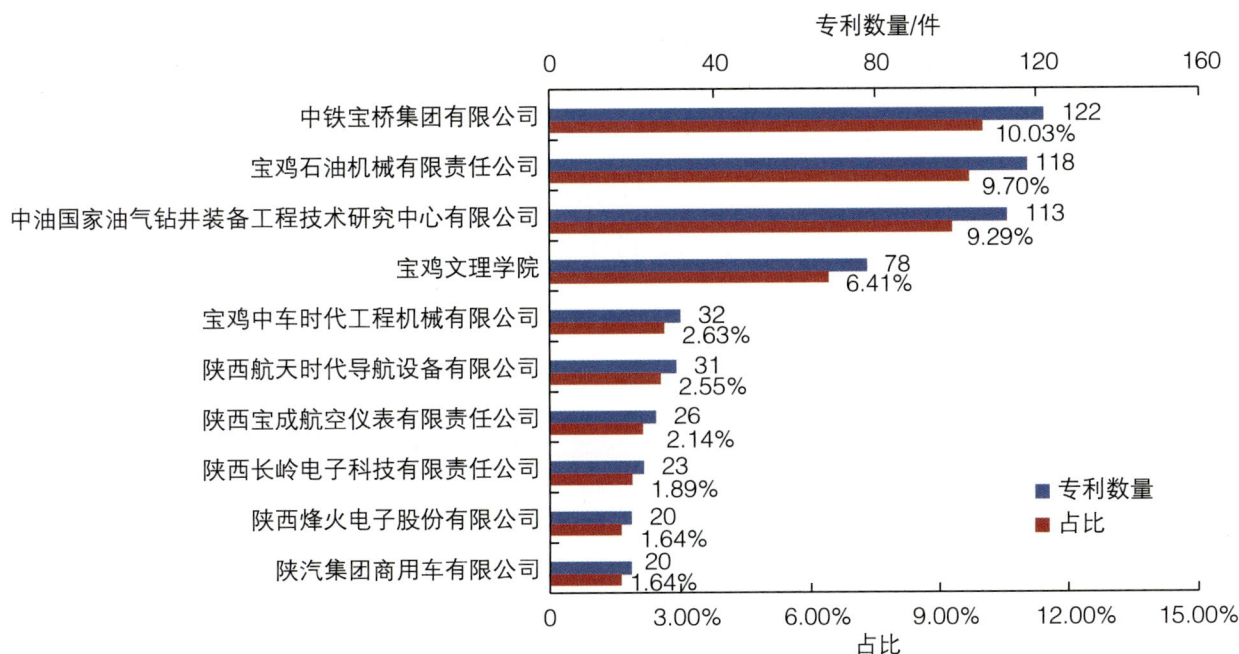

图 2-33　2023 年公开的宝鸡市发明专利申请机构 TOP 10

2023 年宝鸡市发明专利授权量为 329 件，申请主体仍以企业为主，占比高达 80.85%。主要申请机构中宝鸡文理学院的发明专利授权量位居第一，占全市发明专利授权总量的 13.68%（图 2-34）。

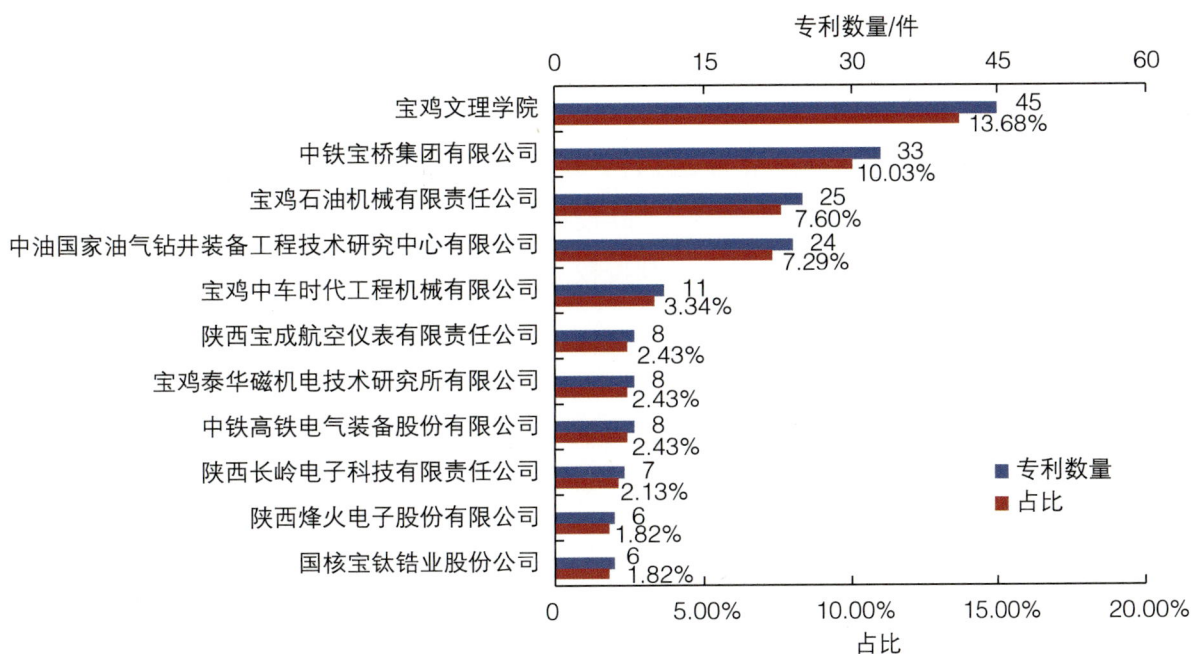

图 2-34　2023 年宝鸡市授权发明专利主要申请机构

**（5）汉中市**

2023 年汉中市发明专利许可公开量为 751 件，申请主体中，企业和高校的发明专利许可公开量合计约占汉中市发明专利许可公开总量的 85.5%（企业占比 48.5%、高校占比 37.0%），申请机构中陕西理工大学处于绝对优势地位，超过汉中市发明专利许可公开总量的 1/3，其次为陕西飞机工业有限责任公司，占比为 14.11%（图 2-35）。

专利数量/件

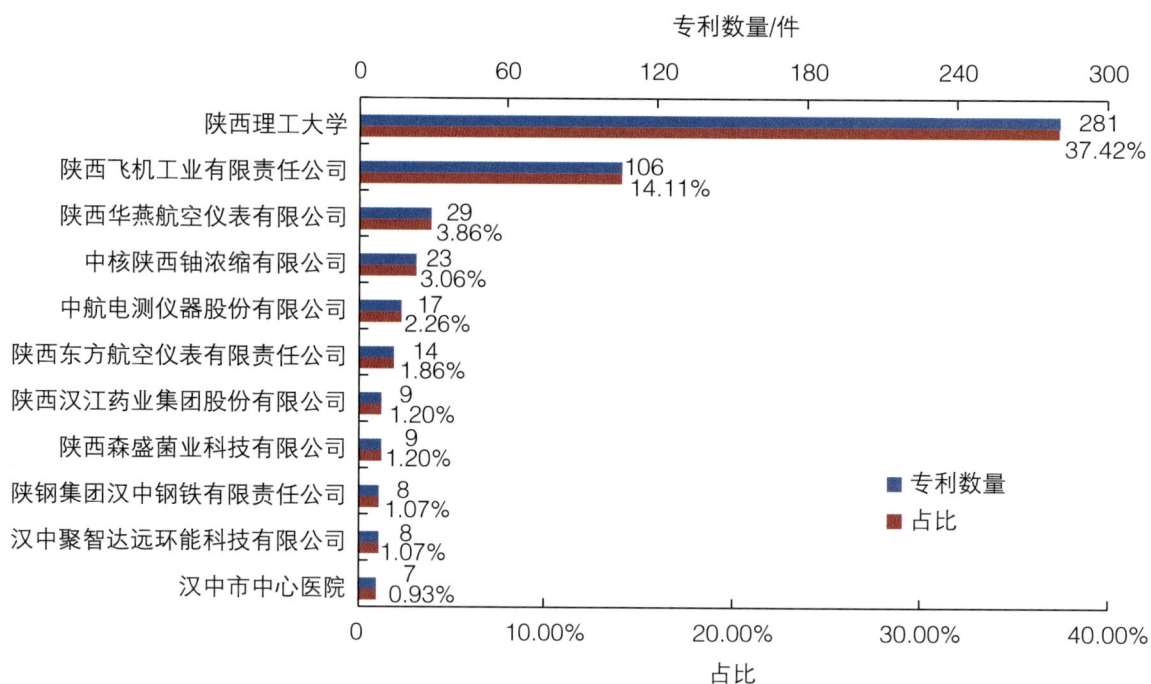

图 2-35　2023 年公开的汉中市发明专利主要申请机构

2023 年汉中市发明专利授权量为 243 件，申请主体主要为高校和企业，占汉中市发明专利授权总量的 90.6%（企业占比 47.3%、高校占比 43.3%）；申请机构中陕西理工大学占绝对优势，发明专利授权量占全市发明专利授权总量的 43.62%（图 2-36[①]）。

———————

① 因 2023 年汉中市授权发明专利的申请机构除 TOP 5 之外，其余机构数量均小于 3 件且并列很多，因此此图只节选机构 TOP 5 作为主要申请机构；后面部分地市数据同理。

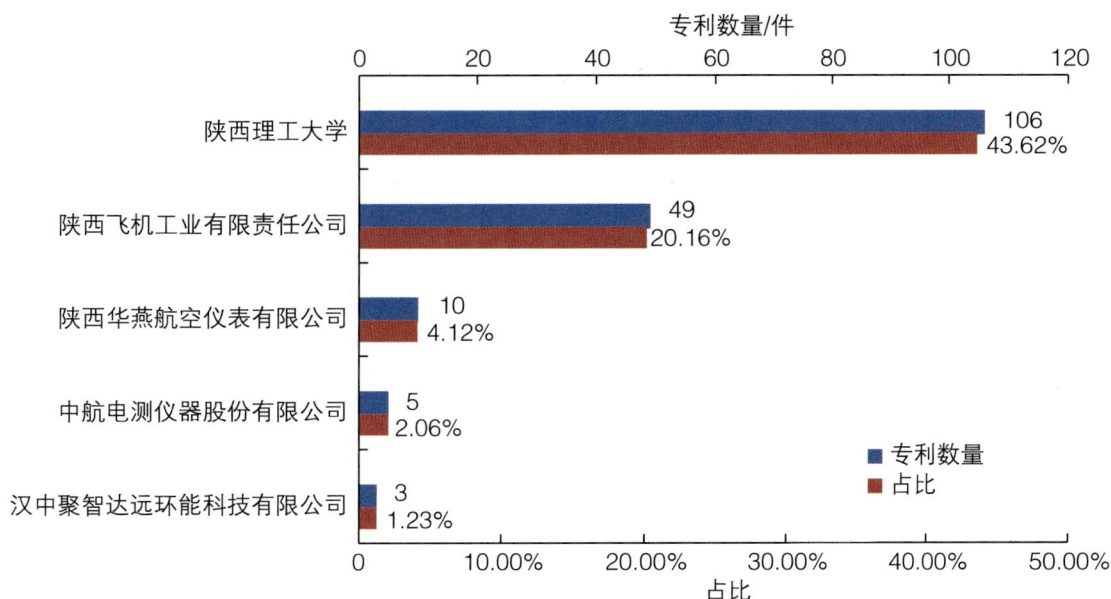

图 2-36　2023 年汉中市授权发明专利主要申请机构

**（6）榆林市**

2023 年榆林市发明专利许可公开量为 1043 件，申请主体以企业为主，占比达到 68.6%。2023 年榆林市发明专利授权量为 301 件，其中企业占比 63.0%、高校占比 21.3%、自然人占比 11.3%。榆林学院表现不错，在榆林市发明专利许可公开总量和授权总量中的占比分别达到 9.78% 和 18.27%（图 2-37、图 2-38）。

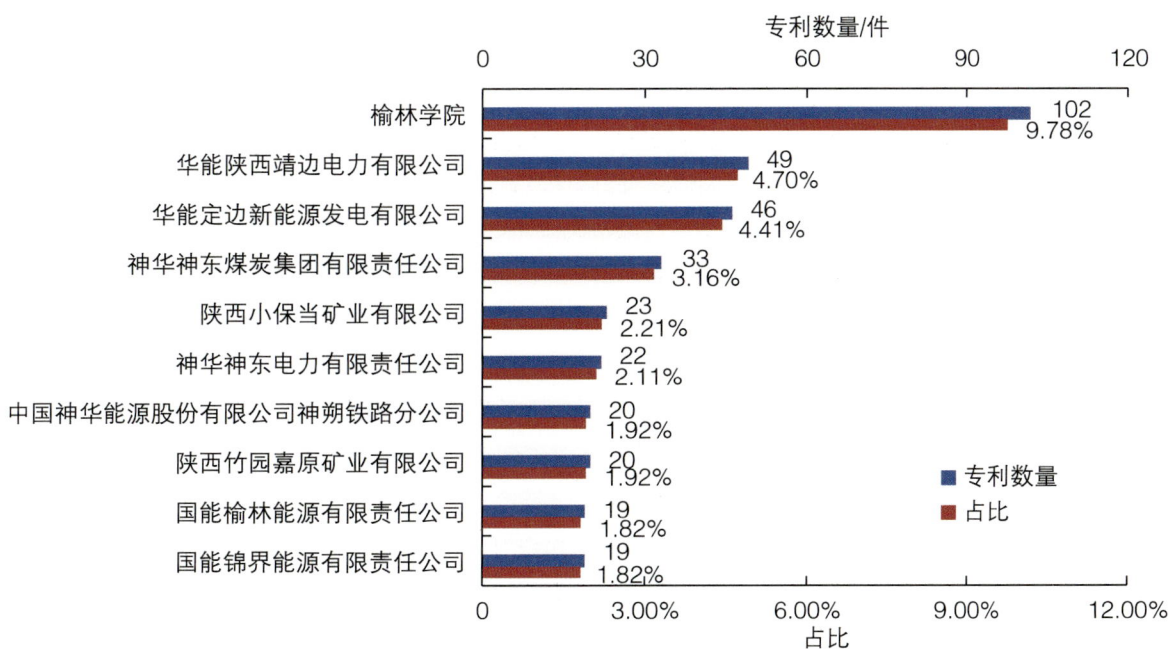

图 2-37　2023 年公开的榆林市发明专利申请机构 TOP 10

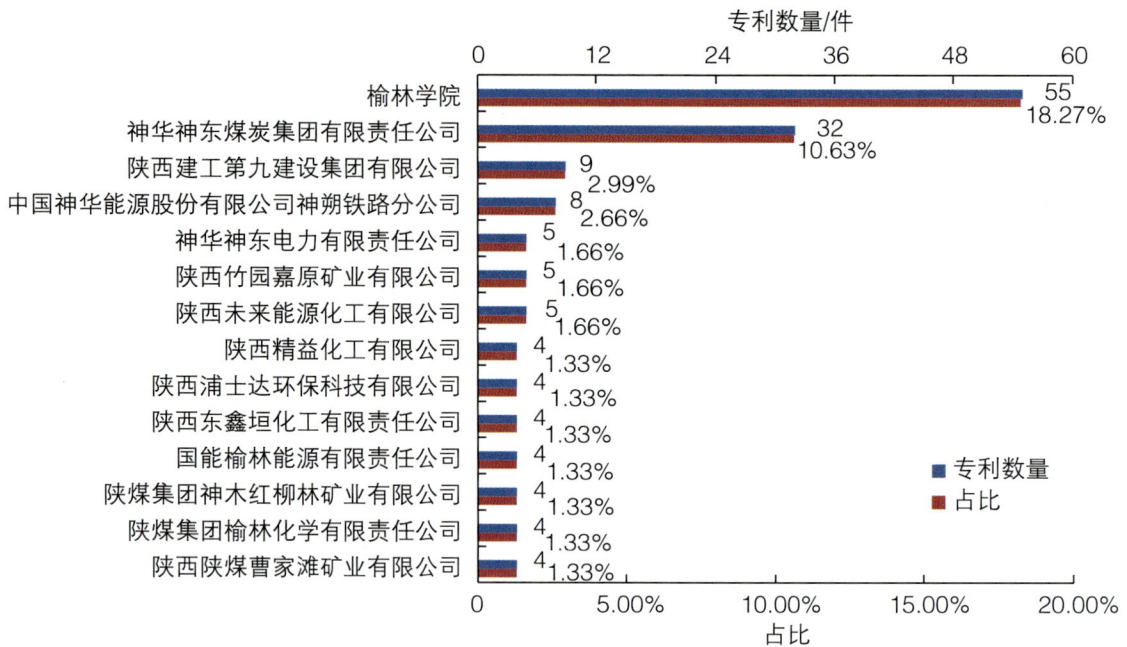

图 2-38　2023 年榆林市授权发明专利主要申请机构

**（7）渭南市**

2023 年渭南市发明专利许可公开量为 663 件，其中韩城市发明专利许可公开量为 113 件。申请主体中企业占主导，占比约 80.4%。申请机构 TOP 10 中民营企业表现良好，排名前 3 的机构分别是渭南木王智能科技股份有限公司（31 件）、陕西铁路工程职业技术学院（26 件）、陕西陕煤韩城矿业有限公司（25 件）和陕西红马科技有限公司（25 件）（图 2-39）。

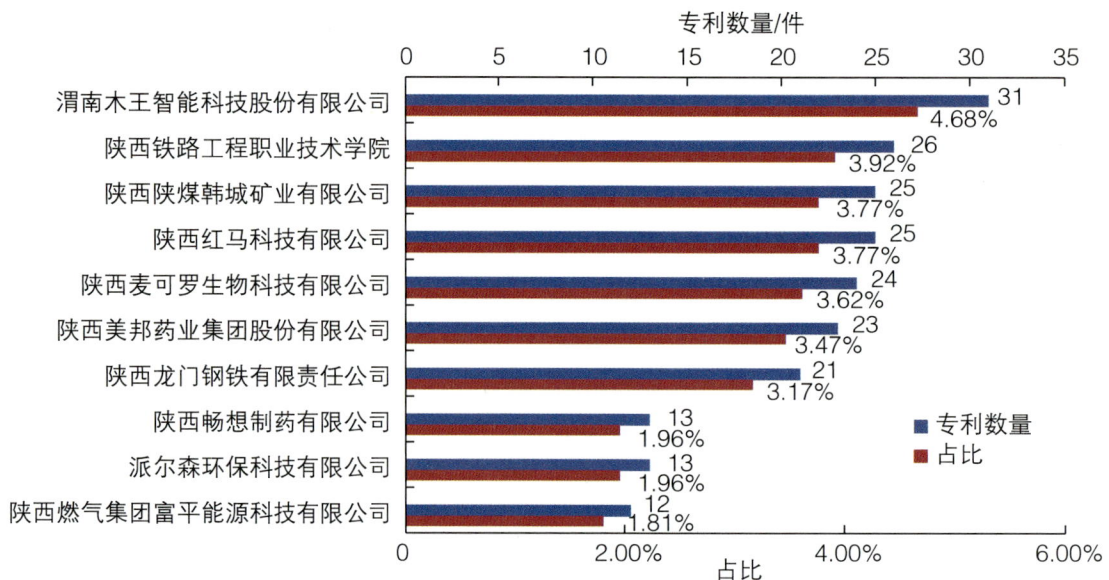

图 2-39　2023 年公开的渭南市发明专利申请机构 TOP 10

2023 年渭南市发明专利授权量为 175 件，其中韩城市发明专利授权量为 20 件。申请主体以企业为主，主要申请机构除 1 家高校（陕西铁路工程职业技术学院）和中国人民解放军 63875 部队外，其余均为企业，尤其是民营企业表现突出（图 2-40）。

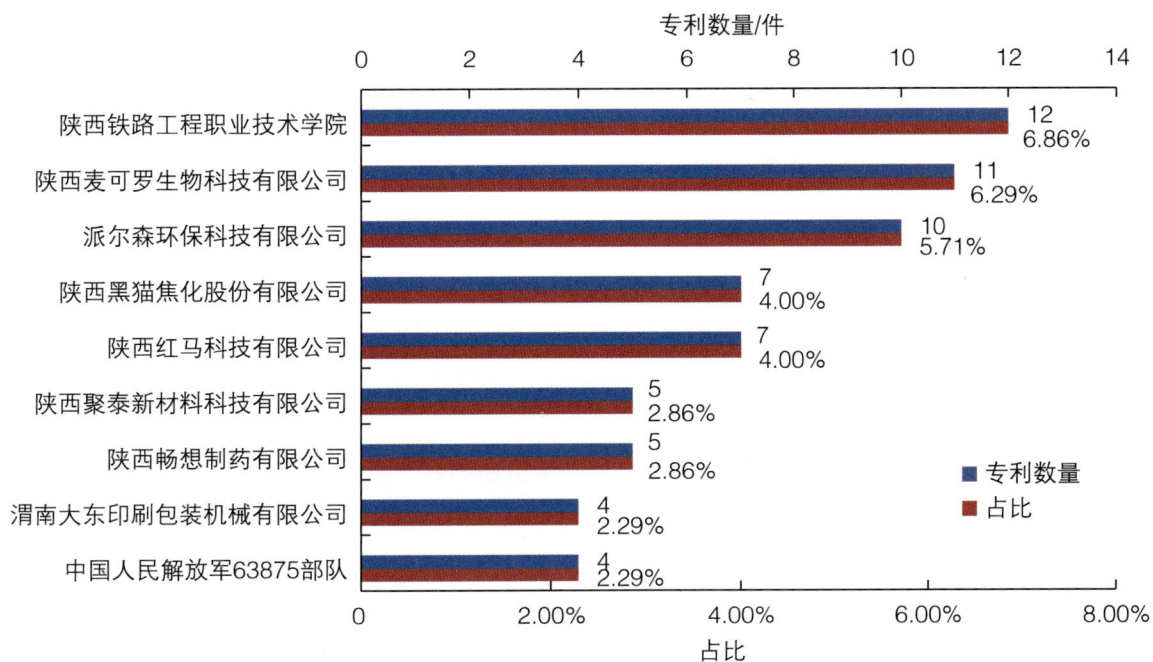

图 2-40  2023 年渭南市授权发明专利主要申请机构

**（8）延安市**

2023 年延安市发明专利许可公开量为 387 件，申请主体中，高校占比 42.8%、企业占比 40.1%、自然人占比 11.5%；发明专利授权量为 119 件，申请主体中，企业占比 49.6%、高校占比 37.8%。延安大学专利数量最多，在延安市发明专利许可公开总量和授权总量中占比分别约 41.09% 和 34.45%（图 2-41、图 2-42）。

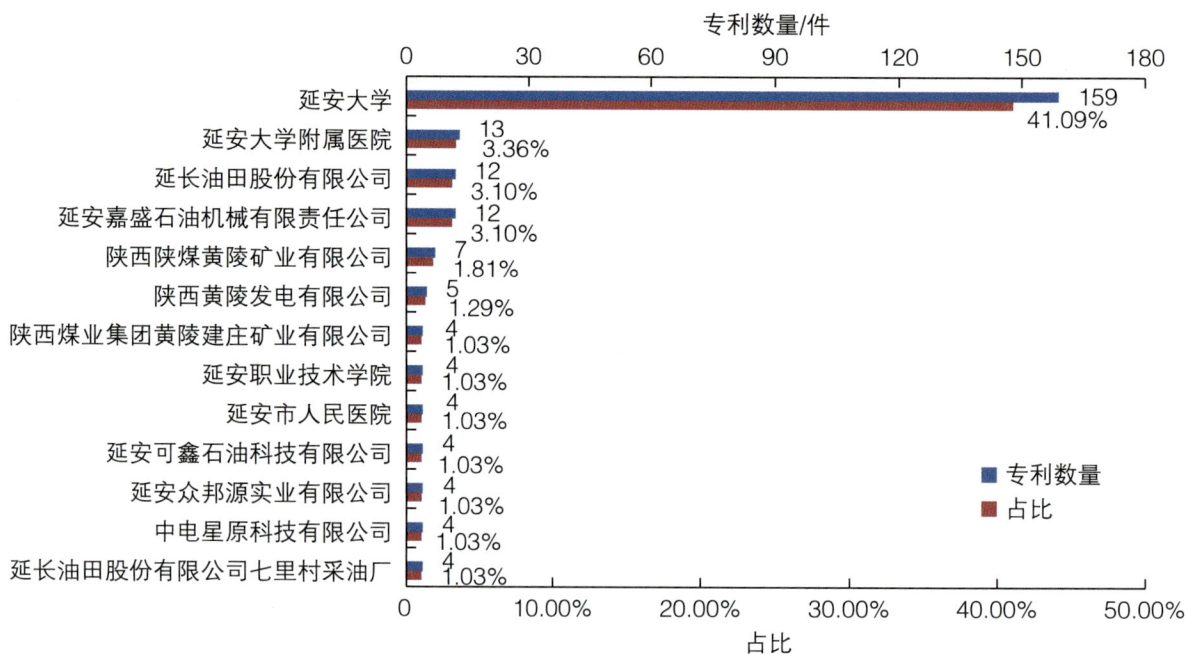

图 2-41　2023 年公开的延安市发明专利主要申请机构

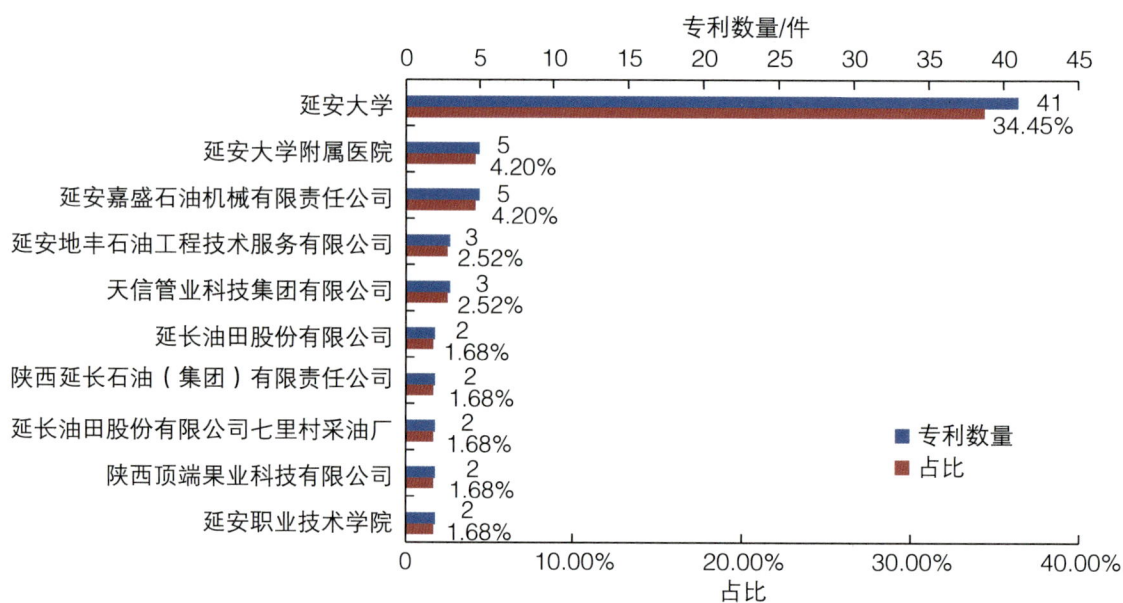

图 2-42　2023 年延安市授权发明专利申请机构 TOP 10

**（9）安康市**

　　2023 年安康市发明专利许可公开量为 300 件，申请主体中，企业占比约 58.8%、自然人占比约 15.9%、高校占比约 8.4%；发明专利授权量为 93 件，申请主体中，企业占比约 68.1%、高校占比约 12.8%、科研院所占比约 7.4%。安康学院表现良好，在安康市发明专利许可公开总量和授权总量中的占比分别为 8.00% 和 12.90%（图 2-43、图 2-44）。

专利数量/件

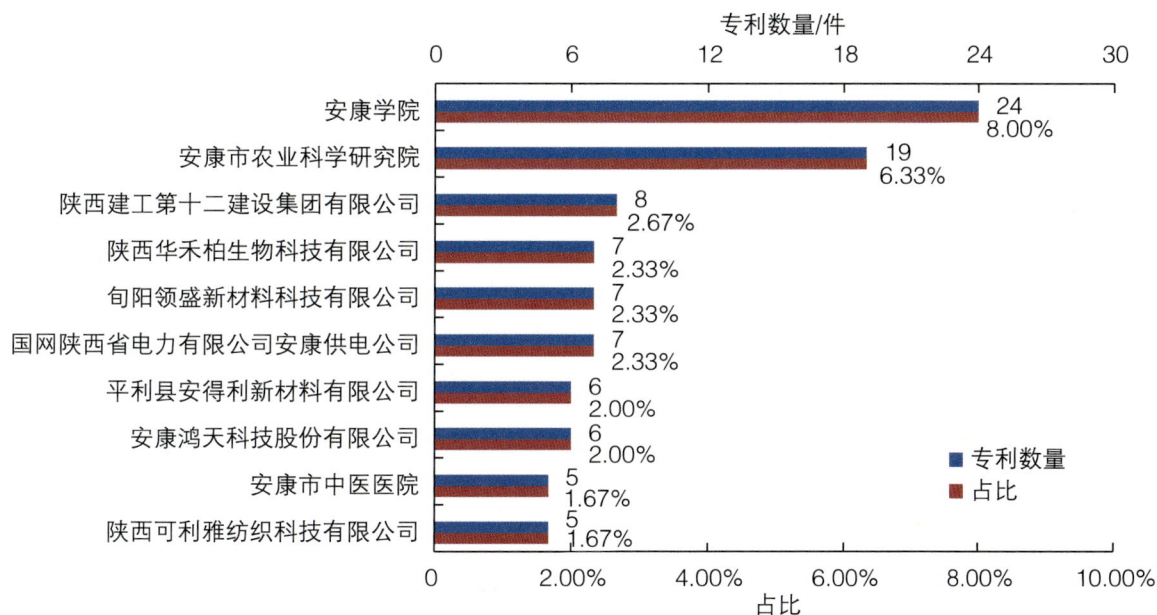

图 2-43　2023 年公开的安康市发明专利申请机构 TOP 10

专利数量/件

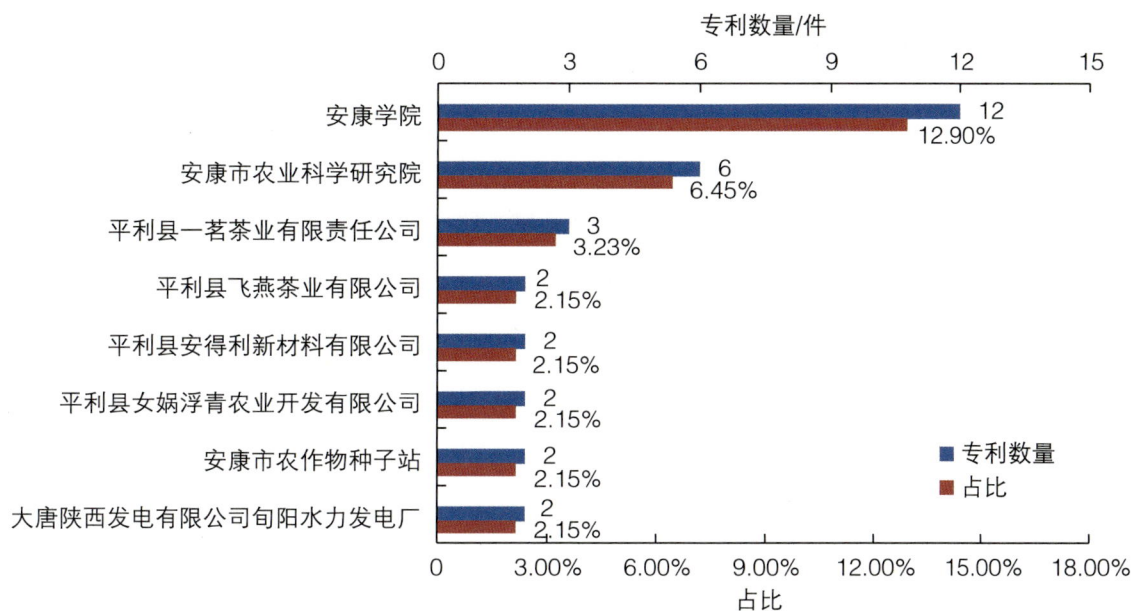

图 2-44　2023 年安康市授权发明专利主要申请机构

**（10）商洛市**

2023 年商洛市发明专利许可公开量为 160 件，申请主体中企业、高校和自然人占比分别约为 46.7%、30.5% 和 19.2%；商洛学院排名第一（50 件），排名第二和第三的分别是陕西商洛发电有限公司（8 件）和陕西盘龙药业集团股份有限公司（5 件）；主要申请机构中共有 5 家民营企业，表现突出（图 2-45）。

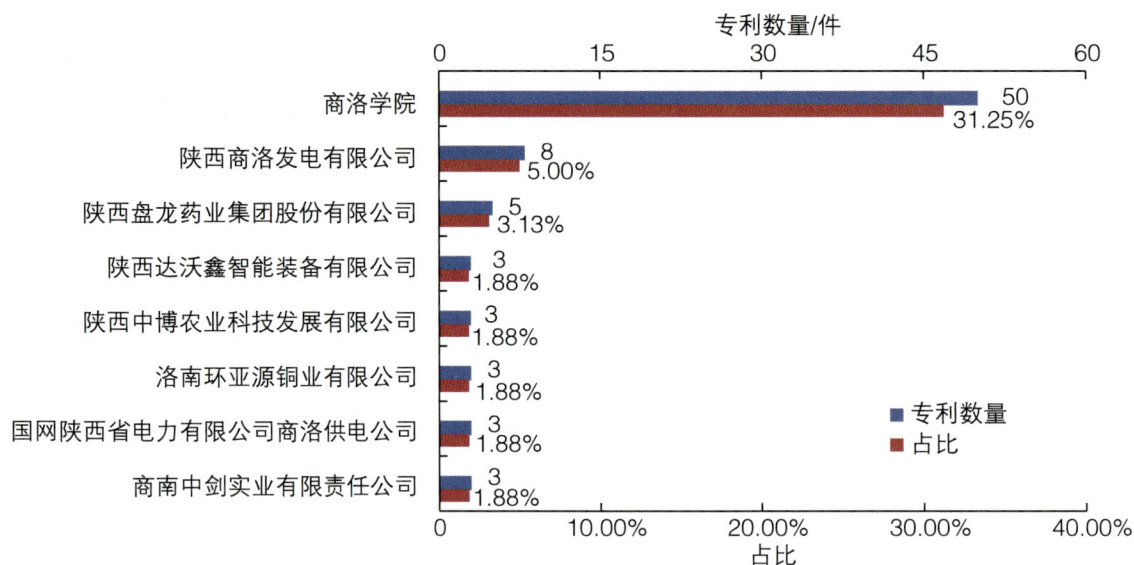

**图 2-45　2023 年公开的商洛市发明专利主要申请机构**

2023 年商洛市发明专利授权量为 49 件，申请主体中企业和高校表现依然突出，占比分别达到 48.1% 和 42.3%。申请机构中商洛学院排名第一，占比达 46.94%（图 2-46）。

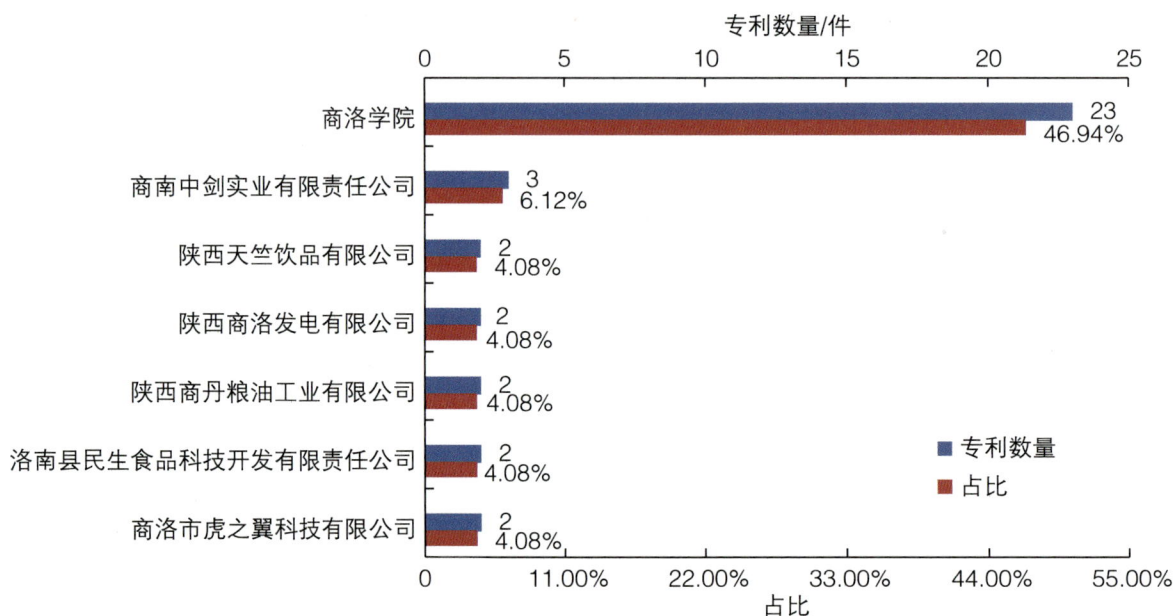

**图 2-46　2023 年商洛市授权发明专利主要申请机构**

**（11）铜川市**

2023 年铜川市发明专利许可公开量为 202 件，申请主体中企业占主导地位，占比 83.7%，自然人占比 12.4%。主要申请机构中有 4 家民营企业（图 2-47）。

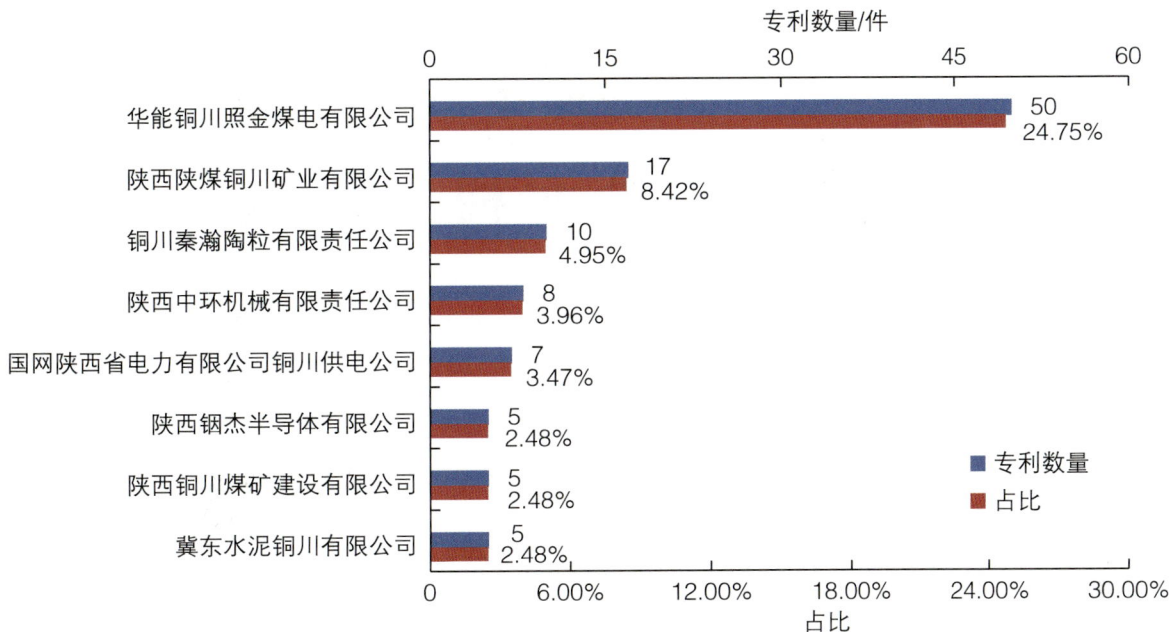

图 2-47　2023 年公开的铜川市发明专利主要申请机构

2023 年铜川市发明专利授权量为 44 件，申请主体中企业仍占主导地位，占铜川市总量的 93.2%（图 2-48）。

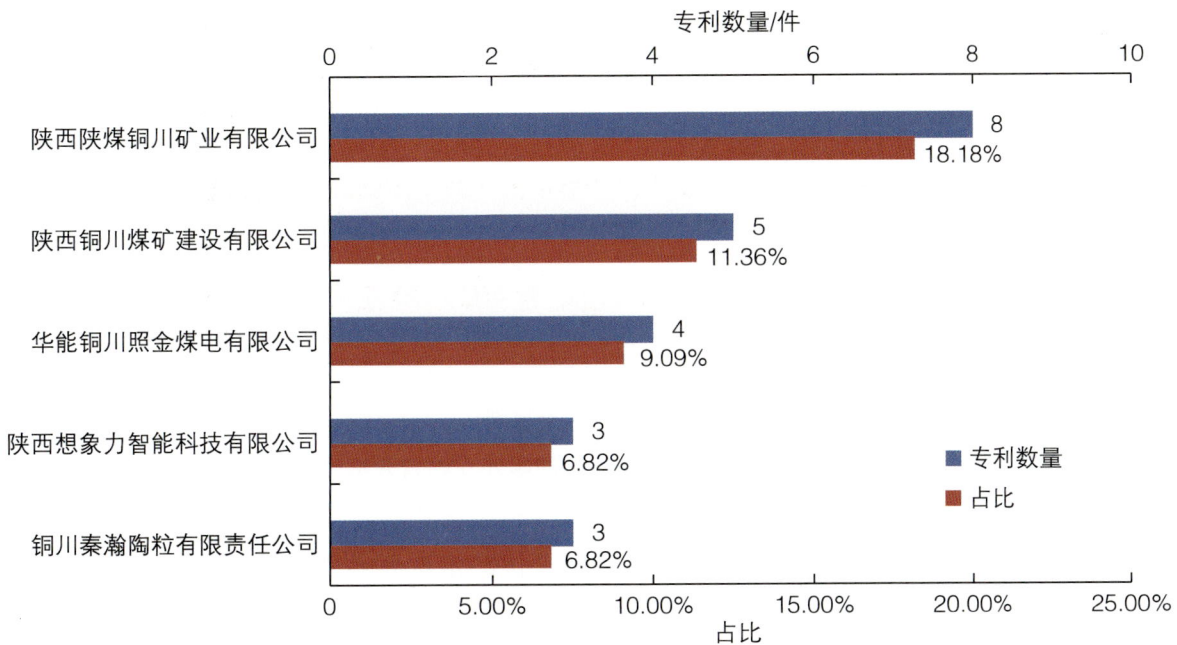

图 2-48　2023 年铜川市授权发明专利主要申请机构

（整理编写：李娟）

## 第三章

# 陕西"国外专利"数据

## 一、专利总量数据

2023 年，陕西申请的国外专利（包括 PCT 国际专利、欧洲专利、美国专利、日本专利、韩国专利）公开总量为 1438 件（图 3-1），共计 1239 个 DWPI 同族专利。陕西申请的 PCT 国际专利（595 件）和美国专利（550 件）数量相对较多。

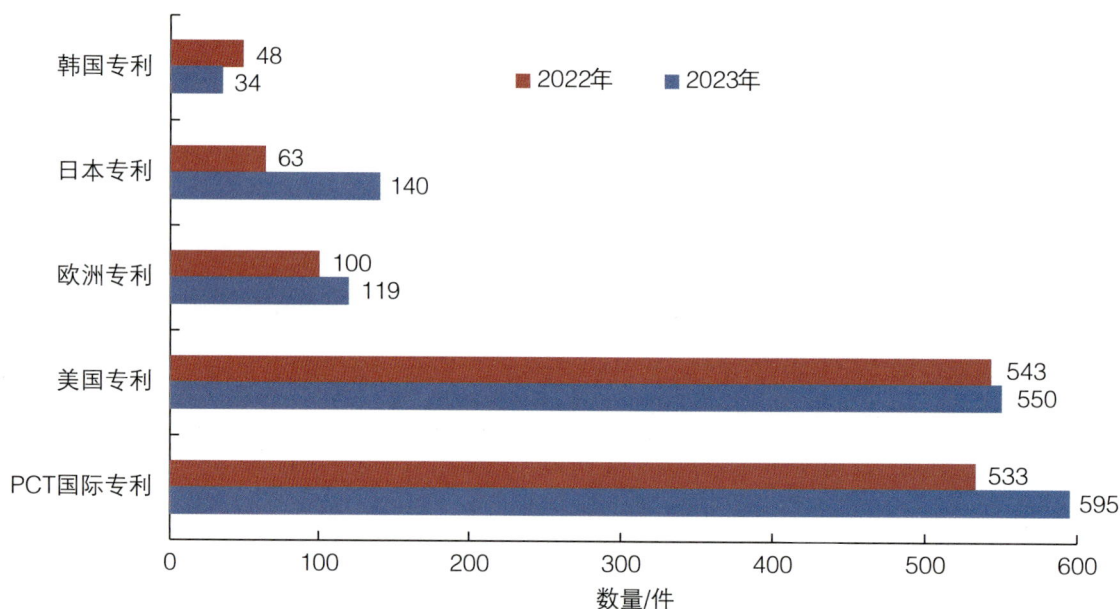

图 3-1　2023 年陕西申请的国外专利公开数据

2023 年，陕西申请的国外专利公开量排名前 3 位的依次是西安热工研究院有限公司、西安交通大学及隆基绿能科技股份有限公司，3 个机构申请的国外专利公开量均超过 100 件。陕西莱特光电材料股份有限公司、西安电子科技大学、西安蓝晓科技新材料股份有限公司在 PCT 国际专利，以及美国、欧洲、日本、韩国等国家和地区均有专利公开。西安热工研究院有限公司、隆基绿能科技股份有限公司及西安奕斯伟材料科技股份有限公司比较注重 PCT 国际专利的申请。西安交通大学、陕西莱特光电材料股份有限公司、陕西科技大学及西安大医集团股份有限公司比较注重美国专利的申请。图 3-2 列出的 2023 年主要申请主体中，有高校 4 家、企业 7 家（有两家机构专利公开量并列第十）。西安热工研究院有限公司的专利公开量与去年相比增幅较大，西安中兴新软件有限责任公司的专利公开量与去年相比下降幅度较大。

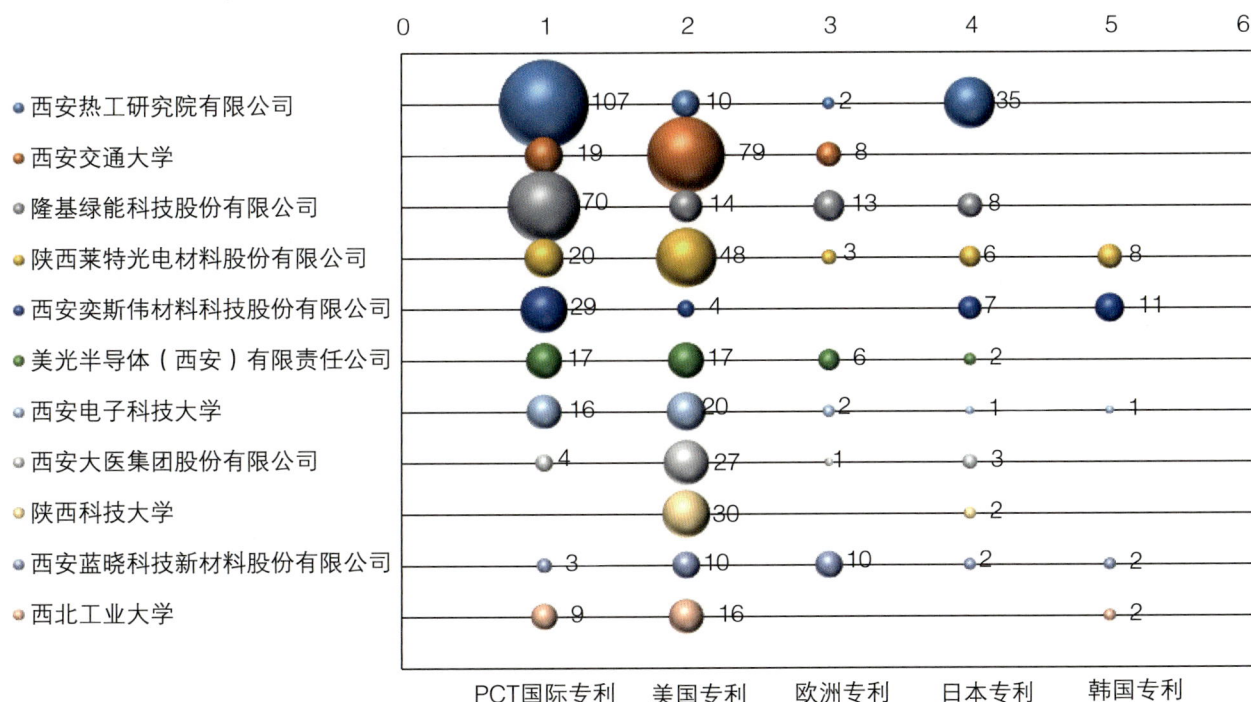

图 3-2　2023 年陕西国外专利主要申请主体（单位：件）

2023 年，陕西申请的国外公开专利主要分布在电通信技术、生物医药和有机化学技术领域。其中，IPC 分类中的 C07D（杂环化合物）、G06F（电数字数据处理）和 H01L（不包括在 H10 类目中的半导体器件）居前 3 位，专利数量分别为 109 件、106 件和 104 件（表 3-1），显示出陕西在化学、冶金（C 类），物理（G 类），电学（H 类）方面有明显优势。

表 3-1　2023 年陕西申请的国外专利 IPC 分类 TOP 10

| 序号 | IPC 分类 | 释义 | 专利数量 / 件 |
|---|---|---|---|
| 1 | C07D | 杂环化合物 | 109 |
| 2 | G06F | 电数字数据处理 | 106 |
| 3 | H01L | 不包括在 H10 类目中的半导体器件 | 104 |
| 4 | A61K | 医用、牙科用或化妆用的配制品 | 76 |

续表

| 序号 | IPC 分类 | 释义 | 专利数量 / 件 |
|---|---|---|---|
| 5 | A61P | 化合物或药物制剂的特定治疗活性 | 71 |
| 6 | C30B | 单晶生长；共晶材料的定向凝固或共析材料的定向分层；材料的区熔精炼；具有一定结构的均匀多晶材料的制备；单晶或具有一定结构的均匀多晶材料；单晶或具有一定结构的均匀多晶材料之后处理；其所用的装置 | 67 |
| 7 | H10K | 有机电固态器件 | 64 |
| 8 | H04L | 数字信息的传输，例如电报通信 | 50 |
| 9 | G01N | 借助于测定材料的化学或物理性质来测试或分析材料 | 46 |
| 10 | B01D | 分离 | 41 |

（整理编写：钱虹）

## 二、PCT 国际专利数据

### 1. 专利公开数据

2023 年，我国 PCT 国际专利公开量为 70 075 件，同比增长 0.85%。陕西的 PCT 国际专利公开量为 595 件，申请主体 TOP 10 如表 3-2 和图 3-3 所示。排名前 3 位的申请主体是西安热工研究院有限公司、隆基绿能科技股份有限公司和西安奕斯伟材料科技股份有限公司，PCT 国际专利公开量依次为 110 件、70 件和 29 件。其中，西安热工研究院有限公司的 PCT 国际专利公开量较上年增长了 53 件，增幅较大。

表 3-2　2023 年公开的陕西 PCT 国际专利申请主体 TOP 10

| 序号 | 申请主体 | 涉及的主要 IPC 分类[①]/件 | 释义 |
|---|---|---|---|
| 1 | 西安热工研究院有限公司 | F01K（18）<br>F28D（12） | 蒸汽机装置；贮汽器；不包含在其他类目中的发动机装置；应用特殊工作流体或循环的发动机<br>其他小类中不包括的热交换设备，其中热交换介质不直接接触的；一般贮热装置或设备；淋洒或膜层 |

---

① 因每件专利涉及多个分类号，故此表中 IPC 分类号后括号内的专利数之和与各机构公开专利的合计数不相等（专利分类数据之和>各机构专利数据之和）。后续表格中同理，不再注释。

续表

| 序号 | 申请主体 | 涉及的主要IPC分类①/件 | 释义 |
|---|---|---|---|
| 2 | 隆基绿能科技股份有限公司 | H01L（38）C30B（16） | 不包括在H10类目中的半导体器件<br>单晶生长；共晶材料的定向凝固或共析材料的定向分层；材料的区熔精炼；具有一定结构的均匀多晶材料的制备；单晶或具有一定结构的均匀多晶材料；单晶或具有一定结构的均匀多晶材料之后处理；其所用的装置 |
| 3 | 西安奕斯伟材料科技股份有限公司 | C30B（27）H01L（4） | 单晶生长；共晶材料的定向凝固或共析材料的定向分层；材料的区熔精炼；具有一定结构的均匀多晶材料的制备；单晶或具有一定结构的均匀多晶材料；单晶或具有一定结构的均匀多晶材料之后处理；其所用的装置<br>不包括在H10类目中的半导体器件 |
| 4 | 陕西莱特光电材料股份有限公司 | C07D（18）H10K（16） | 杂环化合物<br>有机电固态器件 |
| 5 | 西安交通大学 | G01R（3）G06F（3） | 测量电变量；测量磁变量<br>电数字数据处理 |
| 6 | 西北农林科技大学 | C07D（5）A01G（5） | 杂环化合物<br>园艺；蔬菜、花卉、稻、果树、葡萄、啤酒花或海菜的栽培；林业；浇水 |
| 7 | 寒武纪（西安）半导体有限公司 | G06F（12）G06N（8） | 电数字数据处理<br>基于特定计算模型的计算机系统 |
| 8 | 西安电子科技大学 | G06F（5）G06N（3） | 电数字数据处理<br>基于特定计算模型的计算机系统 |
| 9 | 西安紫光国芯半导体股份有限公司 | G11C（7）H01L（6） | 静态存储器<br>不包括在H10类目中的半导体器件 |
| 10 | 西安青松光电技术有限公司 | G09F（7）G09G（3） | 显示；广告；标记；标签或铭牌；印鉴<br>对用静态方法显示可变信息的指示装置进行控制的装置或电路 |

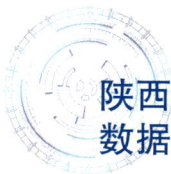

专利数量： 百分比： 涉及主要IPC分类：
17件 2.86% G06F、G06N

专利数量： 百分比： 涉及主要IPC分类：
18件 3.03% C07D、A01G

专利数量： 百分比： 涉及主要IPC分类：
19件 3.19% G01R、G06F

专利数量： 百分比： 涉及主要IPC分类：
29件 4.87% C30B、H01L

专利数量： 百分比： 涉及主要IPC分类：
110件 18.49% F01K、F28D

专利数量： 百分比： 涉及主要IPC分类：
70件 11.76% H01L、C30B

专利数量： 百分比： 涉及主要IPC分类：
20件 3.36% C07D、H10K

专利数量： 百分比： 涉及主要IPC分类：
12件 2.02% G09F、G09G

专利数量： 百分比： 涉及主要IPC分类：
13件 2.18% G11C、H01L

专利数量： 百分比： 涉及主要IPC分类：
16件 2.69% G06F、G06N

■ 西安交通大学　　■ 西安奕斯伟材料科技股份有限公司　　■ 西安热工研究院有限公司　　■ 西安电子科技大学
■ 陕西莱特光电材料股份有限公司　　■ 西安青松光电技术有限公司　　■ 西安紫光国芯半导体股份有限公司
■ 隆基绿能科技股份有限公司　　■ 赛武纪（西安）半导体有限公司　　■ 西北农林科技大学

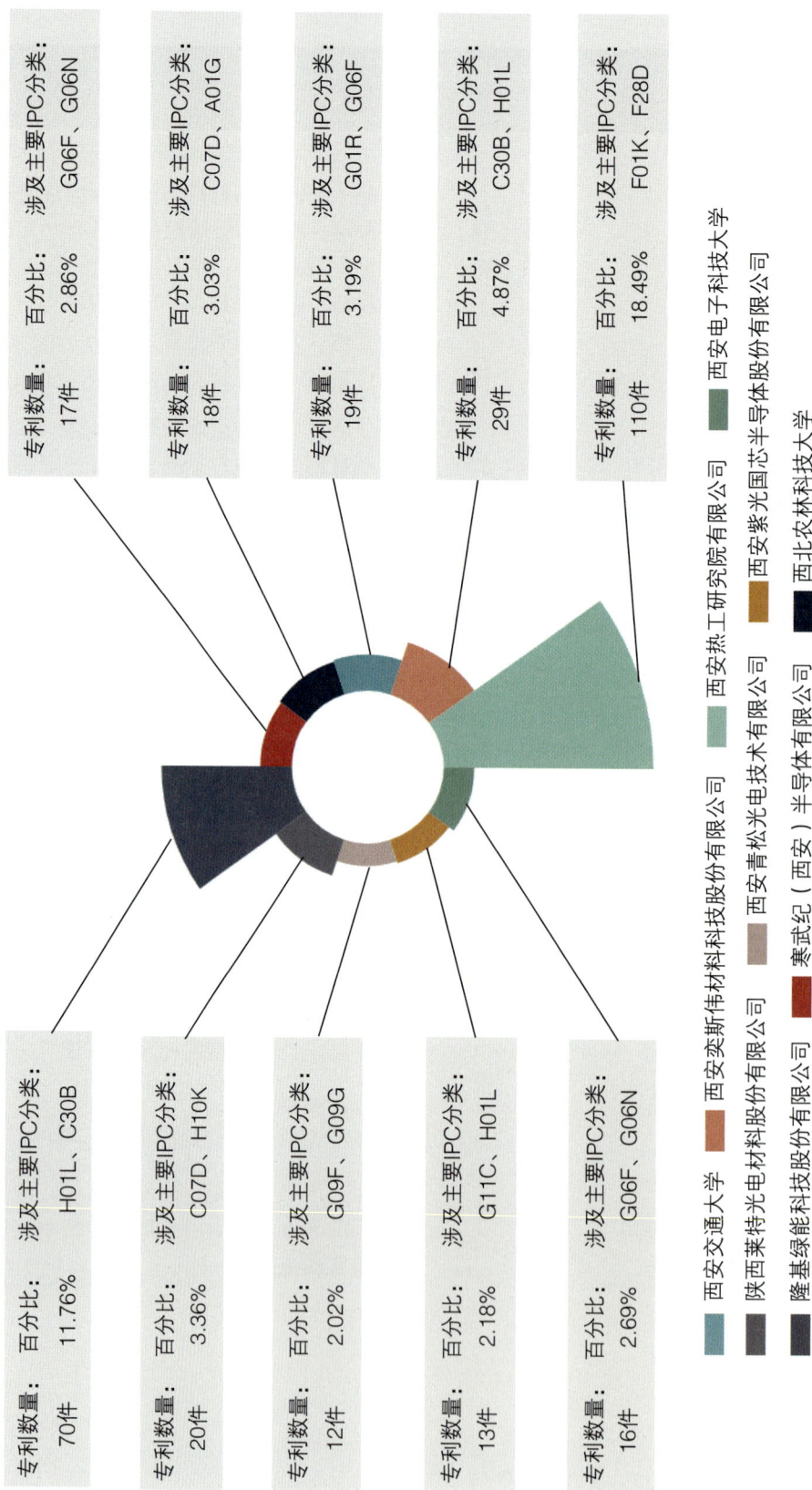

图 3-3　2023 年公开的陕西 PCT 国际专利申请主体 TOP 10

## 2. IPC 分类数据

2023 年公开的陕西 PCT 国际专利技术领域主要分布在 H01（电气元件）、G06（计算；推算或计数）和 G01（测量；测试）等几大类。H（电学）、G（物理）和 C（化学；冶金）3 个大类的专利数量占绝对优势，约占总数的 65%，是陕西 PCT 国际专利的主要技术领域，也说明陕西在这 3 个技术方向上有一定的竞争力（表 3-3）。

表 3-3　2023 年公开的陕西 PCT 国际专利主要 IPC 分类

| 序号 | IPC 分类 | 释义 | 专利数量 / 件 | 百分比 |
| --- | --- | --- | --- | --- |
| 1 | H01L | 不包括在 H10 类目中的半导体器件 | 77 | 12.94% |
| 2 | G06F | 电数字数据处理 | 60 | 10.08% |
| 3 | C30B | 单晶生长；共晶材料的定向凝固或共析材料的定向分层；材料的区熔精炼；具有一定结构的均匀多晶材料的制备；单晶或具有一定结构的均匀多晶材料；单晶或具有一定结构的均匀多晶材料之后处理；其所用的装置 | 45 | 7.56% |
| 4 | H10K | 有机电固态器件 | 28 | 4.71% |
| 5 | A61K | 医用、牙科用或化妆用的配制品 | 27 | 4.54% |
| 6 | C07D | 杂环化合物 | 27 | 4.54% |
| 7 | G06N | 基于特定计算模型的计算机系统 | 25 | 4.20% |
| 8 | A61P | 化合物或药物制剂的特定治疗活性 | 23 | 3.87% |
| 9 | H02J | 供电或配电的电路装置或系统；电能存储系统 | 22 | 3.70% |
| 10 | G01N | 借助于测定材料的化学或物理性质来测试或分析材料 | 21 | 3.53% |

（整理编写：胡启萌）

# 三、美国专利数据

## 1. 专利公开数据

2023 年，我国申请的美国专利公开量为 73 348 件，同比下降 1.50%。陕西申请的美国专利公开量为 550 件，共有 100 家机构申请了美国专利，最主要的申请机构是西安交通大学，专利公开量为 78 件，遥遥领先于省内其他机构。紧随其后的是陕西莱特光电材料股份有限公司、陕西科技大学、西安大医集团股份有限公司和西安电子科技大学，专利公开量分别是49件、28件、27件和20件（表3-4、图3-4）。其他机构申请的美国专利公开量都不超过20件。

表 3-4　2023 年公开的陕西美国专利申请主体 TOP 10

| 序号 | 申请主体 | 涉及的主要 IPC 分类 / 件 | 释义 |
|---|---|---|---|
| 1 | 西安交通大学 | G01N（9） | 借助于测定材料的化学或物理性质来测试或分析材料 |
| | | G01R（6） | 测量电变量；测量磁变量 |
| 2 | 陕西莱特光电材料股份有限公司 | C07D（44） | 杂环化合物 |
| | | H10K（34） | 有机电固态器件 |
| 3 | 陕西科技大学 | B01J（5） | 化学或物理方法，例如，催化作用或胶体化学；其有关设备 |
| | | C07D（4） | 杂环化合物 |
| 4 | 西安大医集团股份有限公司 | A61N（18） | 电疗；磁疗；放射疗；超声波疗 |
| | | G06T（5） | 一般的图像数据处理或产生 |
| | | G16H（5） | 医疗保健信息学，即专门用于处置或处理医疗或健康数据的信息和通信技术 |
| 5 | 西安电子科技大学 | G06T（6） | 一般的图像数据处理或产生 |
| | | H04W（5） | 无线通信网络 |
| | | H01Q（5） | 天线 |
| 6 | 西安中兴新软件有限责任公司 | H04L（8） | 数字信息的传输，例如电报通信 |
| | | H04W（6） | 无线通信网络 |
| 7 | 西安建筑科技大学 | F24F（6） | 空气调节；空气增湿；通风；空气流作为屏蔽的应用 |
| | | G06V（4） | 图像或视频识别或理解 |
| 8 | 美光半导体（西安）有限责任公司 | G06F（16） | 电数字数据处理 |
| | | G06N（4） | 基于特定计算模型的计算机系统 |
| 9 | 西北工业大学 | G06N（4） | 基于特定计算模型的计算机系统 |
| | | G06F（3） | 电数字数据处理 |
| 10 | 隆基绿能科技股份有限公司 | H01L（7） | 不包括在 H10 类目中的半导体器件 |
| | | H10K（4） | 有机电固态器件 |

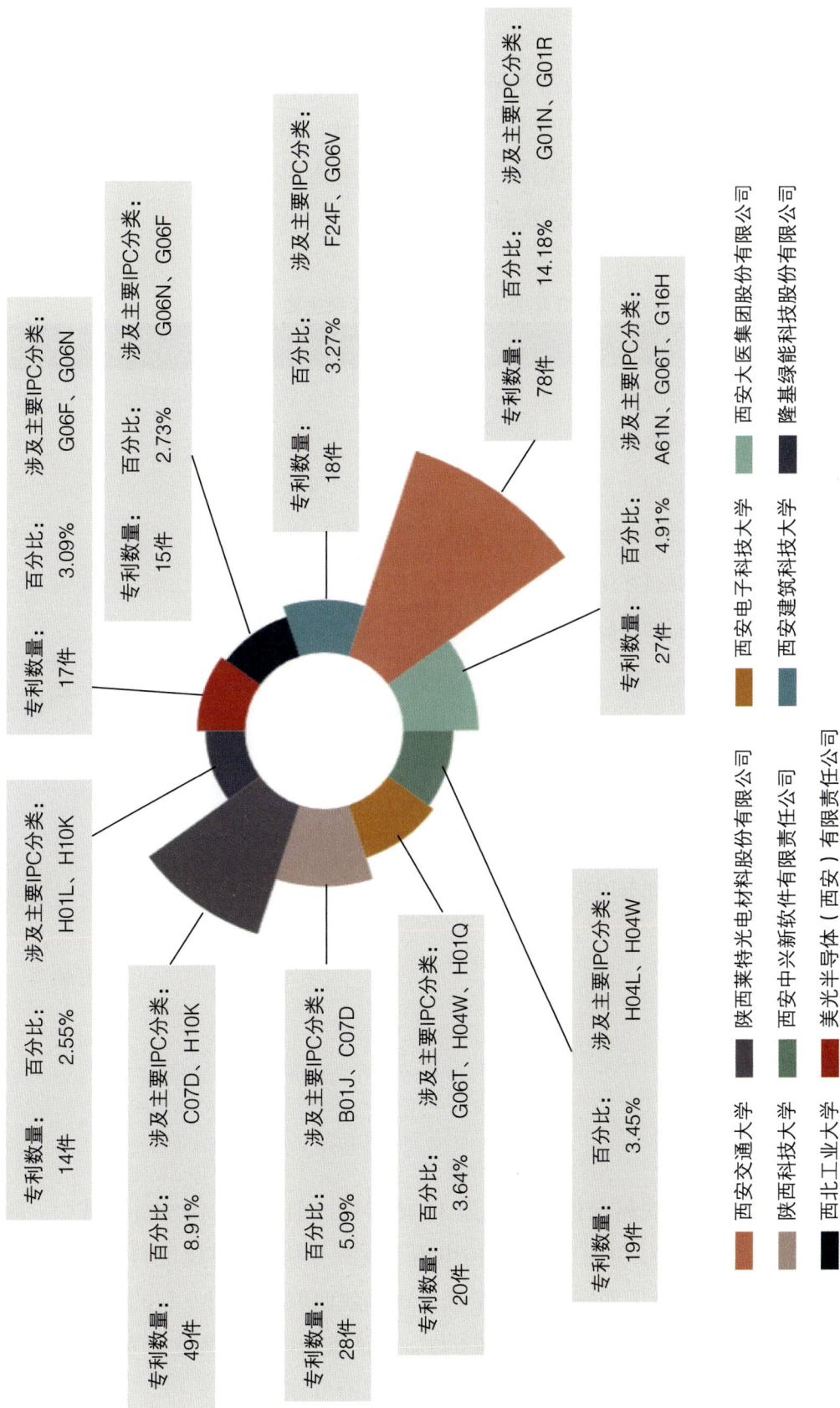

专利数量：
17件
百分比：
3.09%
涉及主要IPC分类：
G06F、G06N

专利数量：
15件
百分比：
2.73%
涉及主要IPC分类：
G06N、G06F

专利数量：
18件
百分比：
3.27%
涉及主要IPC分类：
F24F、G06V

专利数量：
78件
百分比：
14.18%
涉及主要IPC分类：
G01N、G01R

专利数量：
27件
百分比：
4.91%
涉及主要IPC分类：
A61N、G06T、G16H

专利数量：
14件
百分比：
2.55%
涉及主要IPC分类：
H01L、H10K

专利数量：
49件
百分比：
8.91%
涉及主要IPC分类：
C07D、H10K

专利数量：
28件
百分比：
5.09%
涉及主要IPC分类：
B01J、C07D

专利数量：
20件
百分比：
3.64%
涉及主要IPC分类：
G06T、H04W、H01Q

专利数量：
19件
百分比：
3.45%
涉及主要IPC分类：
H04L、H04W

西安交通大学　陕西莱特光电材料股份有限公司　西安电子科技大学　西安大医集团股份有限公司
陕西科技大学　西安中兴新软件有限责任公司　西安建筑科技大学　隆基绿能科技股份有限公司
西北工业大学　美光半导体（西安）有限责任公司

图 3-4　2023 年公开的陕西美国专利申请主体 TOP 10

49

## 2. IPC 分类数据

2023 年公开的陕西美国专利技术领域主要分布在 G06（计算；推算或计数）、C07（有机化学）、A61（医学或兽医学；卫生学）、G01（测量；测试）、H01（电气元件）等五大类，这五大类的专利数量占据绝对优势，占总数的比重达到 58%（表 3-5）。与上年相比，陕西在有机化学领域申请的美国专利数量增加较多。

表 3-5　2023 年公开的陕西美国专利主要 IPC 分类

| 序号 | IPC 分类 | 释义 | 专利数量 / 件 | 百分比 |
|---|---|---|---|---|
| 1 | C07D | 杂环化合物 | 53 | 9.64% |
| 2 | G06F | 电数字数据处理 | 44 | 8.00% |
| 3 | H10K | 有机电固态器件 | 38 | 6.91% |
| 4 | A61P | 化合物或药物制剂的特定治疗活性 | 21 | 3.82% |
| 5 | C07C | 无环或碳环化合物 | 21 | 3.82% |
| 6 | G06T | 一般的图像数据处理或产生 | 21 | 3.82% |
| 7 | A61N | 电疗；磁疗；放射疗；超声波疗 | 20 | 3.64% |
| 8 | C09K | 不包含在其他类目中的各种应用材料；不包含在其他类目中的材料的各种应用 | 19 | 3.45% |
| 9 | G01N | 借助于测定材料的化学或物理性质来测试或分析材料 | 19 | 3.45% |
| 10 | H01L | 不包括在 H10 类目中的半导体器件 | 18 | 3.27% |

（整理编写：钱虹）

## 四、欧洲专利数据

### 1. 专利公开数据

2023 年，我国申请的欧洲专利公开量为 35 464 件，同比增长 19.56%。其中，陕西申请的欧洲专利公开量为 119 件，共有 45 家机构申请了欧洲专利，隆基绿能科技股份有限公司、西安交通大学和美光半导体（西安）有限责任公司是陕西取得欧洲专利的主要申请机构（表 3-6、图 3-5），公开量分别为 11 件、7 件和 6 件。申请机构以企业为主，表现出明显的优势；陕西高校在欧洲的专利布局有所减弱，45 家机构中只有 6 家高校。

表 3-6    2023 年公开的陕西欧洲专利申请主体 TOP 10

| 序号 | 申请主体 | 涉及的主要 IPC 分类 / 件 | 释义 |
|---|---|---|---|
| 1 | 隆基绿能科技股份有限公司 | H01L（10） | 不包括在 H10 类目中的半导体器件 |
| 2 | 西安交通大学 | H01H（3） | 电开关；继电器；选择器；紧急保护装置 |
| | | H01L（1） | 不包括在 H10 类目中的半导体器件 |
| 3 | 美光半导体（西安）有限责任公司 | G06F（5） | 电数字数据处理 |
| | | H01L（1） | 不包括在 H10 类目中的半导体器件 |
| 4 | 西安蓝晓科技新材料股份有限公司 | C08F（2） | 仅用碳－碳不饱和键反应得到的高分子化合物 |
| | | C08J（2） | 加工；配料的一般工艺过程 |
| 5 | 西安领充无限新能源科技有限公司 | H02J（2） | 供电或配电的电路装置或系统；电能存储系统 |
| | | B60L（1） | 电动车辆动力装置 |
| 6 | 中国人民解放军空军军医大学 | A61K（1） | 医用、牙科用或化妆用的配制品 |
| | | A61P（1） | 化合物或药物制剂的特定治疗活性 |
| 7 | 陕西慧康生物科技有限责任公司 | A61K（2） | 医用、牙科用或化妆用的配制品 |
| | | A61P（2） | 化合物或药物制剂的特定治疗活性 |
| 8 | 维谛技术（西安）有限公司 | G01R（1） | 测量电变量；测量磁变量 |
| | | G05B（1） | 一般的控制或调节系统；这种系统的功能单元；用于这种系统或单元的监视或测试装置 |
| 9 | 西安知象光电科技有限公司 | G02B（1） | 光学元件、系统或仪器 |
| | | B23K（1） | 钎焊或脱焊 |
| 10 | 西安新通药物研究股份有限公司 | A61K（2） | 医用、牙科用或化妆用的配制品 |
| | | A61P（2） | 化合物或药物制剂的特定治疗活性 |
| | | C07D（2） | 杂环化合物 |

专利数量：
2件
百分比：
1.68%
涉及主要IPC分类：
G01R、G05B

专利数量：
6件
百分比：
5.04%
涉及主要IPC分类：
G06F、H01L

专利数量：
7件
百分比：
5.88%
涉及主要IPC分类：
H01H、H01L

专利数量：
2件
百分比：
1.68%
涉及主要IPC分类：
A61K、A61P、C07D

专利数量：
2件
百分比：
1.68%
涉及主要IPC分类：
G02B、B23K

专利数量：
2件
百分比：
1.68%
涉及主要IPC分类：
A61K、A61P

专利数量：
2件
百分比：
9.24%
涉及主要IPC分类：
H01L

专利数量：
2件
百分比：
1.68%
涉及主要IPC分类：
A61K、A61P

专利数量：
3件
百分比：
2.52%
涉及主要IPC分类：
H02J、B60L

专利数量：
4件
百分比：
3.36%
涉及主要IPC分类：
C08F、C08J

隆基绿能科技股份有限公司
西安领充无限新能源科技有限公司
美光半导体（西安）有限责任公司
西安交通大学
陕西慧康生物科技有限责任公司
西安蓝晓科技新材料股份有限公司
中国人民解放军空军军医大学
西安新通药物研究股份有限公司
西安知象光电科技有限公司
维谛技术（西安）有限公司

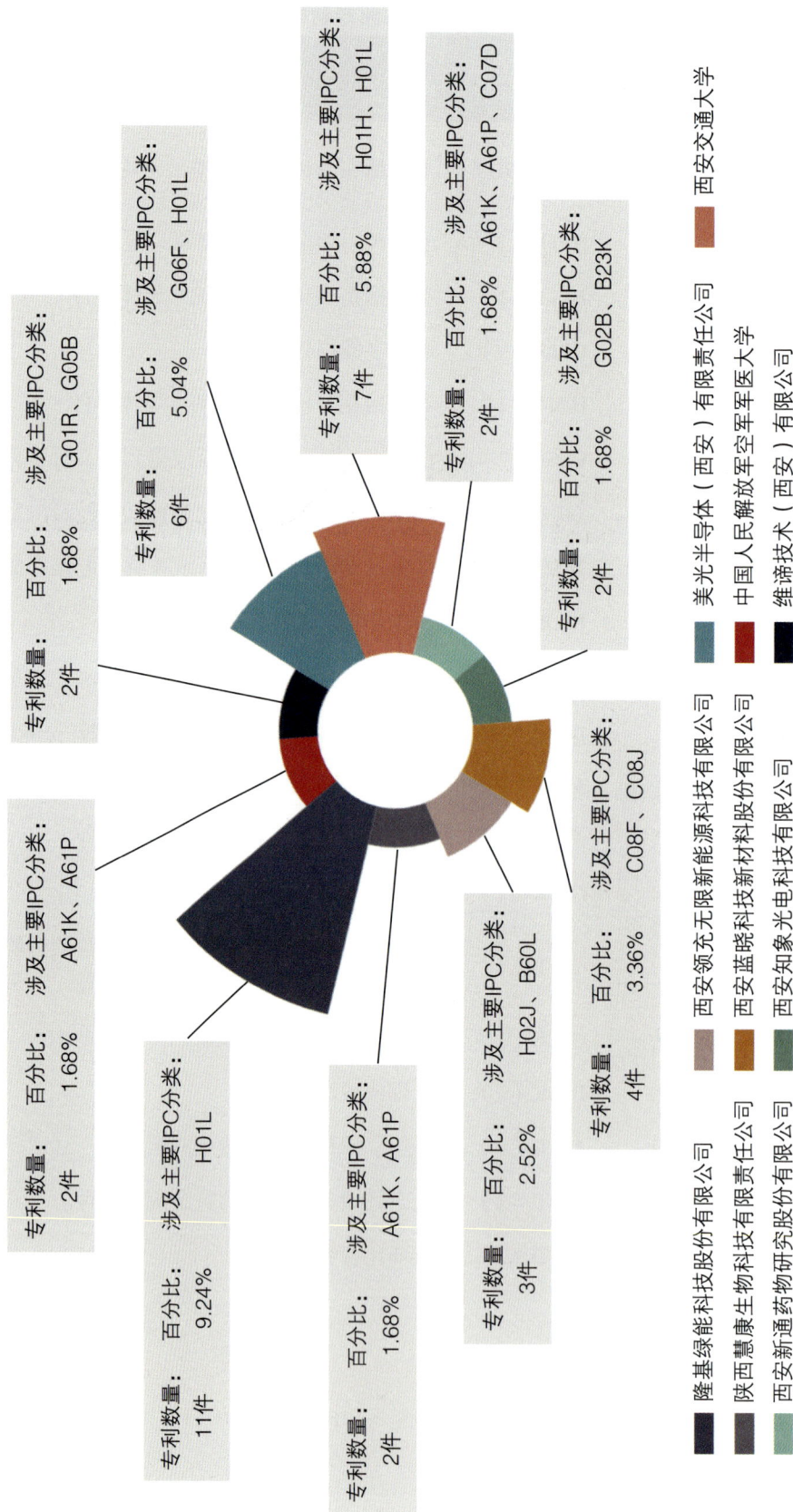

图 3-5 2023 年公开的陕西欧洲专利申请主体 TOP 10

## 2. IPC 分类数据

2023 年公开的陕西欧洲专利技术领域主要分布在 H01（电气元件）、H04（电通信技术）、A61（医学或兽医学；卫生学）、C07（有机化学）、B01（一般的物理或化学的方法或装置）等五大类，这五大类的专利占绝对优势，占总数的比重近 80%（表 3-7）。陕西在 B01D（分离）技术方向上公开的专利数量较上年略有增加；在 H04L（数字信息的传输，例如电报通信）、G06F（电数字数据处理）、G01S（无线电定向；无线电导航；采用无线电波测距或测速；采用无线电波的反射或再辐射的定位或存在检测；采用其他波的类似装置）等技术方向上公开的专利数量较上年略有减少。

表 3-7　2023 年公开的陕西欧洲专利主要 IPC 分类

| 序号 | IPC 分类 | 释义 | 专利数量 / 件 | 百分比 |
|---|---|---|---|---|
| 1 | H01L | 不包括在 H10 类目中的半导体器件 | 13 | 10.92% |
| 2 | H04L | 数字信息的传输，例如电报通信 | 13 | 10.92% |
| 3 | A61K | 医用、牙科用或化妆用的配制品 | 12 | 10.08% |
| 4 | A61P | 化合物或药物制剂的特定治疗活性 | 11 | 9.24% |
| 5 | B01D | 分离 | 7 | 5.88% |
| 6 | C07D | 杂环化合物 | 7 | 5.88% |
| 7 | H04W | 无线通信网络 | 7 | 5.88% |
| 8 | G06F | 电数字数据处理 | 6 | 5.04% |
| 9 | H01H | 电开关；继电器；选择器；紧急保护装置 | 6 | 5.04% |
| 10 | F41G | 武器瞄准器；制导 | 5 | 4.20% |

（整理编写：钱虹）

## 五、日本专利数据

### 1. 专利公开数据

2023 年，我国申请的日本专利公开量为 15 701 件，同比增长 19.62%。陕西申请的日本专利公开量为 140 件，共涉及 53 家机构。主要申请机构为西安热工研究院有限公司、西安中熔电气股份有限公司、隆基绿能科技股份有限公司、西安奕斯伟材料科技股份有限公司、陕西莱特光电材料股份有限公司和西安能讯微电子有限公司，专利公开量分别为 35 件、8 件、8 件、7 件、6 件和 6 件，主要涉及有机化学、电技术和机械工程等技术方向（表 3-8、图 3-6）。

其余机构申请的日本专利公开量不超过 5 件。

表 3-8　2023 年公开的陕西日本专利主要申请主体

| 序号 | 申请主体 | 涉及的主要 IPC 分类 / 件 | 释义 |
|---|---|---|---|
| 1 | 西安热工研究院有限公司 | B01D（15） | 分离 |
| | | F23J（10） | 燃烧生成物或燃烧余渣的清除或处理；烟道 |
| 2 | 西安中熔电气股份有限公司 | H01H（8） | 电开关；继电器；选择器；紧急保护装置 |
| 3 | 隆基绿能科技股份有限公司 | H01L（6） | 不包括在 H10 类目中的半导体器件 |
| | | H10K（4） | 有机电固态器件 |
| 4 | 西安奕斯伟材料科技股份有限公司 | C30B（7） | 单晶生长；共晶材料的定向凝固或共析材料的定向分层；材料的区熔精炼；具有一定结构的均匀多晶材料的制备；单晶或具有一定结构的均匀多晶材料；单晶或具有一定结构的均匀多晶材料之后处理；其所用的装置 |
| | | F27B（2） | 一般馏炉、窑、烘烤炉或蒸馏炉；开式烧结设备或类似设备 |
| | | F27D（2） | 一种以上的炉通用的炉、窑、烘烤炉或蒸馏炉的零部件或附件 |
| 5 | 陕西莱特光电材料股份有限公司 | C09K（6） | 不包含在其他类目中的各种应用材料；不包含在其他类目中的材料的各种应用 |
| | | H01L（6） | 不包括在 H10 类目中的半导体器件 |
| | | H10K（6） | 有机电固态器件 |
| 6 | 西安能讯微电子有限公司 | H01L（6） | 不包括在 H10 类目中的半导体器件 |
| | | C30B（1） | 单晶生长；共晶材料的定向凝固或共析材料的定向分层；材料的区熔精炼；具有一定结构的均匀多晶材料的制备；单晶或具有一定结构的均匀多晶材料；单晶或具有一定结构的均匀多晶材料之后处理；其所用的装置 |
| 7 | 华创合成制药股份有限公司 | A61K（5） | 医用、牙科用或梳妆用的配制品 |
| | | A61P（5） | 化合物或药物制剂的特定治疗活性 |
| | | C07D（3） | 杂环化合物 |
| 8 | 西安西电捷通无线网络通信股份有限公司 | H04L（5） | 数字信息的传输，例如电报通信 |
| | | H04W（3） | 无线通信网络 |
| 9 | 西安华科光电有限公司 | F41G（5） | 武器瞄准器；制导 |
| | | F21S（3） | 非便携式照明装置或其系统 |
| | | F21V（3） | 照明装置或其系统的功能特征或零部件；不包含在其他类目中的照明装置和其他物品的结构组合物 |

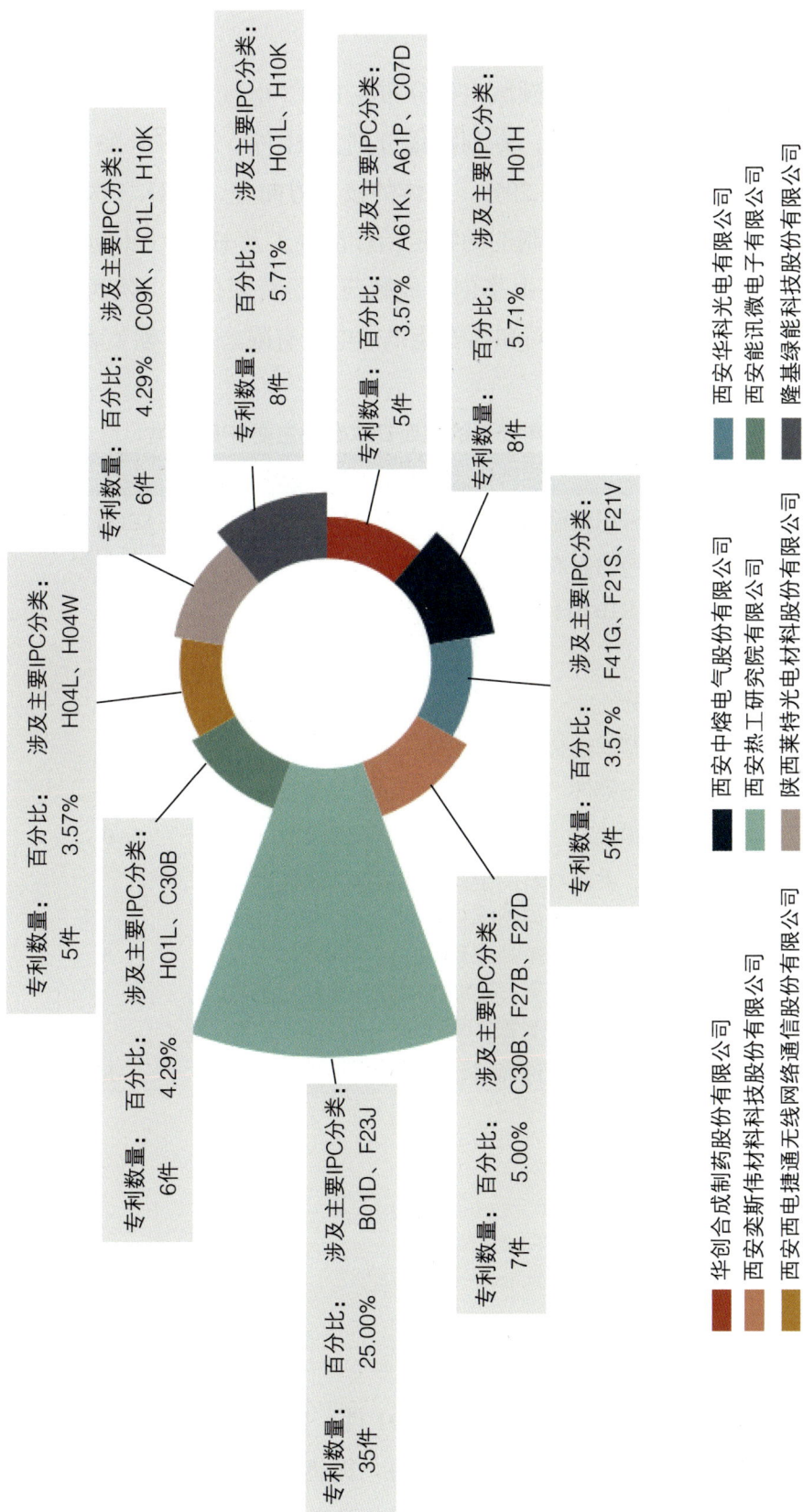

图3-6 2023年公开的陕西日本专利主要申请主体

专利数量：5件　百分比：3.57%　涉及主要IPC分类：H04L、H04W

专利数量：6件　百分比：4.29%　涉及主要IPC分类：C09K、H01L、H10K

专利数量：8件　百分比：5.71%　涉及主要IPC分类：H01L、H10K

专利数量：5件　百分比：3.57%　涉及主要IPC分类：A61K、A61P、C07D

专利数量：8件　百分比：5.71%　涉及主要IPC分类：H01H

专利数量：5件　百分比：3.57%　涉及主要IPC分类：F41G、F21S、F21V

专利数量：6件　百分比：4.29%　涉及主要IPC分类：H01L、C30B

专利数量：35件　百分比：25.00%　涉及主要IPC分类：B01D、F23J

专利数量：7件　百分比：5.00%　涉及主要IPC分类：C30B、F27B、F27D

华创合成制药股份有限公司
西安奕斯伟材料科技股份有限公司
西安西电捷通无线网络通信股份有限公司
西安中熔电气股份有限公司
西安热工研究院有限公司
陕西莱特光电材料股份有限公司
西安华科光电有限公司
西安能讯微电子有限公司
隆基绿能科技股份有限公司

## 2.IPC 分类数据

2023 年公开的陕西日本专利技术领域主要分布在 H01（电气元件）、A61（医学或兽医学；卫生学）及 C07（有机化学）三大类，专利数量分别为 41 件、26 件和 23 件，共占陕西 2023 年当年申请的日本专利公开总量的 64.29%。具体的技术方向中，A61K（医用、牙科用或梳妆用的配制品）、A61P（化合物或药物制剂的特定治疗活性）及 H01L（不包括在 H10 类目中的半导体器件）的专利数量较多，主要由华创合成制药股份有限公司、陕西盘龙医药股份有限公司、陕西莱特光电材料股份有限公司和西安能讯微电子有限公司贡献（表 3-9）。

表 3-9　2023 年公开的陕西日本专利主要 IPC 分类

| 序号 | IPC 分类 | 释义 | 专利数量 / 件 | 百分比 |
|---|---|---|---|---|
| 1 | A61K | 医用、牙科用或梳妆用的配制品 | 21 | 15.00% |
| 2 | A61P | 化合物或药物制剂的特定治疗活性 | 20 | 14.29% |
| 3 | H01L | 不包括在 H10 类目中的半导体器件 | 20 | 14.29% |
| 4 | B01D | 分离 | 17 | 12.14% |
| 5 | C07D | 杂环化合物 | 16 | 11.43% |
| 6 | F23J | 燃烧生成物或燃烧余渣的清除或处理；烟道 | 11 | 7.86% |
| 7 | H10K | 有机电固态器件 | 10 | 7.14% |
| 8 | G06F | 电数字数据处理 | 9 | 6.43% |
| 9 | C30B | 单晶生长；共晶材料的定向凝固或共析材料的定向分层；材料的区熔精炼；具有一定结构的均匀多晶材料的制备；单晶或具有一定结构的均匀多晶材料；单晶或具有一定结构的均匀多晶材料之后处理；其所用的装置 | 8 | 5.71% |
| 10 | H01H | 电开关；继电器；选择器；紧急保护装置 | 8 | 5.71% |

（整理编写：刘佳悦）

## 六、韩国专利数据

### 1. 专利公开数据

2023 年，我国申请的韩国专利公开量为 8991 件，同比增长 1.11%。其中，陕西申请的韩国专利公开量为 34 件，仅占全国总量的 0.38%。陕西有 13 家机构申请了韩国专利，主要申请机构是西安奕斯伟材料科技股份有限公司和陕西莱特光电材料股份有限公司，专利公开量分别为 11 件和 8 件（表 3-10、图 3-7），主要涉及单晶生长、半导体器件、有机电固态器件等技术方向。其余机构申请的韩国专利公开量均不超过 2 件。

表 3-10　2023 年公开的陕西韩国专利申请主体

| 序号 | 申请主体 | 涉及的主要 IPC 分类 / 件 | 释义 |
| --- | --- | --- | --- |
| 1 | 西安奕斯伟材料科技股份有限公司 | C30B（10）<br>H01L（2） | 单晶生长；共晶材料的定向凝固或共析材料的定向分层；材料的区熔精炼；具有一定结构的均匀多晶材料的制备；单晶或具有一定结构的均匀多晶材料；单晶或具有一定结构的均匀多晶材料之后处理；其所用的装置<br>不包括在 H10 类目中的半导体器件 |
| 2 | 陕西莱特光电材料股份有限公司 | H01L（8）<br>H10K（8） | 不包括在 H10 类目中的半导体器件<br>有机电固态器件 |
| 3 | 西安中熔电气股份有限公司 | H01H（2）<br>H01M（1） | 电开关；继电器；选择器；紧急保护装置用于直接转变化学能为电能的方法或装置，例如电池组 |
| 4 | 西安蓝晓科技新材料股份有限公司 | C07H（2）<br>C08F（2） | 糖类；及其衍生物；核苷；核苷酸；核酸<br>仅用碳 - 碳不饱和键反应得到的高分子化合物 |
| 5 | 中国华电集团有限公司、西安华科光电有限公司 | F21V（2）<br>F41G（2） | 照明装置或其系统的功能特征或零部件；不包含在其他类目中的照明装置和其他物品的结构组合物<br>武器瞄准器；制导 |
| 6 | 西北工业大学 | G06F（1）<br>G01L（1） | 电数字数据处理<br>测量力、应力、转矩、功、机械功率、机械效率或流体压力 |
| 7 | 西安电子科技大学 | H01L（1） | 不包括在 H10 类目中的半导体器件 |
| 8 | 陕西宝光真空电器有限公司 | H01H（1） | 电开关；继电器；选择器；紧急保护装置 |
| 9 | 西安炬光科技股份有限公司 | A61B（1） | 诊断；外科；鉴定 |
| 10 | 西安钛铂锶电子科技有限公司 | G09G（1） | 对用静态方法显示可变信息的指示装置进行控制的装置或电路 |
| 11 | 西安沐秦智能科技有限公司 | A01M（1） | 动物的捕捉、诱捕或惊吓；消灭有害动物或有害植物用的装置 |
| 12 | 陕西麦科奥特科技有限公司 | A61P（1） | 化合物或药物制剂的特定治疗活性 |
| 13 | 西安高压电器研究所有限公司、中国西电电气股份有限公司 | B63J（1） | 船上辅助设备 |

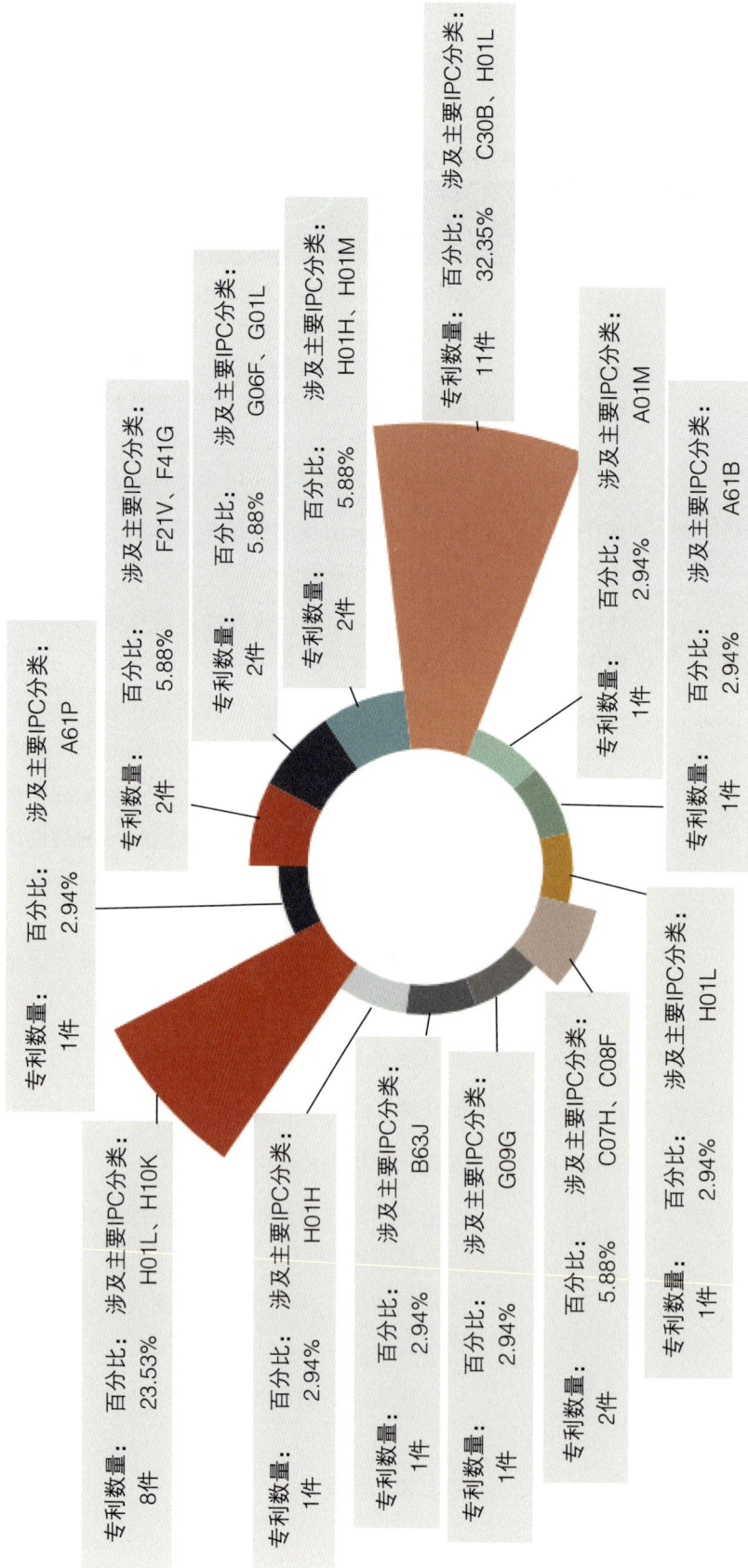

图3-7 2023年公开的陕西韩国专利申请主体

## 2. IPC 分类数据

2023 年公开的陕西韩国专利技术领域主要分布在 H01（电气元件）、C07（有机化学）、C30（晶体生长）三大类，专利数量分别为 14 件、10 件和 10 件。具体的技术方向中，H01L（不包括在 H10 类目中的半导体器件）的专利数量最多，为 11 件（表 3-11），主要是陕西莱特光电材料股份有限公司贡献。

表 3-11　2023 年公开的陕西韩国专利主要 IPC 分类

| 序号 | IPC 分类 | 释义 | 专利数量 / 件 | 百分比 |
|---|---|---|---|---|
| 1 | H01L | 不包括在 H10 类目中的半导体器件 | 11 | 32.35% |
| 2 | C30B | 单晶生长；共晶材料的定向凝固或共析材料的定向分层；材料的区熔精炼；具有一定结构的均匀多晶材料的制备；单晶或具有一定结构的均匀多晶材料；单晶或具有一定结构的均匀多晶材料之后处理；其所用的装置 | 10 | 29.41% |
| 3 | H10K | 有机电固态器件 | 8 | 23.53% |
| 4 | C07D | 杂环化合物 | 7 | 20.59% |
| 5 | C09K | 不包含在其他类目中的各种应用材料；不包含在其他类目中的材料的各种应用 | 7 | 20.59% |
| 6 | H01H | 电开关；继电器；选择器；紧急保护装置 | 3 | 8.82% |
| 7 | C07C | 无环或碳环化合物 | 3 | 8.82% |
| 8 | C07F | 含除碳、氢、卤素、氧、氮、硫、硒或碲以外的其他元素的无环，碳环或杂环化合物 | 3 | 8.82% |
| 9 | C07H | 糖类；及其衍生物；核苷；核苷酸；核酸 | 2 | 5.88% |
| 10 | C08F | 仅用碳 - 碳不饱和键反应得到的高分子化合物 | 2 | 5.88% |
| 11 | C08J | 加工；配料的一般工艺过程 | 2 | 5.88% |
| 12 | C08L | 高分子化合物的组合物 | 2 | 5.88% |
| 13 | F21V | 照明装置或其系统的功能特征或零部件；不包含在其他类目中的照明装置和其他物品的结构组合物 | 2 | 5.88% |
| 14 | F41G | 武器瞄准器；制导 | 2 | 5.88% |
| 15 | G01R | 测量电变量；测量磁变量 | 2 | 5.88% |

（整理编写：李鹤）

## 第四章

# 陕西部分技术领域专利数据

## 一、新一代信息技术

### （一）新型显示

#### 1. 国内专利数据

**（1）总量数据**

截至 2023 年年底，陕西在新型显示技术领域国内发明专利累计许可公开量为 2200 件，居全国第 11 位，约为广东的 1/14；2023 年当年陕西发明专利许可公开量为 354 件，居全国第 12 位，约为广东的 1/13（图 4-1）。陕西在该技术领域发明专利累计授权量为 919 件，居全国第 11 位，2023 年当年发明专利授权量为 183 件，居全国第 10 位，约为广东的 1/11（图 4-2）。

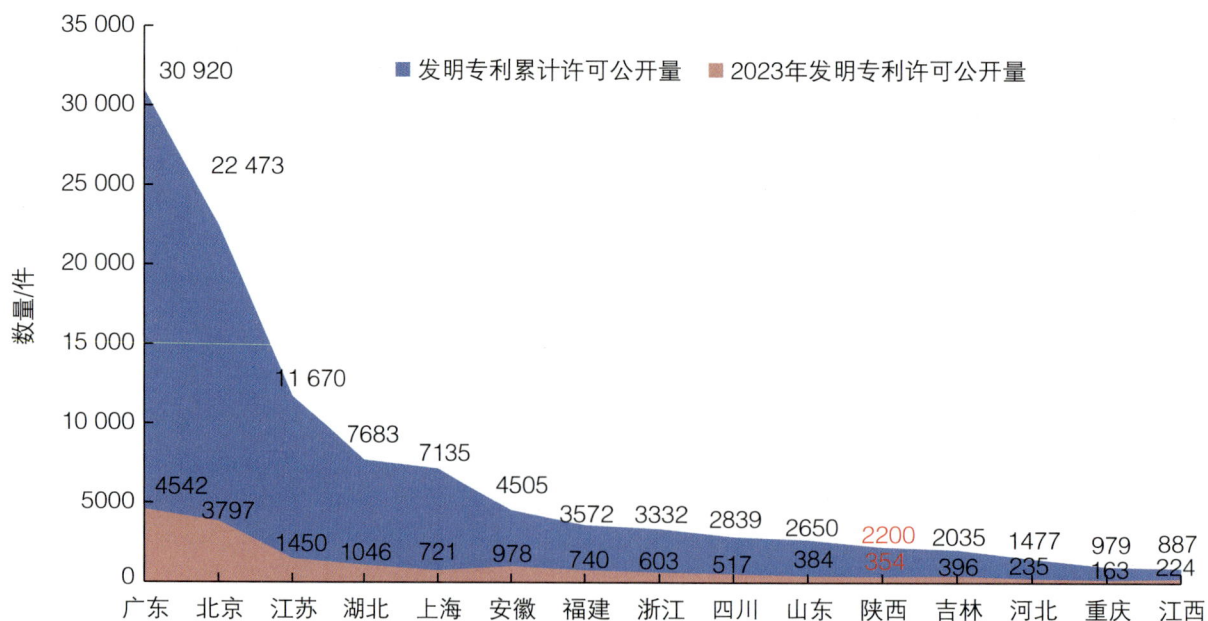

图 4-1　新型显示技术领域部分省（自治区、直辖市）的国内发明专利许可公开量数据

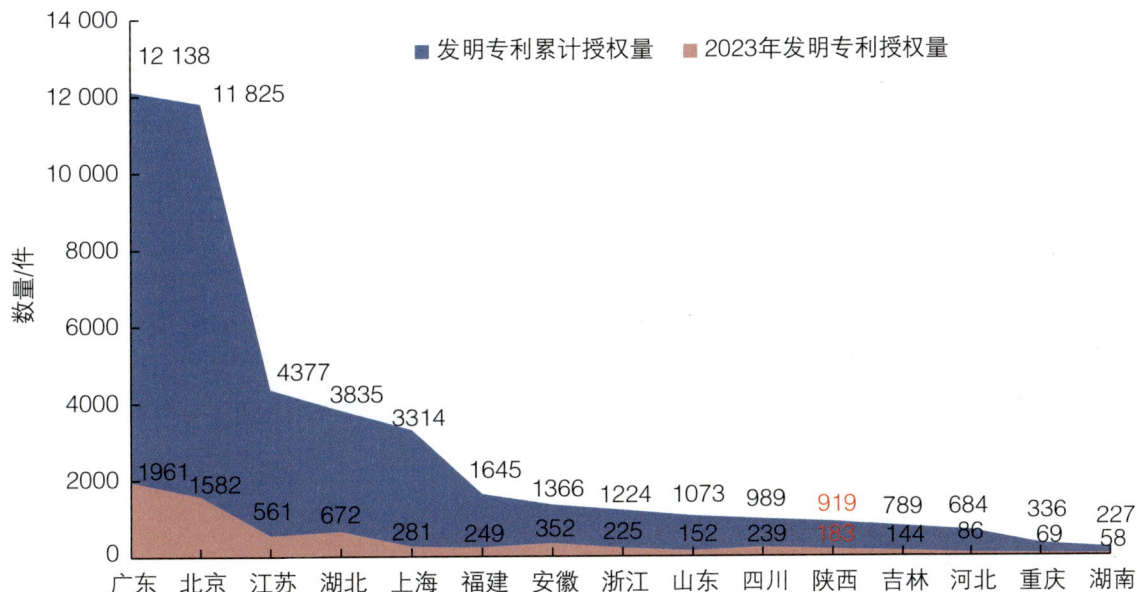

图 4-2　新型显示技术领域部分省（自治区、直辖市）的国内发明专利授权量数据

**（2）申请主体数据**

截至 2023 年年底，陕西在新型显示技术领域国内发明专利授权量和许可公开量中企业占据绝对优势，申请机构 TOP 10 中有 5 家企业、4 家高校、1 家科研院所。陕西莱特光电材料股份有限公司和西安诺瓦星云科技股份有限公司在该技术领域国内发明专利数量遥遥领先，显示了在省内的领军者地位（图 4-3）。

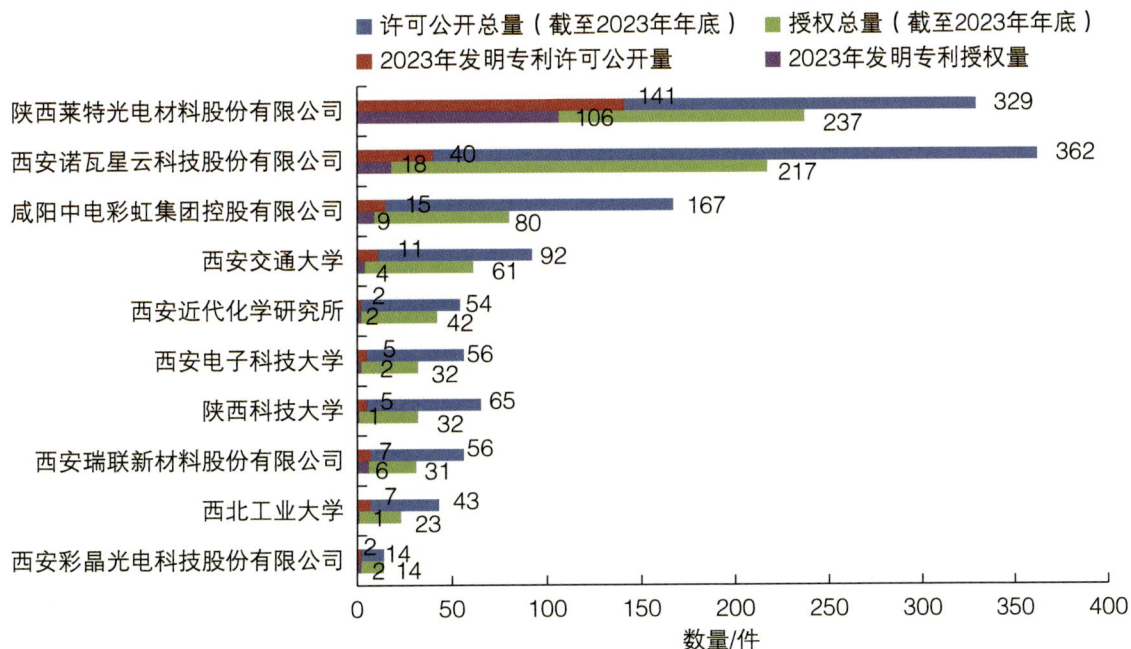

图 4-3　陕西新型显示技术领域国内发明专利申请机构 TOP 10

陕西在该技术领域非高校申请机构 TOP 10 以民营企业居多，说明陕西有一些中小型民营企业在新型显示技术领域具备一定的研究实力。值得一提的是，陕西莱特光电材料股份有限公司在 2023 年表现突出，当年国内发明专利许可公开量和授权量均排名第一，分别为 141件和 106 件，远超其他机构（图 4-4）。

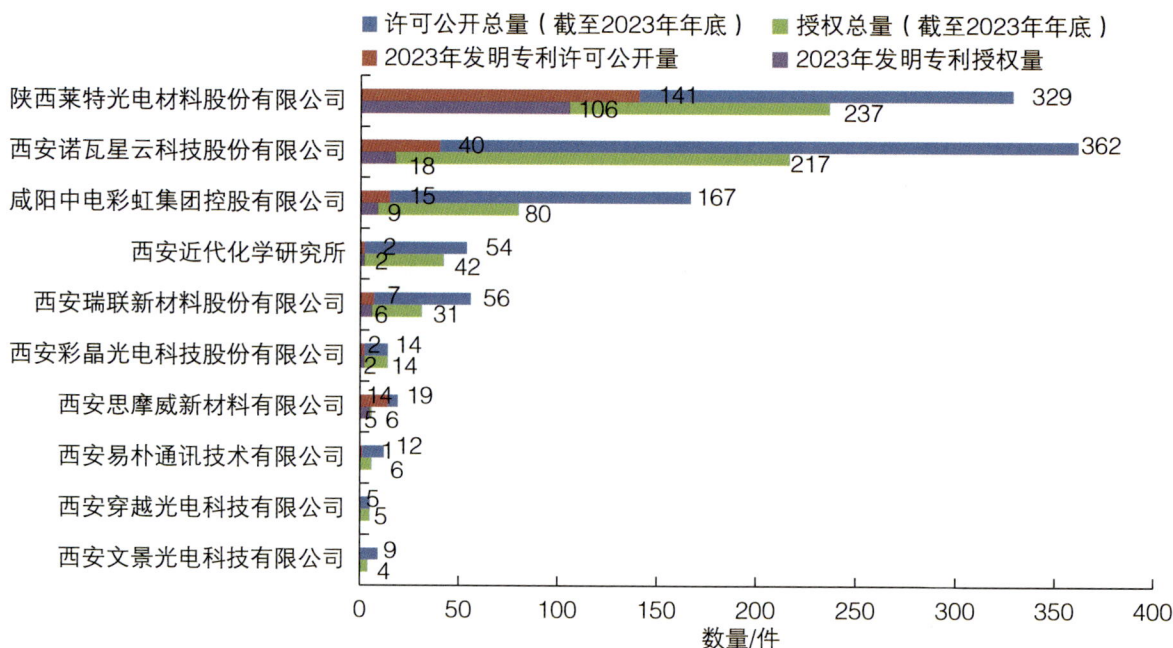

图 4-4　陕西新型显示技术领域国内发明专利非高校申请机构 TOP 10

注：图中没有相应条形显示，说明该指标对应数据为零。后面此类图均同，不再赘述。

**（3）优势技术方向**

按 IPC 分类，截至 2023 年年底，陕西在新型显示技术领域国内授权发明专利主要集中在杂环化合物、半导体器件、指示装置控制装置或电路、有机电固态器件等技术方向。从整体上看，陕西在 C07C（无环或碳环化合物）、C07F（含除碳、氢、卤素、氧、氮、硫、硒或碲以外的其他元素的无环，碳环或杂环化合物）、C07D（杂环化合物）3 个技术方向上授权发明专利在全国的占比分别为 9.28%、7.90% 和 7.29%，具有一定优势，主要是陕西莱特光电材料股份有限公司的突出贡献，该公司在这 3 个技术方向均进入全国申请主体 TOP 5 之列，且在 C07D（杂环化合物）、C07F（含除碳、氢、卤素、氧、氮、硫、硒或碲以外的其他元素的无环，碳环或杂环化合物）技术方向上名列全国首位。

陕西新型显示技术领域国内授权发明专利 IPC 分类 TOP 10 的主要申请主体中，陕西莱特光电材料股份有限公司、西安诺瓦星云科技股份有限公司、咸阳中电彩虹集团控股有限公司和西安瑞联新材料股份有限公司等表现突出。高校中西安交通大学在 IPC 分类 TOP 10 的

9 个技术方向上进入陕西申请主体 TOP 5 之列（表 4–1）。

表 4–1　陕西新型显示技术领域授权发明专利 IPC 分类 TOP 10

| IPC 技术分类 | 全国（截至 2023 年年底） | | 陕西（截至 2023 年年底） | | |
| --- | --- | --- | --- | --- | --- |
| | 授权量 / 件 | 主要申请主体 | 授权量 / 件 | 占全国比重 | 主要申请主体 |
| C07D（杂环化合物） | 3637 | 陕西莱特光电材料股份有限公司（211）<br>吉林奥来德光电材料股份有限公司（176）<br>中节能万润股份有限公司（169）<br>江苏三月科技股份有限公司（147）<br>默克专利有限公司（123） | 265 | 7.29% | 陕西莱特光电材料股份有限公司（211）<br>西安瑞联新材料股份有限公司（25）<br>西安近代化学研究所（16）<br>西安交通大学（3）<br>西安凯翔光电科技有限公司（2）<br>西安欧得光电材料有限公司（2）<br>陕西师范大学（2） |
| H01L（不包括在 H10 类目中的半导体器件） | 26 423 | 京东方科技集团股份有限公司（4171）<br>三星集团（1909）<br>LG 集团（1795）<br>TCL 华星光电技术有限公司（1038）<br>株式会社半导体能源研究所（977） | 249 | 0.94% | 陕西莱特光电材料股份有限公司（127）<br>咸阳中电彩虹集团控股有限公司（28）<br>陕西科技大学（23）<br>西安瑞联新材料股份有限公司（20）<br>西安交通大学（18） |
| C09K（不包含在其他类目中的各种应用材料；不包含在其他类目中的材料的各种应用） | 5124 | 默克专利有限公司（268）<br>吉林奥来德光电材料股份有限公司（198）<br>中节能万润股份有限公司（158）<br>出光兴产株式会社（155）<br>三星集团（140） | 228 | 4.45% | 陕西莱特光电材料股份有限公司（130）<br>西安近代化学研究所（35）<br>西安瑞联新材料股份有限公司（24）<br>西安彩晶光电科技股份有限公司（13）<br>西安交通大学（10） |
| G09G（对用静态方法显示可变信息的指示装置进行控制的装置或电路） | 11 328 | 京东方科技集团股份有限公司（1681）<br>TCL 华星光电技术有限公司（912）<br>LG 集团（865）<br>三星集团（734）<br>友达光电股份有限公司（380） | 215 | 1.90% | 西安诺瓦星云科技股份有限公司（170）<br>咸阳中电彩虹集团控股有限公司（15）<br>西安电子科技大学（8）<br>西安交通大学（6）<br>西北工业大学（4） |

续表

| IPC 技术分类 | 全国（截至 2023 年年底） | | 陕西（截至 2023 年年底） | | |
| | 授权量/件 | 主要申请主体 | 授权量/件 | 占全国比重 | 主要申请主体 |
|---|---|---|---|---|---|
| H10K（有机电固态器件） | 2567 | 京东方科技集团股份有限公司（526）<br>三星集团（191）<br>LG 集团（182）<br>成都京东方光电科技有限公司（156）<br>陕西莱特光电材料股份有限公司（103） | 122 | 4.75% | 陕西莱特光电材料股份有限公司（103）<br>西安思摩威新材料有限公司（4）<br>西安瑞联新材料股份有限公司（4）<br>咸阳中电彩虹集团控股有限公司（4）<br>西安凯翔光电科技有限公司（2） |
| C07F（含除碳、氢、卤素、氧、氮、硫、硒或碲以外的其他元素的无环，碳环或杂环化合物） | 1493 | 陕西莱特光电材料股份有限公司（92）<br>默克专利有限公司（71）<br>吉林奥来德光电材料股份有限公司（70）<br>武汉天马微电子有限公司（69）<br>三星集团（42） | 118 | 7.90% | 陕西莱特光电材料股份有限公司（92）<br>西安瑞联新材料股份有限公司（12）<br>西安近代化学研究所（7）<br>西安交通大学（4） |
| C07C（无环或碳环化合物） | 1034 | 默克专利有限公司（75）<br>陕西莱特光电材料股份有限公司（68）<br>出光兴产株式会社（57）<br>吉林奥来德光电材料股份有限公司（54）<br>江苏三月科技股份有限公司（41） | 96 | 9.28% | 陕西莱特光电材料股份有限公司（68）<br>西安近代化学研究所（16）<br>西安彩晶光电科技股份有限公司（5）<br>西安交通大学（3）<br>陕西师范大学（3） |
| H04N（图像通信） | 3617 | LG 集团（198）<br>京东方科技集团股份有限公司（143）<br>三星集团（159）<br>索尼集团公司（155）<br>皇家飞利浦电子股份有限公司（128） | 50 | 1.38% | 西安诺瓦星云科技股份有限公司（21）<br>西安电子科技大学（8）<br>西安交通大学（5）<br>咸阳中电彩虹集团控股有限公司（2）<br>西诺医疗器械集团有限公司（2）<br>刘·特拉维斯、刘世昌、刘筠（2） |

续表

| IPC 技术分类 | 全国（截至 2023 年年底） | | 陕西（截至 2023 年年底） | | |
|---|---|---|---|---|---|
| | 授权量 /件 | 主要申请主体 | 授权量 /件 | 占全国比重 | 主要申请主体 |
| G06F（电数字数据处理） | 4494 | 京东方科技集团股份有限公司（601）<br>三星集团（227）<br>LG 集团（207）<br>上海天马微电子有限公司（171）<br>OPPO 广东移动通信有限公司（129） | 39 | 0.87% | 西安诺瓦星云科技股份有限公司（20）<br>西安交通大学（3）<br>西安易朴通讯技术有限公司（3）<br>中国飞机强度研究所（2）<br>咸阳中电彩虹集团控股有限公司（2） |
| G02F（通过改变其中涉及的元件的介质的光学性质来控制光的光学器件或装置；非线性光学元件；光的变频；光学逻辑元件；光学模拟 / 数字转换器） | 20 435 | 京东方科技集团股份有限公司（3461）<br>TCL 华星光电技术有限公司（1811）<br>LG 集团（1179）<br>友达光电股份有限公司（1048）<br>三星集团（917） | 34 | 0.17% | 咸阳中电彩虹集团控股有限公司（11）<br>西北工业大学（7）<br>西安彩晶光电科技股份有限公司（7）<br>西安近代化学研究所（3）<br>西安交通大学（2） |

## 2. 国外专利数据

### （1）总量数据

2023 年，陕西在新型显示技术领域申请的国外专利公开量为 117 件，共计 93 个 DWPI 同族专利，主要集中在 PCT 国际专利和美国专利。主要申请主体中，陕西莱特光电材料股份有限公司的专利公开量为 82 件、西安诺瓦星云科技股份有限公司的专利公开量为 11 件、西安青松光电技术有限公司的专利公开量为 11 件、咸阳中电彩虹集团控股有限公司的专利公开量为 2 件。

按 IPC 分类，主要分布在 C07D（杂环化合物）、H01K（白炽灯等）、C09K（不包含在其他类目中的各种应用材料；不包含在其他类目中的材料的各种应用）等技术方向上。

### （2）PCT 国际专利

2023 年，陕西在新型显示技术领域申请的 PCT 国际专利公开量为 35 件。主要集中在 C07D（杂环化合物）、H01K（白炽灯等）、H01L（不包括在 H10 类目中的半导体器件）和 C09K（不包含在其他类目中的各种应用材料；不包含在其他类目中的材料的各种应用）等技术方向上。

申请主体中，陕西莱特光电材料股份有限公司表现突出，专利公开量为 20 件，西安青松光电技术有限公司的专利公开量为 11 件，西安电子科技大学、西安广和通无线通信股份有限公司、西安诺瓦星云科技股份有限公司和西安华科光电有限公司各1件。

**（3）美国专利**

2023年，陕西在新型显示技术领域申请的美国专利公开量为61件，主要分布在H01L（不包括在H10类目中的半导体器件）、C07D（杂环化合物）、H01K（白炽灯等）和C07C（无环或碳环化合物）等技术方向上。

申请主体中，陕西莱特光电材料股份有限公司、西安诺瓦星云科技股份有限公司、咸阳中电彩虹集团控股有限公司的专利公开量分别为47件、9件和2件，西安泰博斯电子科技有限公司、西安智融科技股份有限公司和自然人（Zhang Junhua）各1件。

**（4）韩国专利**

2023年，陕西在新型显示技术领域申请的韩国专利公开量为8件，主要分布在H01L（不包括在H10类目中的半导体器件）、C07D（杂环化合物）等技术方向上。

申请主体中，陕西莱特光电材料股份有限公司的专利公开量为7件，康必仕电子科技有限公司的专利公开量为1件。

**（5）欧洲专利**

2023年，陕西在新型显示技术领域申请的欧洲专利公开量为7件，主要分布在C07D（杂环化合物）、H01K（白炽灯等）和C09K（不包含在其他类目中的各种应用材料；不包含在其他类目中的材料的各种应用）等技术方向上。

申请主体中，陕西莱特光电材料股份有限公司的专利公开量为3件，西安华科光电有限公司、咸阳虹微新型显示技术有限公司、西安诺瓦星云科技股份有限公司和西安中兴新软件有限公司各1件。

**（6）日本专利**

2023年，陕西在新型显示技术领域申请的日本专利公开量为6件，主要分布在C07D（杂环化合物）、H01K（白炽灯等）和C09K（不包含在其他类目中的各种应用材料；不包含在其他类目中的材料的各种应用）等技术方向上。

申请主体中，陕西莱特光电材料股份有限公司的专利公开量为5件，西安热工研究院有限公司的专利公开量为1件。

（整理编写：刘佳悦）

## （二）量子信息

### 1. 国内专利数据

#### （1）总量数据

截至2023年年底，陕西在量子信息技术领域国内发明专利累计许可公开量为418件，居全国第 9 位，不足北京的 1/5；2023 年当年陕西发明专利许可公开量为 89 件，居全国第 9 位，约为北京的 1/8（图 4-5）。陕西在该技术领域发明专利累计授权量为 240 件，居全国第 7 位；2023 年当年发明专利授权量为 33 件，居全国第 9 位（图 4-6）。

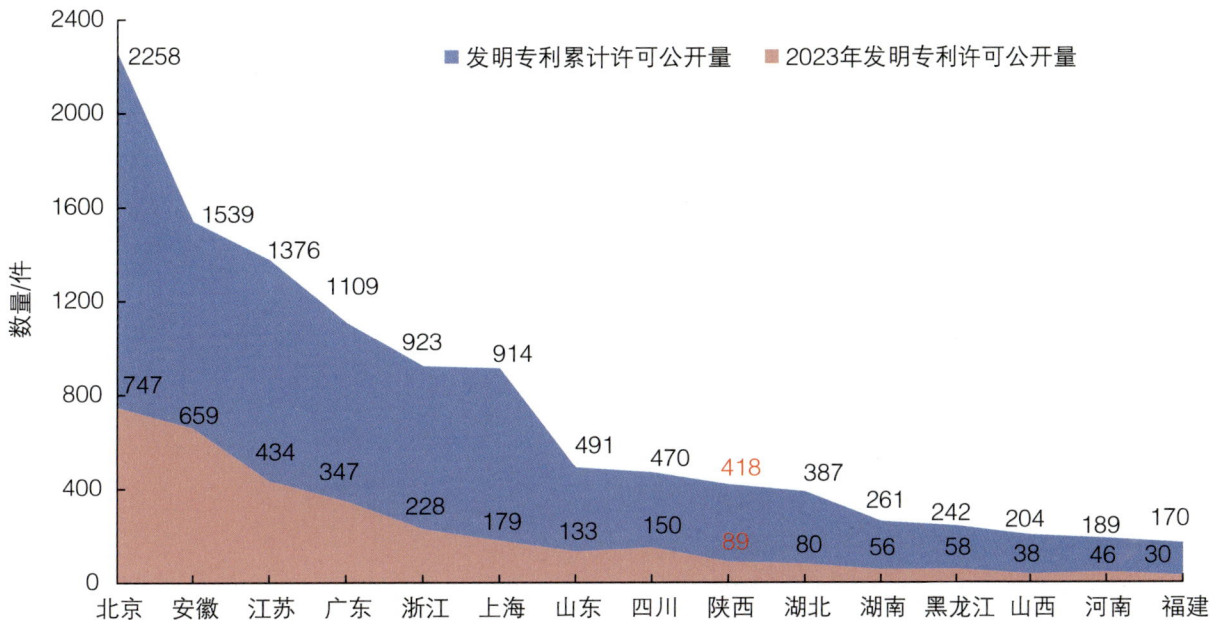

图 4-5　量子信息技术领域部分省（自治区、直辖市）的国内发明专利许可公开量数据

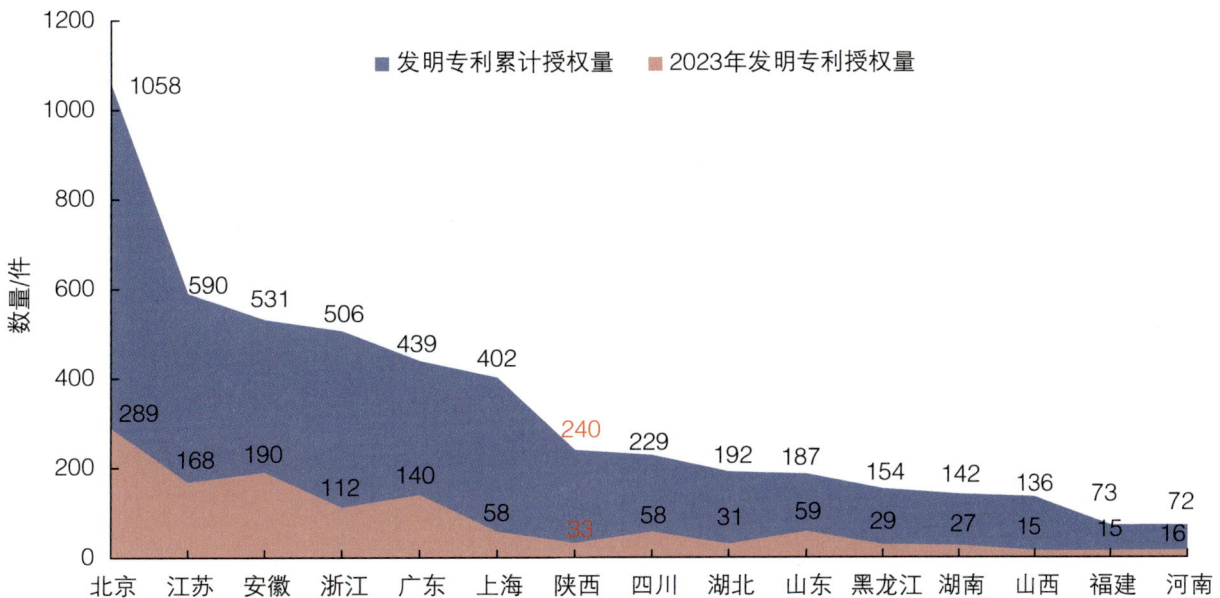

图 4-6　量子信息技术领域部分省（自治区、直辖市）的国内发明专利授权量数据

**（2）申请主体数据**

截至 2023 年年底，陕西在量子信息技术领域国内发明专利许可公开总量和授权总量的主要贡献者为高校，其中西安电子科技大学在该技术领域发明专利数量居陕西领先地位；申请机构 TOP 10 中有 7 家高校、3 家科研院所，没有企业出现（图 4-7）。

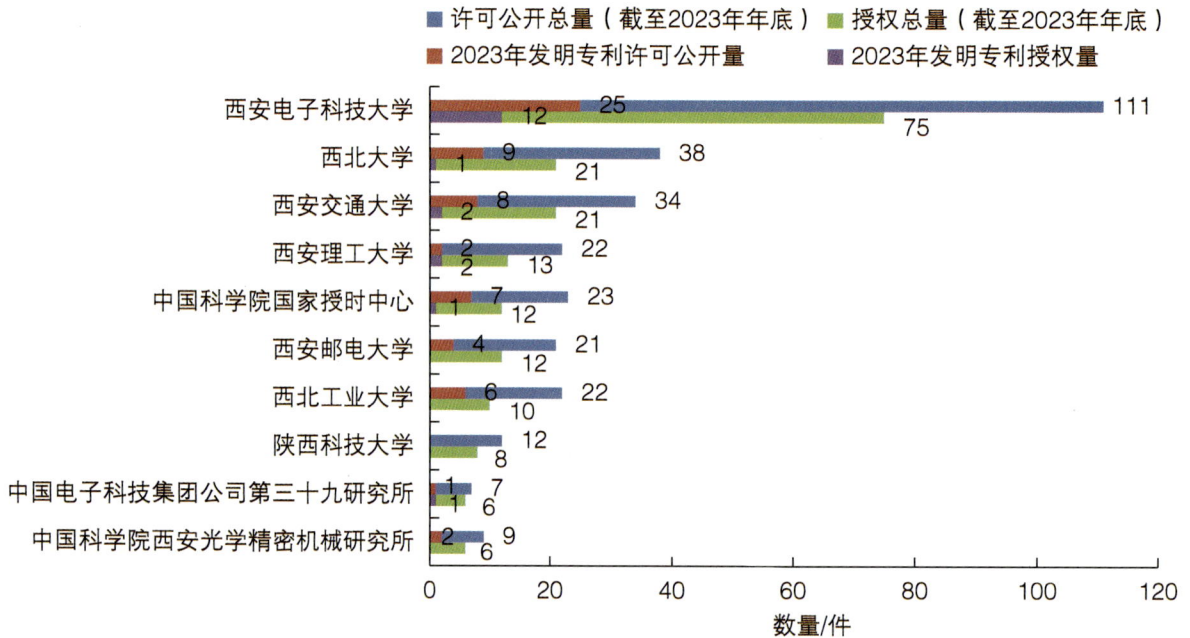

图 4-7　陕西量子信息技术领域国内发明专利申请机构 TOP 10

**（3）优势技术方向**

按 IPC 分类，截至 2023 年年底，陕西在量子信息技术领域国内授权发明专利主要集中在数字信息传输方面。西安电子科技大学在 H03M（一般编码、译码或代码转换）、G06T（一般的图像数据处理或产生）、G01S（无线电定向；无线电导航；采用无线电波测距或测速；采用无线电波的反射或再辐射的定位或存在检测；采用其他波的类似装置）等技术方向上表现突出，其发明专利授权量在全国位居前列；西北大学在 H03M（一般编码、译码或代码转换）技术方向上发明专利授权量进入全国申请主体 TOP 5 之列。由于西安电子科技大学和西北大学的突出贡献，陕西在以上 3 个技术方向上表现出一定的技术优势，发明专利授权量在全国的占比分别为 31.25%、15.18% 及 10.28%（表 4-2）。

表 4-2　陕西量子信息技术领域授权发明专利主要 IPC 分类

| IPC 技术分类 | 全国（截至 2023 年年底） | | 陕西（截至 2023 年年底） | | |
| | 授权量/件 | 主要申请主体 | 授权量/件 | 占全国比重 | 主要申请主体 |
|---|---|---|---|---|---|
| H04L（数字信息的传输，例如电报通信） | 2091 | 如般量子科技有限公司（162）<br>科大国盾量子技术股份有限公司（120）<br>北京邮电大学（81）<br>中南大学（54）<br>山东量子科学技术研究院有限公司（54） | 79 | 3.78% | 西安电子科技大学（23）<br>西北大学（13）<br>西安邮电大学（10）<br>西安理工大学（6）<br>易迅通科技有限公司（4）<br>西北工业大学（4） |
| G06N（基于特定计算模型的计算机系统） | 861 | 北京百度网讯科技有限公司（84）<br>合肥本源量子计算科技有限责任公司（42）<br>谷歌有限责任公司（33）<br>本源量子计算科技（合肥）股份有限公司（32）<br>哈尔滨工程大学（31） | 30 | 3.48% | 西安电子科技大学（17）<br>西北大学（2）<br>西北工业大学（2）<br>西安理工大学（2） |
| H04B（传输） | 883 | 科大国盾量子技术股份有限公司（45）<br>南京邮电大学（33）<br>国开启科量子技术（北京）有限公司（33）<br>中国科学技术大学（29）<br>华南师范大学（29） | 29 | 3.28% | 西安电子科技大学（8）<br>西北大学（6）<br>中国科学院国家授时中心（5）<br>易迅通科技有限公司（3） |
| G06F（电数字数据处理） | 577 | 北京百度网讯科技有限公司（24）<br>哈尔滨工程大学（23）<br>如般量子科技有限公司（17）<br>山东浪潮科学研究院有限公司（12）<br>中国人民解放军战略支援部队信息工程大学（11） | 20 | 3.47% | 西安电子科技大学（7）<br>西北大学（2）<br>西北工业大学（2）<br>西安交通大学（2） |
| G06T（一般的图像数据处理或产生） | 112 | 西安电子科技大学（14）<br>哈尔滨工程大学（9）<br>东北林业大学（3）<br>华东交通大学（3）<br>天津大学（3）<br>西安理工大学（3）<br>广东工业大学（3）<br>长春理工大学（3） | 17 | 15.18% | 西安电子科技大学（14）<br>西安理工大学（3） |

| IPC 技术分类 | 全国（截至 2023 年年底） | | | 陕西（截至 2023 年年底） | | |
|---|---|---|---|---|---|---|
| | 授权量 / 件 | 主要申请主体 | | 授权量 / 件 | 占全国比重 | 主要申请主体 |
| G01R（测量电变量；测量磁变量） | 284 | 中国科学院上海微系统与信息技术研究所（48）<br>中国计量科学研究院（15）<br>北京航空航天大学（13）<br>合肥本源量子计算科技有限责任公司（12）<br>安徽省国盛量子科技有限公司（10） | | 11 | 3.87% | 中国科学院国家授时中心（3）<br>西安交通大学（2） |
| G01S（无线电定向；无线电导航；采用无线电波测距或测速；采用无线电波的反射或再辐射的定位或存在检测；采用其他波的类似装置） | 107 | 哈尔滨工程大学（21）<br>浙江缔科新技术发展有限公司（8）<br>中国科学技术大学（6）<br>哈尔滨工业大学（6）<br>西安电子科技大学（6） | | 11 | 10.28% | 西安电子科技大学（6）<br>西安理工大学（2） |
| G01J（红外光、可见光、紫外光的强度、速度、光谱成分，偏振、相位或脉冲特性的测量；比色法；辐射高温测定法） | 163 | 中国科学技术大学（8）<br>华东师范大学（8）<br>哈尔滨工业大学（6）<br>国开启科量子技术（北京）有限公司（6）<br>中国科学院上海微系统与信息技术研究所（5）<br>华南师范大学（5）<br>桂林电子科技大学（5） | | 10 | 6.13% | 中国科学院国家授时中心（4）<br>中国电子科技集团公司第三十九研究所（2）<br>中国科学院西安光学精密机械研究所（2）<br>西安交通大学（2） |
| H03M（一般编码、译码或代码转换） | 32 | 西安电子科技大学（8）<br>中国计量科学研究院（2）<br>北京耐数电子有限公司（2）<br>哈尔滨工业大学（2）<br>山西大学（2）<br>微软技术许可有限责任公司（2）<br>腾讯科技（深圳）有限公司（2）<br>西北大学（2） | | 10 | 31.25% | 西安电子科技大学（8）<br>西北大学（2） |

## 2. 国外专利数据

2023 年，陕西在量子信息技术领域申请的国外专利公开量为 4 件。其中，美国专利公开量为 2 件，欧洲专利公开量为 1 件，日本专利公开量为 1 件，共计 2 个 DWPI 同族专利。申请主体均为西安西电捷通无线网络通信股份有限公司，主要分布在 H04L（数字信息的传输，例如电报通信）和 H04W（无线通信网络）技术方向（表 4-3）。

表 4-3　2023 年陕西量子信息技术领域申请的国外专利公开数据

| 序号 | 专利名称 | 申请主体 | 主分类号 | 同族专利数 / 件 |
|---|---|---|---|---|
| 1 | Inter-node privacy communication method and network node | 西安西电捷通无线网络通信股份有限公司 | H04L | 8 |
| 2 | Credential information processing method and apparatus for network connection，and application（app） | 西安西电捷通无线网络通信股份有限公司 | H04W | 12 |

（整理编写：刘佳悦）

## （三）集成电路

### 1. 国内专利数据

**（1）总量数据**

截至 2023 年年底，陕西在集成电路技术领域国内发明专利累计许可公开量为 4455 件，居全国第 10 位，约为上海的 1/7；2023 年当年陕西发明专利许可公开量为 744 件，居全国第 10 位，约为江苏的 1/7（图 4-8）。陕西在该技术领域发明专利累计授权量为 1877 件，居全国第 9 位；2023 年当年发明专利授权量为 236 件，居全国第 11 位（图 4-9）。

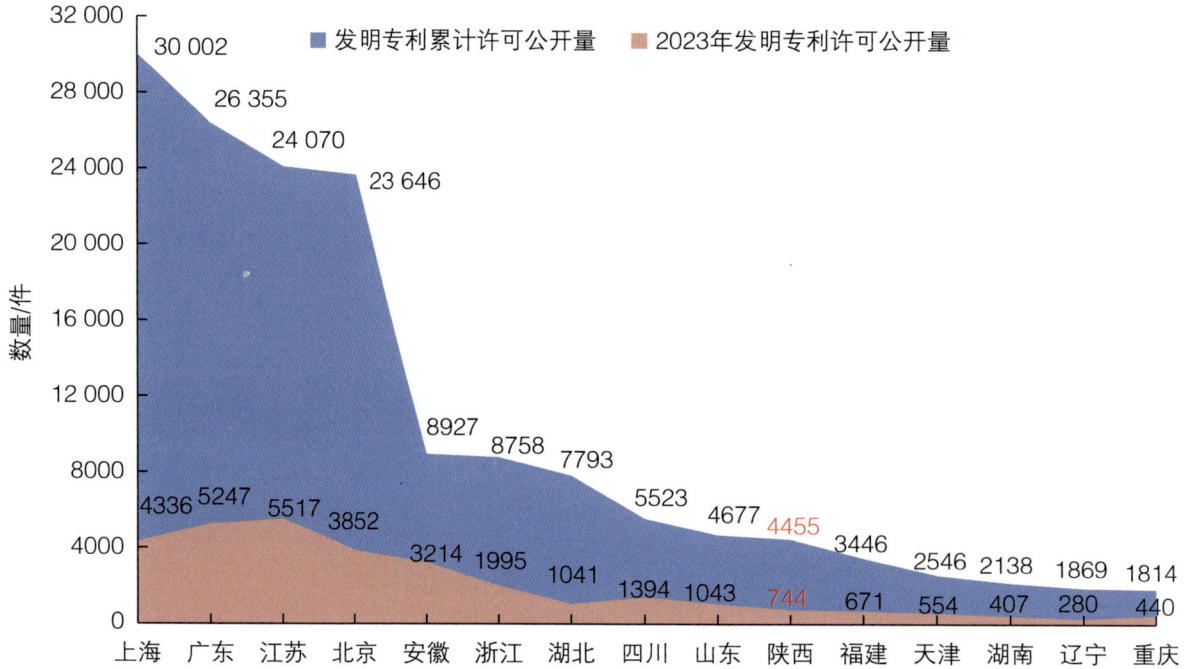

图 4-8 集成电路技术领域部分省（自治区、直辖市）的国内发明专利许可公开量数据

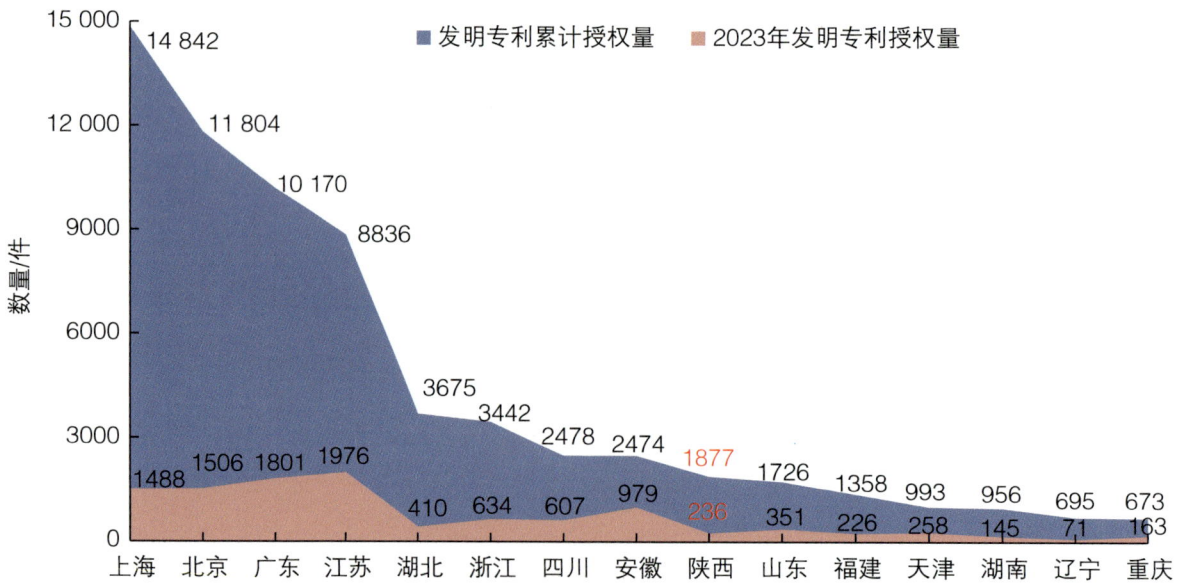

图 4-9 集成电路技术领域部分省（自治区、直辖市）的国内发明专利授权量数据

**（2）申请主体数据**

截至 2023 年年底，陕西在集成电路技术领域申请机构 TOP 10 的发明专利授权量占陕西该技术领域发明专利授权总量的 47%。申请机构 TOP 10 的前 3 名分别是西安电子科技大学、西安交通大学和西安紫光国芯半导体有限公司；其中，西安电子科技大学的发明专利许可公开总量和授权总量、2023 年当年发明专利许可公开量和授权量均位居第一，可见其在该领

域的研发能力在陕西处于领先地位。申请机构 TOP 10 中有 3 家民营企业，可见该领域民营企业的专利活动比较活跃，研发能力较强（图 4-10）。

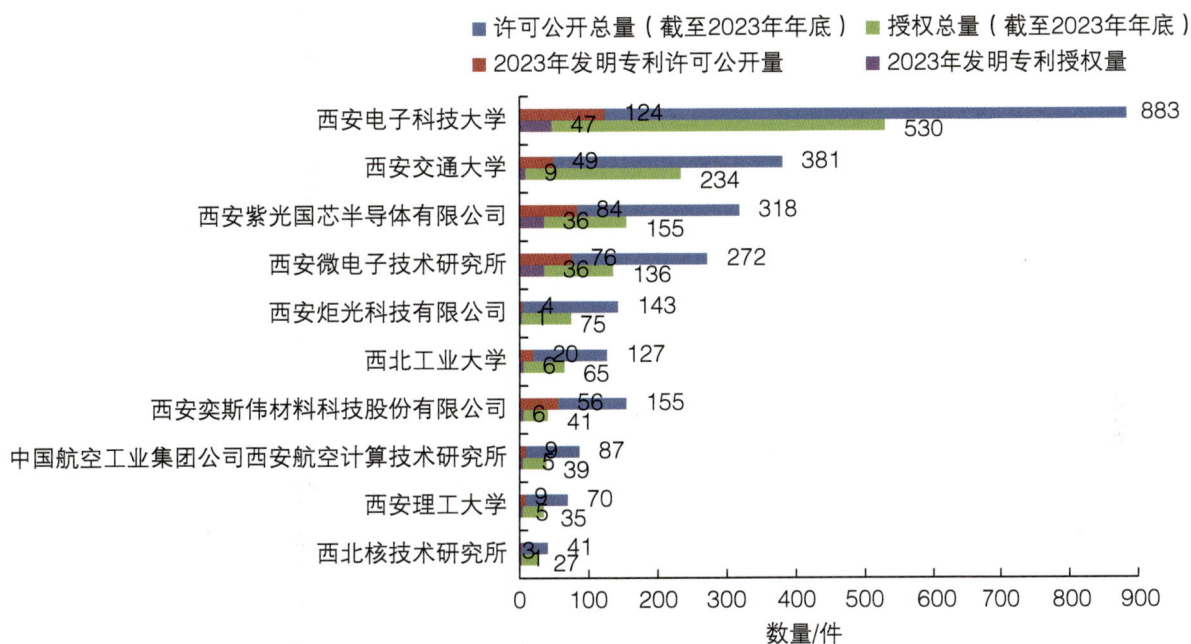

**图 4-10　陕西集成电路技术领域国内发明专利申请机构 TOP 10**

陕西在该技术领域非高校申请机构 TOP 10 中有 5 家民营企业、5 家科研院所，说明陕西民营企业在集成电路技术领域具备一定的研究实力（图 4-11）。

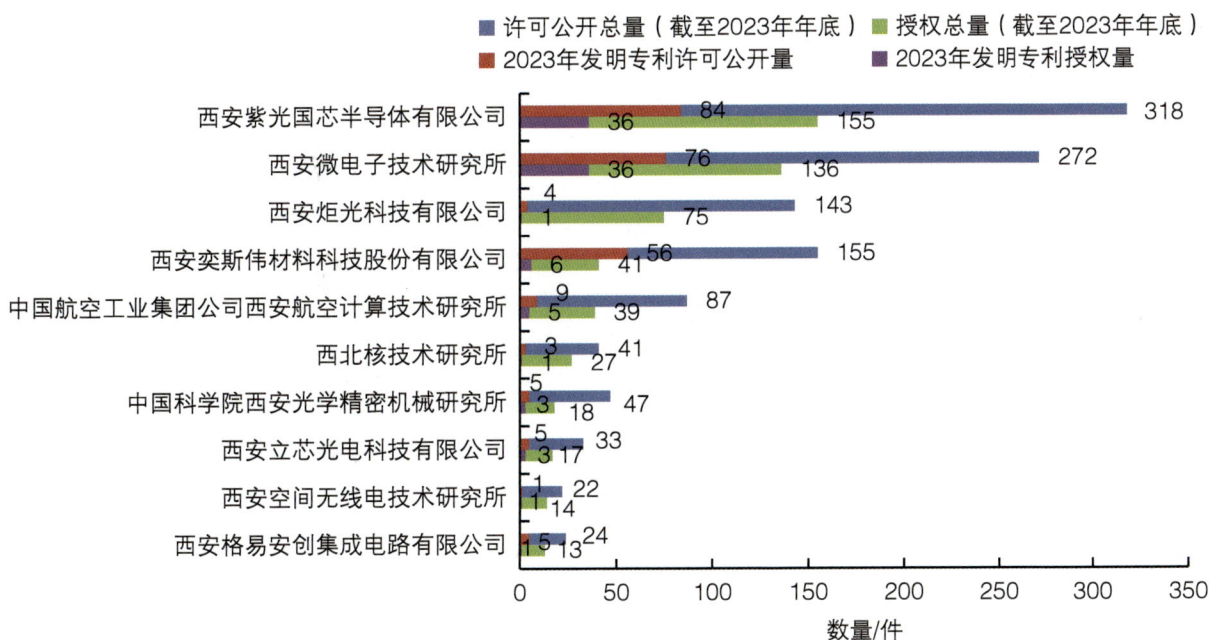

**图 4-11　陕西集成电路技术领域国内发明专利非高校申请机构 TOP 10**

**（3）优势技术方向**

按 IPC 分类，截至 2023 年年底，陕西在集成电路技术领域国内授权发明专利主要集中在 H01L（不包括在 H10 类目中的半导体器件）和 G06F（电数字数据处理）方面，占该技术领域陕西发明专利授权总量的 52%。国外公司在该技术领域专利创新活动较为活跃。例如，三星集团、三菱集团、松下集团等申请主体在 H01L、G06F、G11C、G01R 等多个 IPC 技术分类中发明专利授权量均位居前列。陕西国内发明专利申请主体中仅西安交通大学在 G01N（借助于测定材料的化学或物理性质来测试或分析材料）和 B81C（专门适用于制造或处理微观结构的装置或系统的方法或设备）技术方向上、西安电子科技大学在 G05F（调节电变量或磁变量的系统）技术方向上进入全国授权发明专利数量 TOP 5 之列（表 4-4）。

表 4-4　陕西集成电路技术领域授权发明专利 IPC 分类 TOP 10

| IPC 技术分类 | 全国（截至 2023 年年底） | | 陕西（截至 2023 年年底） | | |
|---|---|---|---|---|---|
| | 授权量/件 | 主要申请主体 | 授权量/件 | 占全国比重 | 主要申请主体 |
| H01L（不包括在 H10 类目中的半导体器件） | 76 942 | 中芯国际集成电路制造有限公司（4717）<br>台湾积体电路制造股份有限公司（3677）<br>三星集团（2469）<br>株式会社半导体能源研究所（1635）<br>上海华虹（集团）有限公司（1589） | 623 | 0.81% | 西安电子科技大学（290）<br>西安交通大学（57）<br>西安微电子技术研究所（42）<br>西安奕斯伟材料科技股份有限公司（29）<br>西安理工大学（15） |
| G06F（电数字数据处理） | 26 362 | 三星集团（836）<br>英特尔公司（788）<br>华为技术有限公司（769）<br>国际商业机器公司（IBM）（738）<br>SK 海力士有限公司（689） | 344 | 1.30% | 西安电子科技大学（98）<br>西安交通大学（50）<br>西安微电子技术研究所（32）<br>中国航空工业集团公司西安航空计算技术研究所（29）<br>西安紫光国芯半导体有限公司（21） |
| G11C（静态存储器） | 18 885 | SK 海力士有限公司（1696）<br>三星集团（1308）<br>美光科技公司（844）<br>旺宏电子股份有限公司（685）<br>东芝集团（589） | 219 | 1.16% | 西安紫光国芯半导体有限公司（117）<br>西安微电子技术研究所（21）<br>西安交通大学（18）<br>西安格易安创集成电路有限公司（13）<br>北京兆易创新科技股份有限公司（12）<br>西安电子科技大学（11） |

续表

| IPC 技术分类 | 全国（截至 2023 年年底） | | 陕西（截至 2023 年年底） | | | |
|---|---|---|---|---|---|
| | 授权量/件 | 主要申请主体 | 授权量/件 | 占全国比重 | 主要申请主体 |
| G01R（测量电变量；测量磁变量） | 4729 | 中芯国际集成电路制造有限公司（102）<br>上海华虹（集团）有限公司（107）<br>三星集团（84）<br>NXP 股份有限公司（68）<br>三菱集团（63） | 94 | 1.99% | 西安微电子技术研究所（11）<br>西安电子科技大学（10）<br>西安交通大学（9）<br>西安紫光国芯半导体有限公司（8）<br>西北核技术研究所（5） |
| H01S（利用受激发射的器件） | 2970 | 夏普株式会社（176）<br>三菱集团（142）<br>中国科学院半导体研究所（130）<br>松下集团（105）<br>索尼集团公司（93） | 94 | 3.16% | 西安炬光科技股份有限公司（49）<br>西安立芯光电科技有限公司（7）<br>中国科学院西安光学精密机械研究所（7）<br>西安理工大学（6）<br>陕西源杰半导体科技股份有限公司（4） |
| H03K（脉冲技术） | 3223 | 瑞萨电子株式会社（129）<br>SK 海力士有限公司（107）<br>三菱集团（96）<br>松下集团（81）<br>三星集团（72） | 63 | 1.95% | 西安电子科技大学（21）<br>西安微电子技术研究所（10）<br>西安紫光国芯半导体有限公司（9）<br>西安交通大学（5）<br>西安博瑞集信电子科技有限公司（3） |
| G01N（借助于测定材料的化学或物理性质来测试或分析材料） | 1606 | 上海华力微电子有限公司（36）<br>中芯国际集成电路制造有限公司（29）<br>西安交通大学（21）<br>华中科技大学（20）<br>复旦大学（19） | 47 | 2.93% | 西安交通大学（21）<br>西安奕斯伟材料科技有限公司（4）<br>西北工业大学（4）<br>西安工业大学（3）<br>西安电子科技大学（2）<br>中国科学院西安光学精密机械研究所（2） |

续表

| IPC 技术分类 | 全国（截至 2023 年年底） | | 陕西（截至 2023 年年底） | | |
|---|---|---|---|---|---|
| | 授权量 / 件 | 主要申请主体 | 授权量 / 件 | 占全国比重 | 主要申请主体 |
| H02M（用于交流和交流之间、交流和直流之间、或直流和直流之间的转换以及用于与电源或类似的供电系统一起使用的设备；直流或交流输入功率至浪涌输出功率的转换；以及它们的控制或调节） | 1606 | 三菱集团（128）<br>富士电机株式会社（77）<br>瑞萨电子株式会社（68）<br>株式会社日立制作所（56）<br>电子科技大学（56） | 41 | 2.55% | 西安电子科技大学（13）<br>西安交通大学（6）<br>西安启芯微电子有限公司（4）<br>长安大学（3）<br>西安民展微电子有限公司（2）<br>西安微电子技术研究所（2） |
| G05F（调节电变量或磁变量的系统） | 1133 | 电子科技大学（99）<br>瑞萨电子株式会社（43）<br>上海华虹（集团）有限公司（41）<br>西安电子科技大学（21）<br>松下集团（20） | 36 | 3.18% | 西安电子科技大学（21）<br>西安微电子技术研究所（8）<br>西安交通大学（3） |
| B81C（专门适用于制造或处理微观结构的装置或系统的方法或设备） | 826 | 中芯国际集成电路制造有限公司（76）<br>台湾积体电路制造股份有限公司（35）<br>英飞凌科技股份有限公司（28）<br>中国科学院上海微系统与信息技术研究所（26）<br>西安交通大学（23） | 32 | 3.87% | 西安交通大学（23）<br>西北工业大学（7）<br>杭州电子科技大学（2） |

### 2. 国外专利数据

2023 年，陕西在集成电路技术领域申请的国外专利公开量为 10 件，其中，美国专利 5 件、PCT 国际专利 2 件、欧洲专利 2 件、日本专利 1 件，合计 7 个 DWPI 同族专利。申请主体均为寒武纪（西安）集成电路有限公司，主要分布在 G06F（电数字数据处理）和 H01L（不包括在 H10 类目中的半导体器件）技术方向（表 4–5）。

表 4-5 2023 年陕西集成电路技术领域申请的国外专利公开数据

| 序号 | 专利名称 | 申请主体 | 主分类号 | 同族专利数/件 |
|---|---|---|---|---|
| 1 | Computing apparatus，integrated circuit chip，board card，electronic device，and computing method | 寒武纪（西安）集成电路有限公司 | G06F | 7 |
| 2 | Data processing device，integrated circuit chip，device，and implementation method therefor | 寒武纪（西安）集成电路有限公司 | G06F | 5 |
| 3 | Computing apparatus，integrated circuit chip，board card，electronic device and computing method | 寒武纪（西安）集成电路有限公司 | G06F | 4 |
| 4 | Computing apparatus，integrated circuit chip，board card，device and computing method | 寒武纪（西安）集成电路有限公司 | G06F | 3 |
| 5 | Calculation apparatus，integrated circuit chip，board card，electronic device and calculation method | 寒武纪（西安）集成电路有限公司 | G06F | 5 |
| 6 | Longitudinal stacked chip，integrated circuit device，board，and manufacturing method therefor | 寒武纪（西安）集成电路有限公司 | H01L | 3 |
| 7 | Multi-core chip，integrated circuit apparatus，and board card and manufacturing procedure method therefor | 寒武纪（西安）集成电路有限公司 | H01L | 4 |

（整理编写：刘佳悦）

## （四）传感器

### 1. 国内专利数据

#### （1）总量数据

截至 2023 年年底，陕西在传感器技术领域国内发明专利累计许可公开量为 4135 件，居全国第 7 位，约为江苏的 1/4；2023 年当年陕西发明专利许可公开量为 737 件，居全国第 8 位，不足江苏的 1/3（图 4-12）。陕西在该技术领域发明专利累计授权量为 1769 件，居全国第 7 位；2023 年当年发明专利授权量为 234 件，居全国第 9 位，约为江苏的 1/4（图 4-13）。

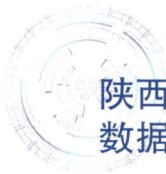

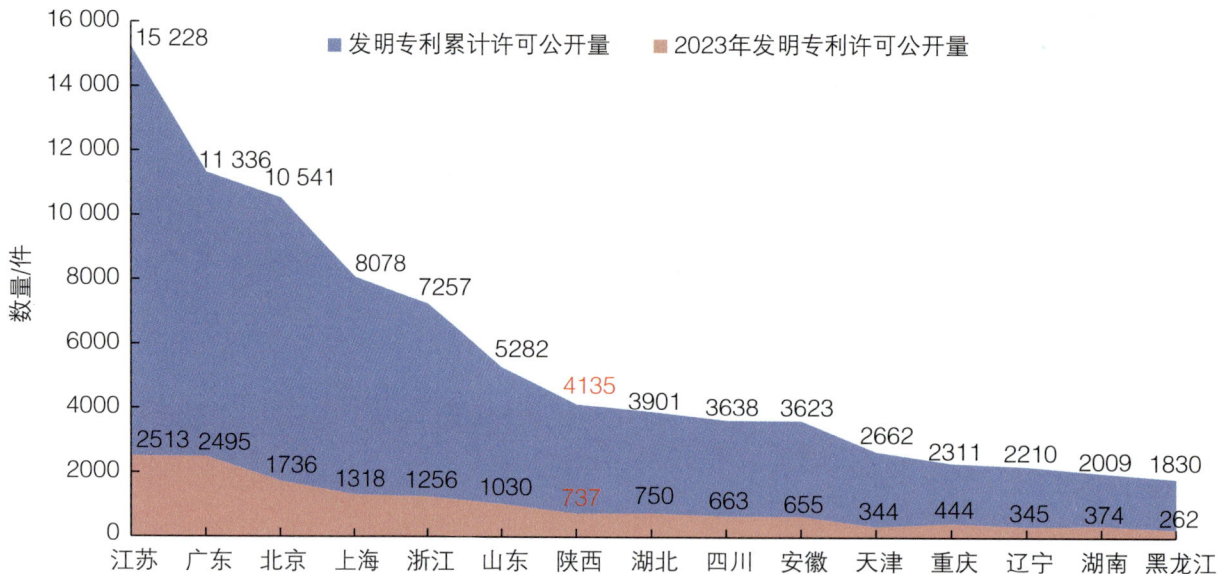

图 4-12　传感器技术领域部分省（自治区、直辖市）的国内发明专利许可公开量数据

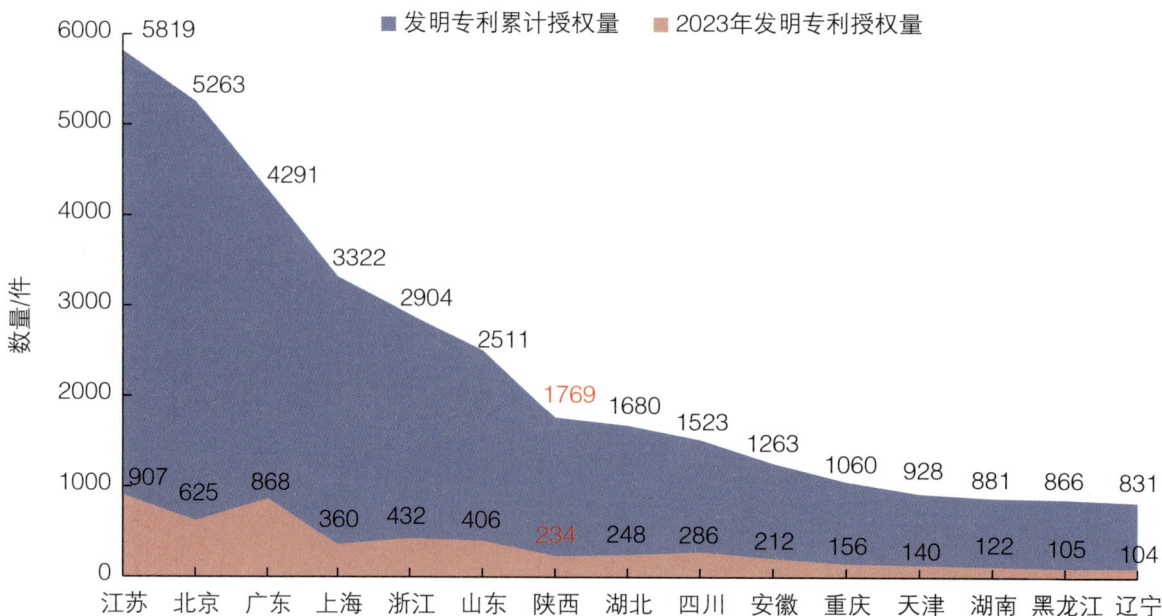

图 4-13　传感器技术领域部分省（自治区、直辖市）的国内发明专利授权量数据

**（2）申请主体数据**

截至 2023 年年底，陕西传感器技术领域的国内授权发明专利中，申请机构 TOP 10 的发明专利授权总量占陕西该技术领域发明专利授权总量的 69%。申请机构 TOP 10 中有 8 家高校、2 家科研院所，其中前 3 名分别是西安交通大学、西安电子科技大学和西北工业大学；西安交通大学的发明专利许可公开总量和授权总量、2023 年当年发明专利许可公开量和授权量

均位居第一，可见其在该领域的研发能力在陕西处于领先地位（图 4-14）。

陕西在该技术领域国内发明专利非高校主要申请机构以科研院所为主（图 4-15）。

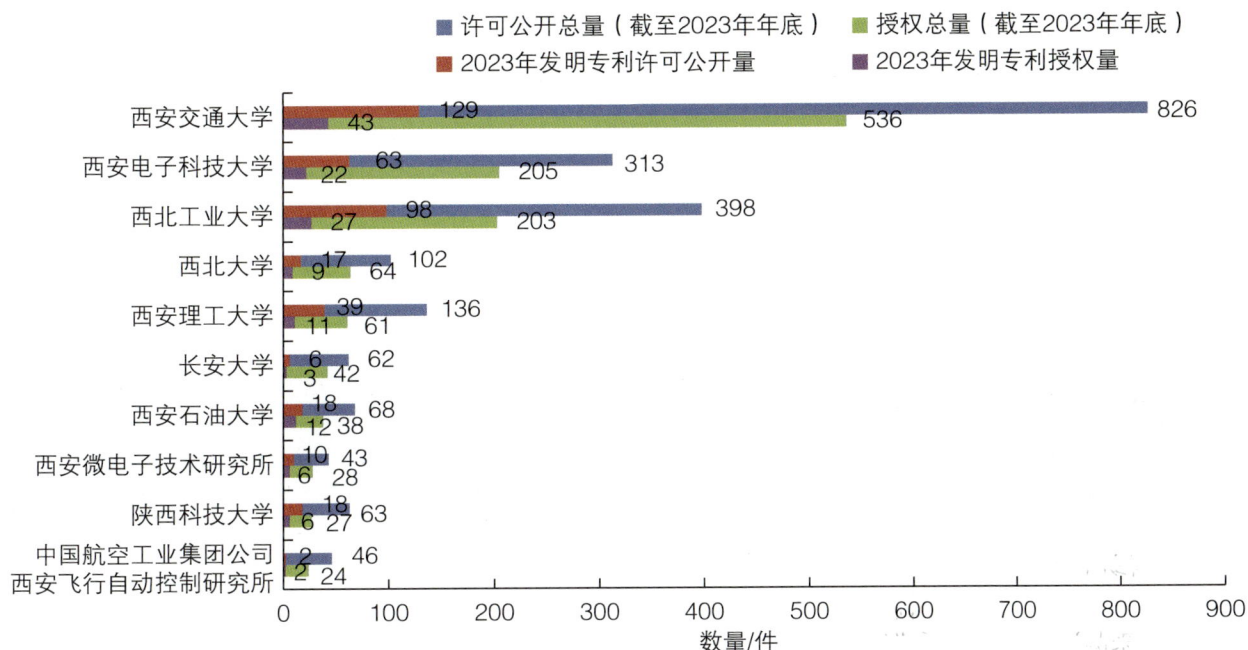

图 4-14　陕西传感器技术领域国内发明专利申请机构 TOP 10

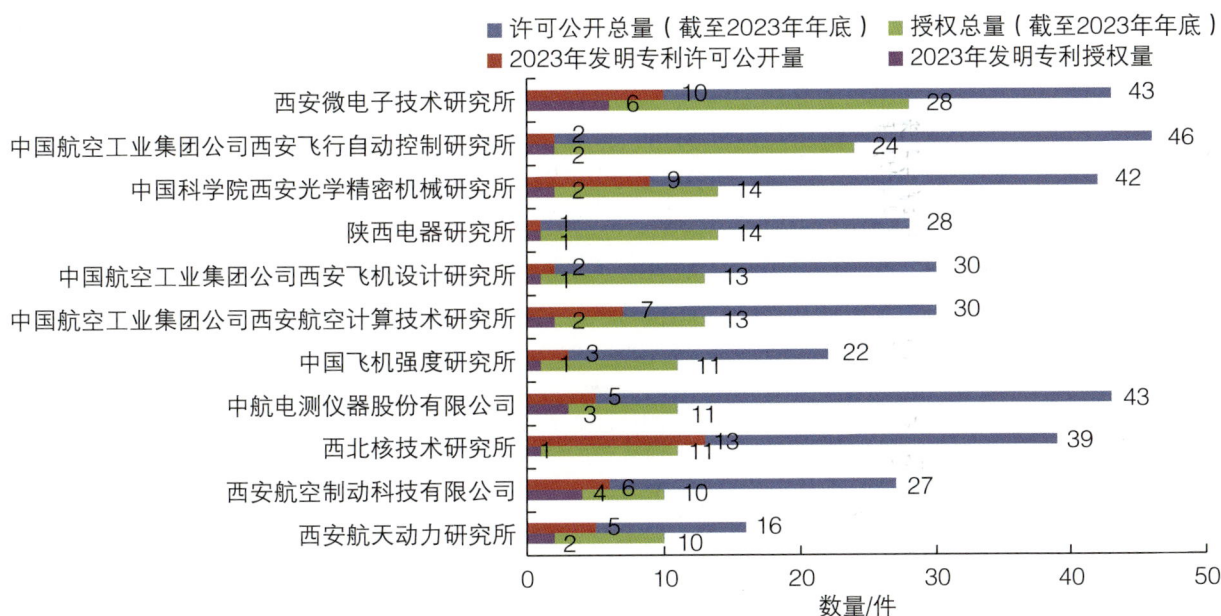

图 4-15　陕西传感器技术领域国内发明专利非高校主要申请机构

## （3）优势技术方向

按 IPC 分类，截至 2023 年年底，陕西在传感器技术领域国内授权发明专利主要集中在 G01N（借助于测定材料的化学或物理性质来测试或分析材料）、G01L（测量力、应力、转矩、功、机械功率、机械效率或流体压力）、G01B（长度、厚度或类似线性尺寸的计量；角度的计量；面积的计量；不规则的表面或轮廓的计量）和 H04W（无线通信网络）等技术方向，占该技术领域陕西发明专利授权总量的 50%，其中西安交通大学在 G01L（测量力、应力、转矩、功、机械功率、机械效率或流体压力）和 G01K（温度测量；热量测量；未列入其他类目的热敏元件）两个技术方向上表现突出，发明专利授权量居全国首位，显示出较强的研发实力（表 4-6）。

表 4-6　陕西传感器技术领域授权发明专利 IPC 分类 TOP 10

| IPC 技术分类 | 全国（截至 2023 年年底） | | 陕西（截至 2023 年年底） | | |
| --- | --- | --- | --- | --- | --- |
| | 授权量 / 件 | 主要申请主体 | 授权量 / 件 | 占全国比重 | 主要申请主体 |
| G01N（借助于测定材料的化学或物理性质来测试或分析材料） | 11 650 | 济南大学（514）<br>浙江大学（205）<br>罗伯特·博世有限公司（176）<br>江苏大学（164）<br>电子科技大学（153） | 303 | 2.60% | 西安交通大学（143）<br>西安电子科技大学（19）<br>西北大学（14）<br>西安理工大学（13）<br>陕西科技大学（13） |
| G01L（测量力、应力、转矩、功、机械功率、机械效率或流体压力） | 5599 | 西安交通大学（119）<br>罗伯特·博世有限公司（107）<br>东南大学（84）<br>株式会社电装（78）<br>清华大学（59） | 251 | 4.48% | 西安交通大学（119）<br>西北工业大学（40）<br>西安电子科技大学（19）<br>中航电测仪器股份有限公司（6）<br>西安理工大学（6）<br>西安石油大学（6）<br>陕西省计量科学研究院（6）<br>陕西电器研究所（6） |
| G01B（长度、厚度或类似线性尺寸的计量；角度的计量；面积的计量；不规则的表面或轮廓的计量） | 3637 | 重庆理工大学（65）<br>浙江大学（64）<br>北京航空航天大学（61）<br>哈尔滨工业大学（58）<br>西安交通大学（54） | 177 | 4.87% | 西安交通大学（54）<br>西北工业大学（12）<br>长安大学（12）<br>西安电子科技大学（10）<br>西安理工大学（9） |
| H04W（无线通信网络） | 3149 | 南京邮电大学（133）<br>东南大学（84）<br>河海大学（78）<br>西安电子科技大学（65）<br>重庆邮电大学（61） | 154 | 4.89% | 西安电子科技大学（65）<br>西北大学（17）<br>西北工业大学（17）<br>西安邮电大学（10）<br>西安交通大学（8） |

续表

| IPC 技术分类 | 全国（截至 2023 年年底） | | | 陕西（截至 2023 年年底） | | |
| --- | --- | --- | --- | --- | --- | --- |
| | 授权量 /件 | 主要申请主体 | | 授权量 /件 | 占全国比重 | 主要申请主体 |
| G01D（非专用于特定变量的测量；不包含在其他单独小类中的测量两个或多个变量的装置；计费设备；非专用于特定变量的传输或转换装置；未列入其他类目的测量或测试） | 4373 | 罗伯特·博世有限公司（160）<br>英飞凌科技股份有限公司（76）<br>浙江大学（55）<br>欧姆龙株式会社（50）<br>清华大学（49） | | 126 | 2.88% | 西安交通大学（28）<br>西北工业大学（16）<br>西安石油大学（9）<br>西安工业大学（6）<br>西安电子科技大学（6） |
| G01R（测量电变量；测量磁变量） | 3520 | 国家电网有限公司（110）<br>东南大学（79）<br>英飞凌科技股份有限公司（78）<br>TDK 株式会社（78）<br>罗伯特·博世有限公司（55） | | 101 | 2.87% | 西安交通大学（43）<br>西北工业大学（16）<br>西安电子科技大学（12）<br>西北大学（3）<br>中国科学院西安光学精密机械研究所（2）<br>西安理工大学（2）<br>陕西世翔电子科技有限公司（2） |
| G01K（温度测量；热量测量；未列入其他类目的热敏元件） | 2263 | 西安交通大学（47）<br>电子科技大学（34）<br>东南大学（33）<br>株式会社电装（32）<br>中国计量学院（31） | | 98 | 4.33% | 西安交通大学（47）<br>西安石油大学（9）<br>西北工业大学（4）<br>陕西电器研究所（4）<br>西北大学（3） |
| G06F（电数字数据处理） | 3070 | LG 集团（145）<br>三星集团（99）<br>苹果公司（81）<br>OPPO 广东移动通信有限公司（65）<br>东友精细化工有限公司（42）<br>高通股份有限公司（42） | | 82 | 2.67% | 西安交通大学（21）<br>西北工业大学（17）<br>西安电子科技大学（15）<br>长安大学（4）<br>中国人民解放军空军工程大学（2） |

续表

| IPC 技术分类 | 全国（截至 2023 年年底） | | 陕西（截至 2023 年年底） | | |
| --- | --- | --- | --- | --- | --- |
| | 授权量/件 | 主要申请主体 | 授权量/件 | 占全国比重 | 主要申请主体 |
| G01P（线速度或角速度、加速度、减速度或冲击的测量；运动的存在、不存在或方向的指示） | 2111 | 精工爱普生株式会社（103）<br>罗伯特·博世有限公司（97）<br>东南大学（76）<br>松下集团（63）<br>中国科学院上海微系统与信息技术研究所（40） | 76 | 3.60% | 西安交通大学（33）<br>西北工业大学（8）<br>西安理工大学（4）<br>西安航空制动科技有限公司（4）<br>长安大学（3） |
| G01C（测量距离、水准或者方位；勘测；导航；陀螺仪；摄影测量学或视频测量学） | 1835 | 精工爱普生株式会社（109）<br>松下集团（89）<br>罗伯特·博世有限公司（59）<br>北京航空航天大学（25）<br>高通股份有限公司（22） | 71 | 3.87% | 西安交通大学（16）<br>西安电子科技大学（9）<br>西北工业大学（8）<br>中国航空工业集团公司西安飞行自动控制研究所（4） |
| G01S（无线电定向；无线电导航；采用无线电波测距或测速；采用无线电波的反射或再辐射的定位或存在检测；采用其他波的类似装置） | 1825 | 罗伯特·博世有限公司（116）<br>株式会社电装（41）<br>通用汽车公司（29）<br>欧姆龙株式会社（28）<br>电子科技大学（27） | 71 | 3.89% | 西安电子科技大学（22）<br>西北工业大学（16）<br>西安交通大学（10）<br>陕西理工大学（5）<br>西北大学（5） |

### 2. 国外专利数据

2023 年，陕西在传感器技术领域申请的国外专利公开量为 10 件。其中，美国专利 9 件、PCT 国际专利 1 件，共计 7 个 DWPI 同族专利。

申请主体中，西安交通大学申请的国外专利公开量为 8 件，均为美国专利，涉及电磁变量测量（G01R）、材料测试分析（G01N）等技术方向；西北工业大学申请的国外专利公开量为 1 件，为 PCT 国际专利，涉及速度测量（G01P）技术方向；西安宝德智能科技有限公司申请的国外专利公开量为 1 件，为美国专利，涉及土层或岩石钻进（E21B）技术方向（表 4-7）。

表 4-7　2023 年陕西传感器技术领域申请的国外专利公开数据

| 序号 | 专利名称 | 申请主体 | 主分类号 | 同族专利数 / 件 |
| --- | --- | --- | --- | --- |
| 1 | Silicon carbide-based combined temperature-pressure micro-electro-mechanical system（mems）sensor chip and preparation method thereof | 西安交通大学 | G01L | 4 |
| 2 | Method for measuring semiconductor gas sensor based on virtual alternating current impedance | 西安交通大学 | G01N | 6 |
| 3 | Multi-sensor composite right ventricular electrode and fused cardiac rate adaptive pacing method | 西安交通大学 | A61N | 5 |
| 4 | Wireless flexible magnetic sensor based on magnetothermal effect，and preparation method and detection | 西安交通大学 | G01R | 5 |
| 5 | Hear-type vibration-ultrasonic composite sensor and measuring device | 西安交通大学 | G01N | 4 |
| 6 | Annular coupling system suitable for mems modal localization sensor | 西北工业大学 | G01P | 3 |
| 7 | Polished rod rotation sensor | 西安宝德智能科技有限公司 | E21B | 2 |

（整理编写：刘佳悦）

## 二、高端装备制造

### （一）增材制造

#### 1. 国内专利数据

**（1）总量数据**

截至 2023 年年底，陕西在增材制造技术领域国内发明专利累计许可公开量为 4518 件，居全国第 6 位，不足江苏的 1/2；2023 年当年陕西发明专利许可公开量为 854 件，居全国第 6 位，约为江苏的 1/3（图 4-16）。陕西在该技术领域发明专利累计授权量和 2023 年当年发明专利授权量分别为 2058 件和 322 件，均居全国第 5 位（图 4-17）。

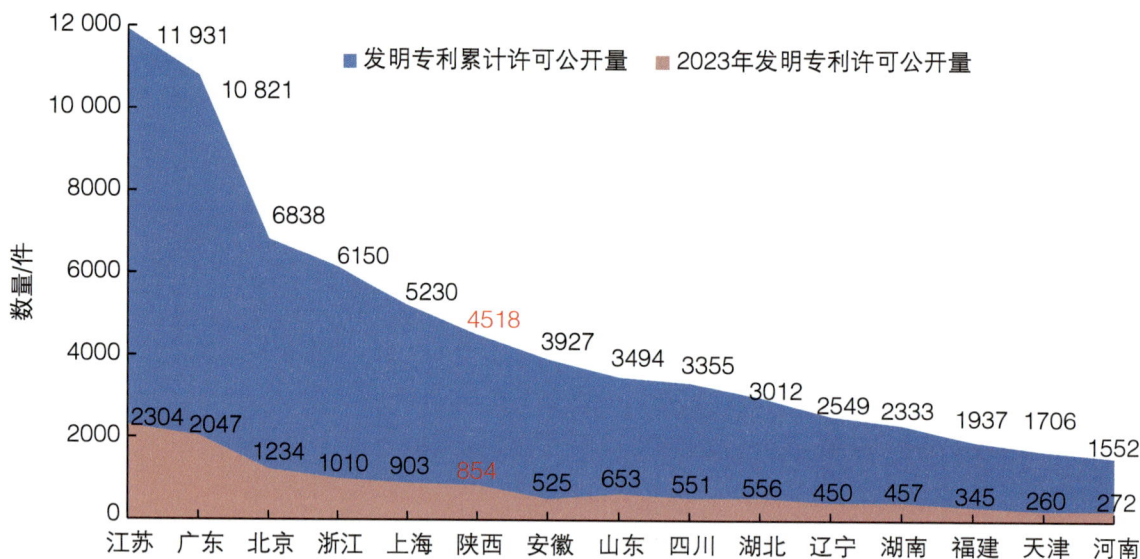

图 4-16 增材制造技术领域部分省（自治区、直辖市）的国内发明专利许可公开量数据

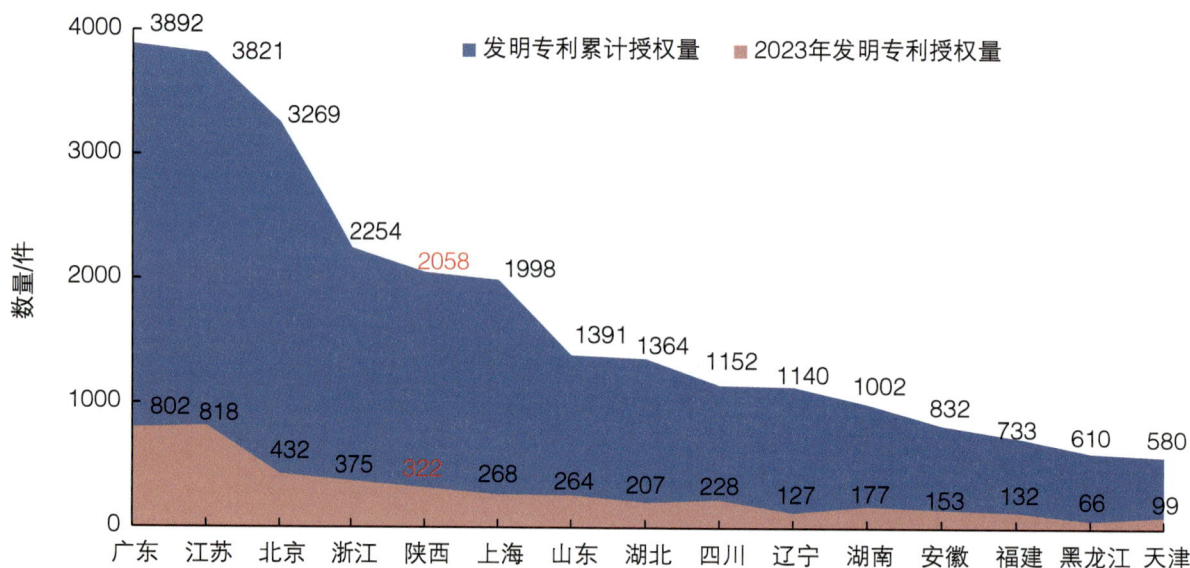

图 4-17 增材制造技术领域部分省（自治区、直辖市）的国内发明专利授权量数据

（2）申请主体数据

截至 2023 年年底，陕西增材制造技术领域国内发明专利申请机构 TOP 10 中，有 4 家高校、6 家企业。申请机构 TOP 10 中高校的发明专利许可公开总量和授权总量分别占陕西总量的 38% 和 49%，贡献大于企业。特别是西安交通大学在该技术领域国内发明专利许可公开量和授权量遥遥领先，显示了其在省内的领军地位（图 4-18）。西安增材制造国家研究院有限公司作为西安交通大学的产业化实体、西安铂力特增材技术股份有限公司作为西北工业大学的产业化实体、陕西恒通智能机器有限公司作为快速成型制造技术教育部工程研究中心的产

业化实体，均进入申请机构 TOP 10，充分彰显了陕西产学研协同创新的显著成果。

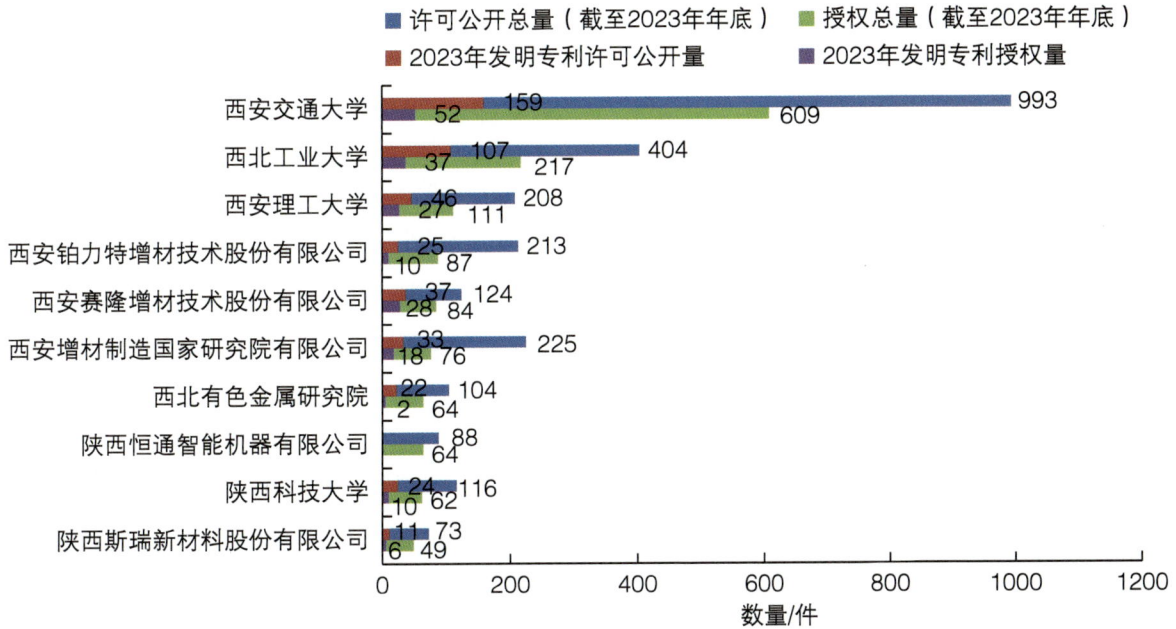

图 4-18　陕西增材制造技术领域国内发明专利申请机构 TOP 10

　　陕西企业在该技术领域国内发明专利表现也不错，进入申请企业 TOP 10 的机构以中小型企业居多，说明陕西中小型企业在增材制造技术领域具有一定的技术创新能力（图 4-19）。

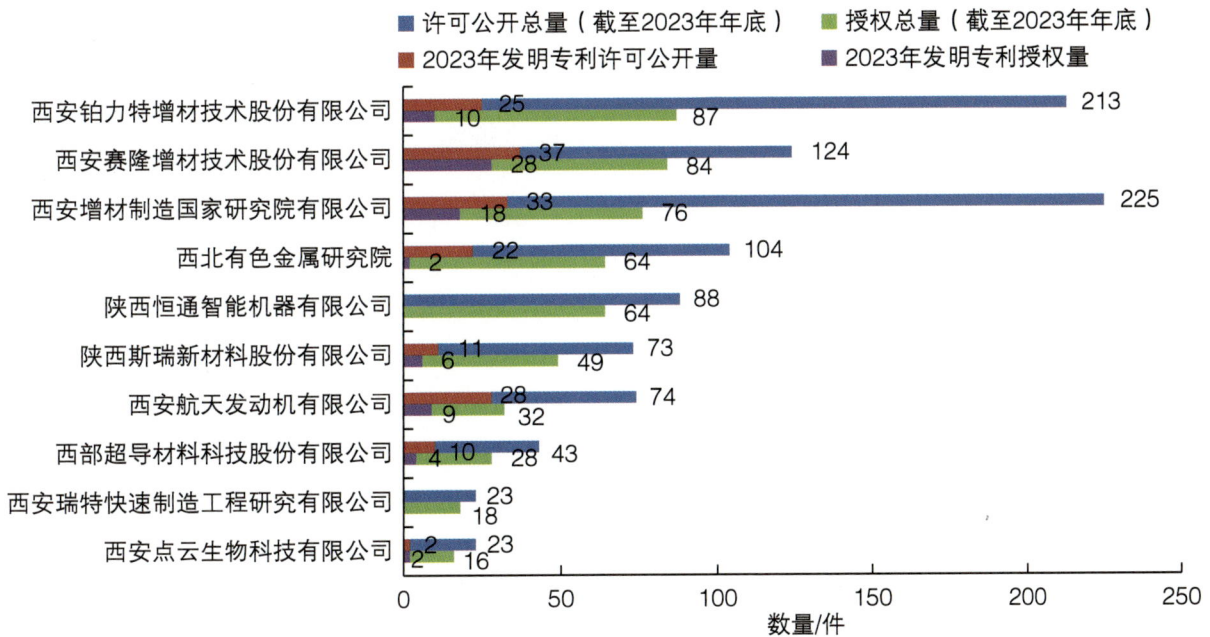

图 4-19　陕西增材制造技术领域国内发明专利申请企业 TOP 10

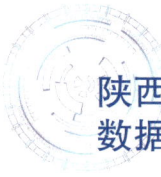

（3）优势技术方向

按 IPC 分类，截至 2023 年年底，陕西在增材制造技术领域国内授权发明专利主要集中在三维物品制造、金属粉末制造制品和塑料成型连接等技术方向。特别是 C22F（改变有色金属或有色合金的物理结构）、B22F（金属粉末的加工；由金属粉末制造制品；金属粉末的制造）、C22C（合金）及 C04B（石灰；氧化镁；矿渣；水泥；其组合物）4 个技术方向在全国处于领先地位，这 4 个技术方向的发明专利授权量占全国的比重分别是 14.10%、11.05%、10.30% 和 9.89%。

西安交通大学在增材制造技术领域的 B33Y、B22F、B29C、C04B、C23C、G06F、B28B 等 7 个技术方向上进入全国 TOP 5 之列；其中，在 B33Y、C04B、B28B 等 3 个技术方向上居全国首位。西北工业大学在 G06F 和 C22F 技术方向上进入全国 TOP 5 之列，均显示出较强的研发实力（表 4-8）。

表 4-8　陕西增材制造技术领域授权发明专利 IPC 分类 TOP 10

| IPC 技术分类 | 全国（截至 2023 年年底） | | 陕西（截至 2023 年年底） | | |
| --- | --- | --- | --- | --- | --- |
| | 授权量 / 件 | 主要申请主体 | 授权量 / 件 | 占全国比重 | 主要申请主体 |
| B33Y（增材制造，即三维物品制造，通过增材沉积，增材凝聚或增材分层，如 3D 打印，立体照片或选择性激光烧结） | 12 722 | 西安交通大学（280）<br>华中科技大学（249）<br>惠普发展公司有限责任合伙企业（189）<br>浙江大学（182）<br>通用电气公司（150） | 923 | 7.26% | 西安交通大学（280）<br>西北工业大学（103）<br>西安铂力特增材技术股份有限公司（64）<br>陕西恒通智能机器有限公司（51）<br>西安理工大学（43） |
| B22F（金属粉末的加工；由金属粉末制造制品；金属粉末的制造） | 5567 | 华中科技大学（166）<br>西安交通大学（134）<br>中南大学（126）<br>通用电气公司（122）<br>北京科技大学（111） | 615 | 11.05% | 西安交通大学（134）<br>西安赛隆金属材料有限责任公司（74）<br>西安铂力特增材技术股份有限公司（66）<br>西北工业大学（61）<br>陕西斯瑞新材料股份有限公司（38） |
| B29C（塑料的成型或连接；塑性状态物质的一般成型；已成型产品的后处理） | 7335 | 惠普发展公司有限责任合伙企业（180）<br>西安交通大学（160）<br>浙江大学（141）<br>华中科技大学（106）<br>通用电气公司（91） | 372 | 5.07% | 西安交通大学（160）<br>陕西恒通智能机器有限公司（49）<br>西安理工大学（23）<br>西北工业大学（21）<br>西安铂力特增材技术股份有限公司（14）<br>陕西科技大学（14） |

续表

| IPC 技术分类 | 全国（截至 2023 年年底） | | 陕西（截至 2023 年年底） | | |
|---|---|---|---|---|---|
| | 授权量／件 | 主要申请主体 | 授权量／件 | 占全国比重 | 主要申请主体 |
| C22C（合金） | 2989 | 中南大学（109）<br>北京科技大学（106）<br>中国科学院金属研究所（53）<br>东北大学（50）<br>哈尔滨工业大学（46） | 308 | 10.30% | 西北有色金属研究院（42）<br>陕西斯瑞新材料股份有限公司（37）<br>西北工业大学（39）<br>西安交通大学（33）<br>西安理工大学（25） |
| B23K（钎焊或脱焊；焊接；用钎焊或焊接方法包覆或镀敷；局部加热切割，如火焰切割；用激光束加工） | 4755 | 哈尔滨工业大学（155）<br>株式会社大亨（153）<br>松下集团（125）<br>株式会社神户制钢所（117）<br>北京工业大学（95） | 163 | 3.43% | 西安交通大学（45）<br>西安理工大学（31）<br>西北工业大学（15）<br>西安铂力特增材技术股份有限公司（9）<br>西部超导材料科技股份有限公司（5） |
| C04B（石灰；氧化镁；矿渣；水泥；其组合物） | 1436 | 西安交通大学（53）<br>广东工业大学（41）<br>华中科技大学（36）<br>武汉理工大学（35）<br>济南大学（33） | 142 | 9.89% | 西安交通大学（53）<br>陕西科技大学（28）<br>西北工业大学（28）<br>尧柏特种水泥技术研发有限公司（4）<br>西安增材制造国家研究院有限公司（4） |
| C23C（对金属材料的镀覆；用金属材料对材料的镀覆；表面扩散法，化学转化或置换法的金属材料表面处理；真空蒸发法、溅射法、离子注入法或化学气相沉积法的一般镀覆） | 1913 | 中国科学院金属研究所（47）<br>西安交通大学（42）<br>北京工业大学（36）<br>广东工业大学（32）<br>武汉大学（24） | 112 | 5.85% | 西安交通大学（42）<br>西北工业大学（13）<br>西安瑞特快速制造工程研究有限公司（6）<br>西北有色金属研究院（5）<br>西安建筑科技大学（4） |

续表

| IPC 技术分类 | 全国（截至 2023 年年底） | | | 陕西（截至 2023 年年底） | | |
|---|---|---|---|---|---|---|
| | 授权量/件 | 主要申请主体 | | 授权量/件 | 占全国比重 | 主要申请主体 |
| G06F（电数字数据处理） | 1932 | LG 集团（65）<br>西安交通大学（34）<br>三星集团（27）<br>西北工业大学（26）<br>索尼集团公司（24） | | 104 | 5.38% | 西安交通大学（34）<br>西北工业大学（26）<br>西安电子科技大学（8）<br>中交第一公路勘察设计研究院有限公司（4）<br>西安邮电大学（4） |
| C22F（改变有色金属或有色合金的物理结构） | 532 | 中南大学（17）<br>西北工业大学（16）<br>上海交通大学（15）<br>中国科学院金属研究所（15）<br>北京科技大学（15） | | 75 | 14.10% | 西北工业大学（16）<br>西安交通大学（13）<br>西北有色金属研究院（13）<br>陕西斯瑞新材料股份有限公司（8）<br>西安理工大学（5） |
| B28B（黏土或其他陶瓷成分、熔渣或含有水泥材料的混合物） | 869 | 西安交通大学（29）<br>通用电气公司（24）<br>华中科技大学（23）<br>河北工业大学（21）<br>山东大学（15） | | 65 | 7.48% | 西安交通大学（29）<br>西北工业大学（6）<br>陕西科技大学（6）<br>西安铂力特增材技术股份有限公司（4）<br>中交第一公路勘察设计研究院有限公司（4） |

### 2. 国外专利数据

2023 年，陕西在增材制造技术领域申请的国外专利公开量为 6 件。其中，美国专利 4 件、PCT 国际专利 2 件，共计 6 个 DWPI 同族专利。

申请主体中，西安交通大学申请的国外专利公开量为 3 件，其中美国专利 2 件、PCT 国际专利 1 件，涉及纤维 3D 打印等技术；陕西理工大学、西安理工大学和中交第一公路勘察设计研究院有限公司各申请国外专利 1 件，涉及 3D 打印材料制备、混凝土 3D 打印等技术（表 4-9）。

表 4-9　2023 年陕西增材制造技术领域申请的国外专利公开数据

| 序号 | 专利名称 | 申请主体 | 主分类号 | 同族专利数/件 |
|---|---|---|---|---|
| 1 | Direct inkwriting device and method for a bias-controllable continuous fiber reinforced composite material | 西安交通大学 | B29C | 4 |
| 2 | Composite containing hollow ceramic spheres and preparation method of composite | 西安交通大学 | B33Y | 3 |
| 3 | Continuous fiber 3d printing path planning method for fiber orientation and structure parallel optimization | 西安交通大学 | B33Y | 3 |
| 4 | Boron-containing titanium-based composite powder for 3D printing and method of preparing same | 西安理工大学 | C01B | 4 |
| 5 | Photosensitive polyimide resin for ultraviolet（uv）curing-based 3d printing and preparation method thereof | 陕西理工大学 | B29C | 2 |
| 6 | Plane path fitting method and system for concrete 3d printing | 中交第一公路勘察设计研究院有限公司 | B28B | 3 |

（整理编写：龚娟）

## （二）数控机床

### 1. 国内专利数据

**（1）总量数据**

截至 2023 年年底，陕西在数控机床技术领域国内发明专利累计许可公开量为 3473 件，居全国第 11 位，不足江苏的 1/6；2023 年当年陕西发明专利许可公开量为 607 件，居全国第 11 位，约为江苏的 1/7（图 4-20）。陕西在该技术领域发明专利累计授权量为 1492 件，居全国第 10 位，约为江苏的 1/5；2023 年当年发明专利授权量为 214 件，居全国第 10 位，不足江苏的 1/7（图 4-21）。

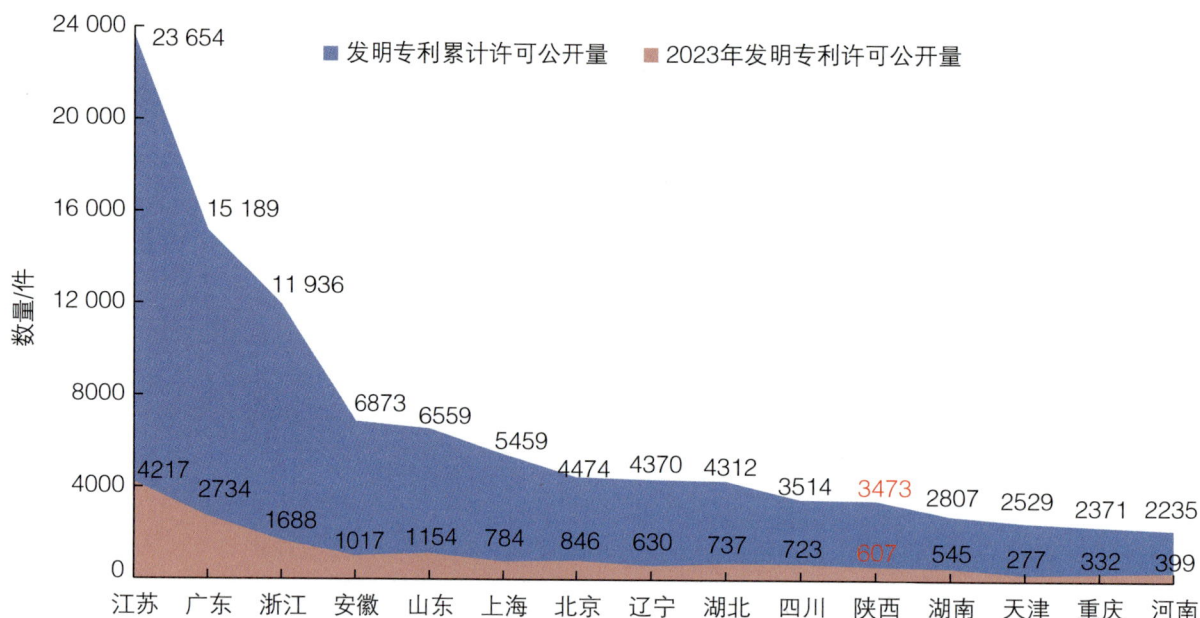

图 4-20　数控机床技术领域部分省（自治区、直辖市）的国内发明专利许可公开量数据

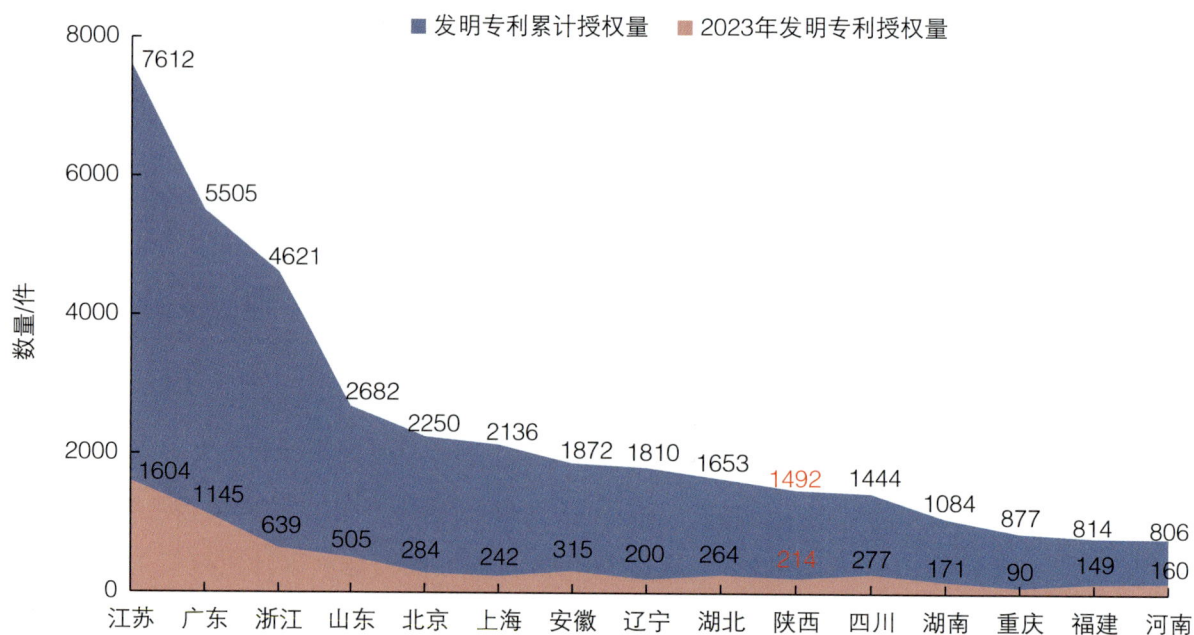

图 4-21　数控机床技术领域部分省（自治区、直辖市）的国内发明专利授权量数据

**（2）申请主体数据**

截至 2023 年年底，陕西在数控机床技术领域国内发明专利许可公开量和授权量以高校占据绝对优势，发明专利申请机构 TOP 10 中，有 6 家高校、3 家企业、1 家科研院所。其中，西安交通大学、西北工业大学两所高校的发明专利许可公开总量占申请机构 TOP 10 许可公开

总量的 58%，发明专利授权总量占申请机构 TOP 10 授权总量的 64%；2023 年当年发明专利许可公开量和授权量数据显示，西安交通大学、西北工业大学仍稳居陕西前二（图 4-22）。

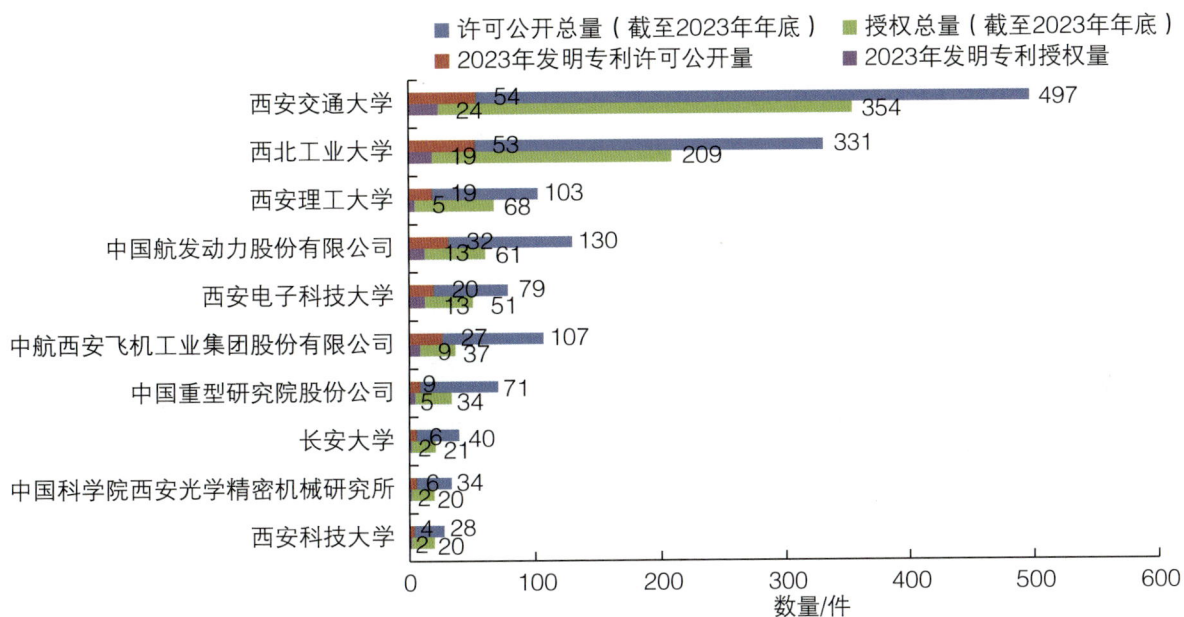

图 4-22　陕西数控机床技术领域国内发明专利申请机构 TOP 10

与陕西高校相比，陕西其他类型机构在数控机床技术领域发明专利数量普遍较少，且该技术领域国内发明专利非高校申请机构 TOP 10 以国有企业为主，有 7 家国有企业（图 4-23）。

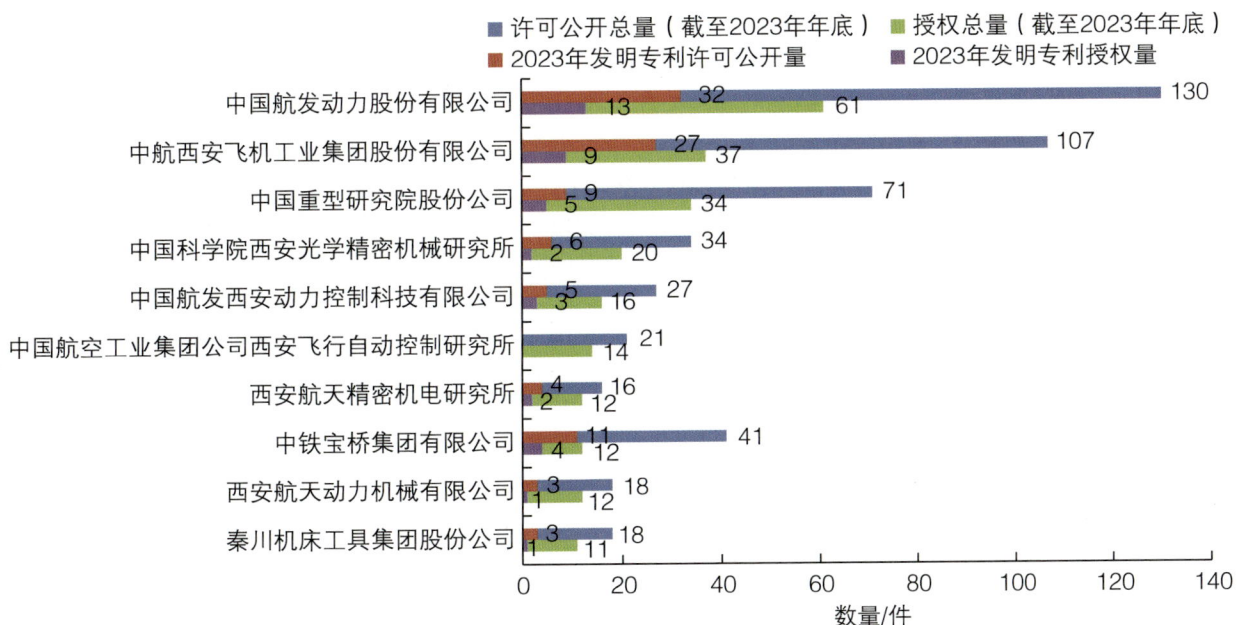

图 4-23　陕西数控机床技术领域国内发明专利非高校申请机构 TOP 10

（3）优势技术方向

按 IPC 分类，截至 2023 年年底，陕西在数控机床技术领域国内授权发明专利主要集中在机床零部件、组合加工、通用机床、控制调节系统及钎焊、脱焊等方面。西安交通大学和西北工业大学表现突出，分别在 B23C（铣削）、G06F（电数字数据处理）、G01B（长度、厚度或类似线性尺寸的计量；角度的计量；面积的计量；不规则的表面或轮廓的计量）、B21D（金属板或管、棒或型材的基本无切削加工或处理；冲压）4 个技术方向上发明专利授权量进入全国 TOP 5 之列（表 4-10）。

表 4-10    陕西数控机床技术领域授权发明专利 IPC 分类 TOP 10

| IPC 技术分类 | 全国（截至 2023 年年底） | | 陕西（截至 2023 年年底） | | |
| --- | --- | --- | --- | --- | --- |
| | 授权量/件 | 主要申请主体 | 授权量/件 | 占全国比重 | 主要申请主体 |
| B23Q（机床的零件、部件或附件，如仿形装置或控制装置） | 10 638 | 大连理工大学（96）<br>成都飞机工业（集团）有限责任公司（86）<br>清华大学（81）<br>广东普拉迪科技股份有限公司（72）<br>南京航空航天大学（72） | 347 | 3.26% | 西安交通大学（68）<br>西北工业大学（57）<br>西安理工大学（27）<br>中航西安飞机工业集团股份有限公司（19）<br>中国航发动力股份有限公司（19） |
| B23P（金属的其他加工；组合加工；万能机床） | 8444 | 沈阳飞机工业（集团）有限公司（48）<br>中国航发沈阳黎明航空发动机有限责任公司（47）<br>哈尔滨汽轮机厂有限责任公司（38）<br>成都飞机工业（集团）有限责任公司（31）<br>华中科技大学（30） | 233 | 2.76% | 西北工业大学（20）<br>中国航发动力股份有限公司（18）<br>西安交通大学（16）<br>中航西安飞机工业集团股份有限公司（9）<br>中铁宝桥集团有限公司（8）<br>西安理工大学（8）<br>西安远航真空钎焊技术有限公司（8） |
| B23K（钎焊或脱焊；焊接；用钎焊或焊接方法包覆或镀敷；局部加热切割；用激光束加工） | 8695 | 江苏大学（139）<br>大族激光科技产业集团股份有限公司（117）<br>哈尔滨工业大学（93）<br>华中科技大学（90）<br>湘潭大学（84） | 204 | 2.35% | 西安交通大学（47）<br>西北工业大学（19）<br>中国科学院西安光学精密机械研究所（16）<br>中国航发动力股份有限公司（6）<br>陕西丝路机器人智能制造研究院有限公司（5） |

续表

| IPC 技术分类 | 全国（截至 2023 年年底） | | 陕西（截至 2023 年年底） | | |
|---|---|---|---|---|---|
| | 授权量 /件 | 主要申请主体 | 授权量 /件 | 占全国比重 | 主要申请主体 |
| G05B（一般的控制或调节系统；这种系统的功能单元；用于这种系统或单元的监视或测试装置） | 3547 | 华中科技大学（143）<br>三菱集团（139）<br>发那科株式会社（102）<br>大连理工大学（85）<br>上海交通大学（68） | 168 | 4.74% | 西安交通大学（67）<br>西北工业大学（37）<br>西安理工大学（6）<br>中国航发动力股份有限公司（6）<br>西安工业大学（5） |
| B23C（铣削） | 1328 | 西北工业大学（26）<br>中国航发沈阳黎明航空发动机有限责任公司（24）<br>大连理工大学（24）<br>沈阳飞机工业（集团）有限公司（22）<br>成都飞机工业（集团）有限责任公司（17）<br>哈尔滨理工大学（17） | 100 | 7.53% | 西北工业大学（26）<br>西安交通大学（16）<br>中国航发动力股份有限公司（11）<br>西安增材制造国家研究院有限公司（5）<br>中航西安飞机工业集团股份有限公司（5） |
| G06F（电数字数据处理） | 974 | 华中科技大学（41）<br>大连理工大学（30）<br>西安交通大学（30）<br>西北工业大学（23）<br>中科航迈数控软件（深圳）有限公司（23） | 82 | 8.42% | 西安交通大学（30）<br>西北工业大学（23）<br>西安电子科技大学（8）<br>西安瑞特快速制造工程研究有限公司（2）<br>西安科技大学（2）<br>长安大学（2）<br>西安建筑科技大学（2） |
| B23B（车削；镗削） | 3049 | 中国航发沈阳黎明航空发动机有限责任公司（25）<br>南京航空航天大学（19）<br>珠海格力电器股份有限公司（18）<br>北京航空航天大学（16）<br>浙江大学（15） | 79 | 2.59% | 西安理工大学（10）<br>西安交通大学（7）<br>西北工业大学（6）<br>中国航发西安动力控制科技有限公司（3）<br>中国航空工业集团公司西安飞行自动控制研究所（3）<br>宝鸡忠诚机床股份有限公司（3） |

续表

| IPC 技术分类 | 全国（截至 2023 年年底） | | 陕西（截至 2023 年年底） | | |
|---|---|---|---|---|---|
| | 授权量 /件 | 主要申请主体 | 授权量 /件 | 占全国比重 | 主要申请主体 |
| B24B（用于磨削或抛光的机床、装置或工艺） | 2454 | 上海交通大学（23）<br>湖南大学（21）<br>大连理工大学（21）<br>北京航空航天大学（17）<br>哈尔滨工业大学（17） | 63 | 2.57% | 西北工业大学（10）<br>西安交通大学（10）<br>西安理工大学（4）<br>中国航发动力股份有限公司（4）<br>秦川机床工具集团股份公司（3）<br>宝鸡宇喆工业科技有限公司（3） |
| B21D（金属板或管、棒或型材的基本无切削加工或处理；冲压） | 2222 | 江苏大学（20）<br>西安交通大学（15）<br>奥美森智能装备股份有限公司（15）<br>上海交通大学（14）<br>南通超力卷板机制造有限公司（11）<br>南京航空航天大学（11）<br>珠海格力电器股份有限公司（11）<br>西北工业大学（11） | 52 | 2.34% | 西安交通大学（15）<br>西北工业大学（11）<br>西安理工大学（3）<br>中车西安车辆有限公司（3）<br>陕西科技大学（2）<br>陕西能源职业技术学院（2） |
| G01B（长度、厚度或类似线性尺寸的计量；角度的计量；面积的计量；不规则的表面或轮廓的计量） | 682 | 西安交通大学（25）<br>大连理工大学（23）<br>华中科技大学（14）<br>成都飞机工业（集团）有限责任公司（13）<br>上海交通大学（12） | 50 | 7.33% | 西安交通大学（25）<br>西北工业大学（4）<br>宝鸡忠诚机床股份有限公司（2）<br>宝鸡欧亚金属科技有限公司（2）<br>西安多维机器视觉检测技术有限公司（2）<br>中国科学院西安光学精密机械研究所（2）<br>陕西科技大学（2） |

### 2. 国外专利数据

2023 年，陕西在数控机床技术领域申请的国外专利公开量为 8 件。其中，美国专利 4 件、

PCT 国际专利 2 件、欧洲专利 2 件，共计 6 个 DWPI 同族专利。

申请主体中，西安知象光电科技有限公司在自动焊接系统技术方向分别申请了 PCT 国际专利、美国专利和欧洲专利各 1 件；西安交通大学在精密驱动和传动、激光加工数控平台技术方向分别申请了 1 件美国专利和 1 件 PCT 国际专利；陕西科技大学、西安麦特沃金液控技术有限公司、西安航天发动机有限公司各申请了国外专利 1 件（表 4-11）。

表 4-11　2023 年陕西数控机床技术领域申请的国外专利公开数据

| 序号 | 专利名称 | 申请主体 | 主分类号 | 同族专利数 / 件 |
| --- | --- | --- | --- | --- |
| 1 | Hydraulic forming machine | 西安麦特沃金液控技术有限公司 | B21C | 11 |
| 2 | Hybrid robot and three-dimensional vision based large-scale structural part automatic welding system and method | 西安知象光电科技有限公司 | B23K | 7 |
| 3 | A high-precision mobile robot management and scheduling system | 陕西科技大学 | B25J | 5 |
| 4 | Method for forming a multi-material part by selective laser melting | 西安航天发动机有限公司 | B33Y | 3 |
| 5 | Differential compliant displacement reducer | 西安交通大学 | H02N | 1 |
| 6 | Precision machining apparatus and method for group holes of ultrafast laser controllable hole pattern | 西安交通大学 | B23K | 4 |

（整理编写：龚娟）

### （三）输变电装备

#### 1. 国内专利数据

**（1）总量数据**

截至 2023 年年底，陕西在输变电装备技术领域国内发明专利累计许可公开量为 3821 件，居全国第 11 位，约为江苏的 1/5；2023 年当年陕西发明专利许可公开量为 634 件，居全国第 11 位，不足广东的 1/5（图 4-24）。陕西在该技术领域发明专利累计授权量为 1343 件，居全国第 10 位；2023 年当年发明专利授权量为 190 件，居全国第 12 位（图 4-25）。

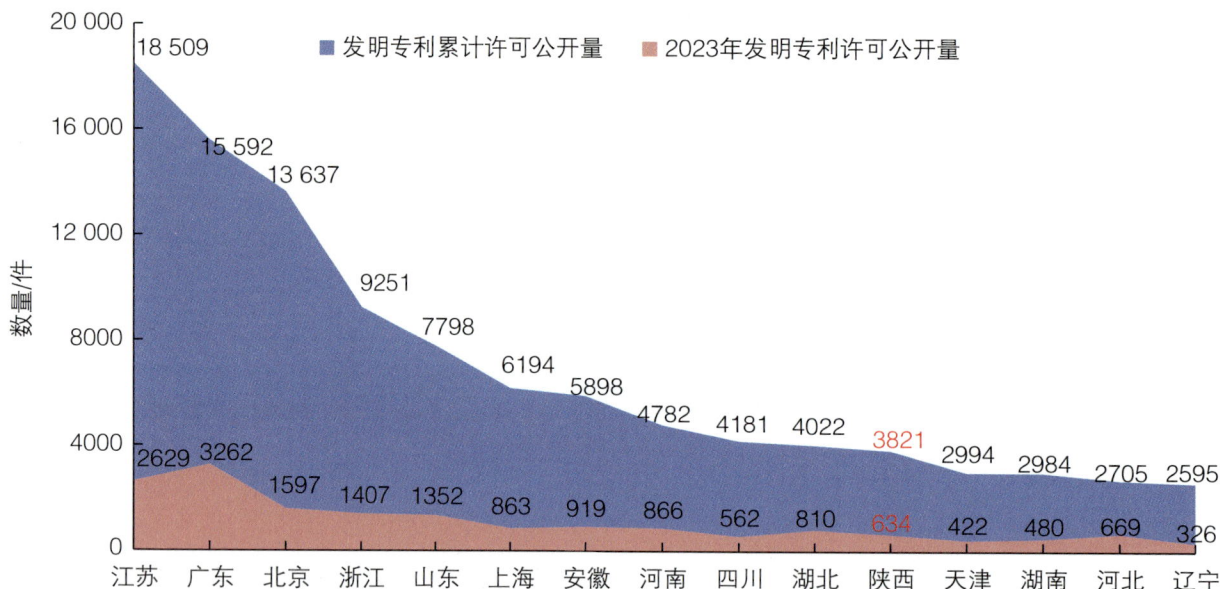

图4-24 输变电装备技术领域部分省（自治区、直辖市）的国内发明专利许可公开量数据

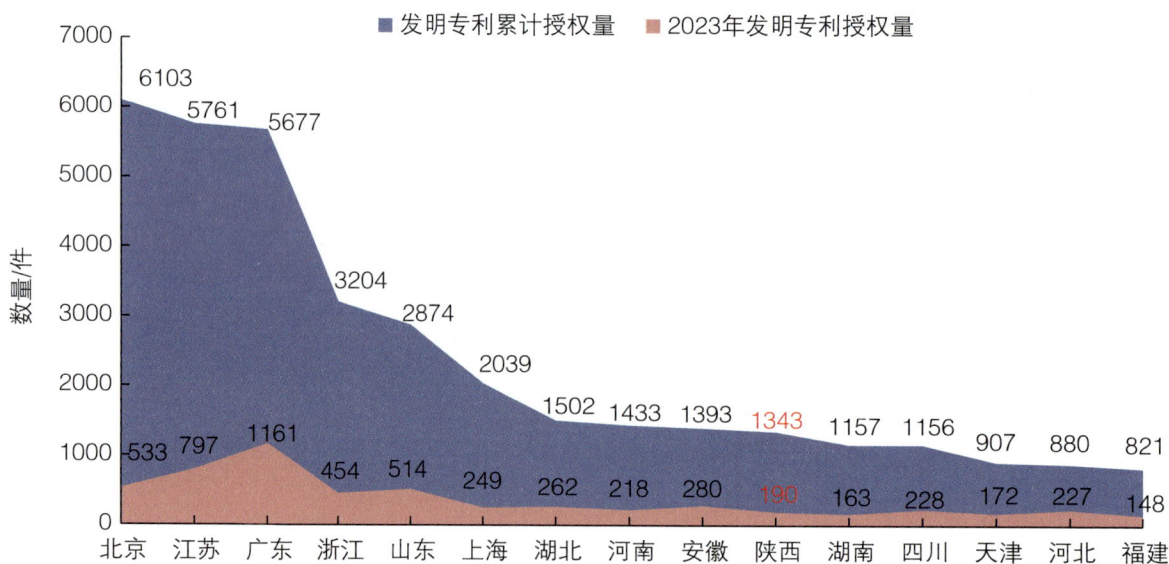

图4-25 输变电装备技术领域部分省（自治区、直辖市）的国内发明专利授权量数据

**（2）申请主体数据**

截至2023年年底，陕西输变电装备技术领域国内发明专利申请机构TOP 10中有4家高校、6家企业。申请机构TOP 10的发明专利许可公开总量占陕西该技术领域发明专利许可公开总量的51%，发明专利授权量占陕西该技术领域发明专利授权总量的74%。高校以西安交通大学为领军者，企业以中国西电电气股份有限公司为领军者，其发明专利许可公开量和授权量遥遥领先于其他机构，显示出较强的研发实力（图4-26）。

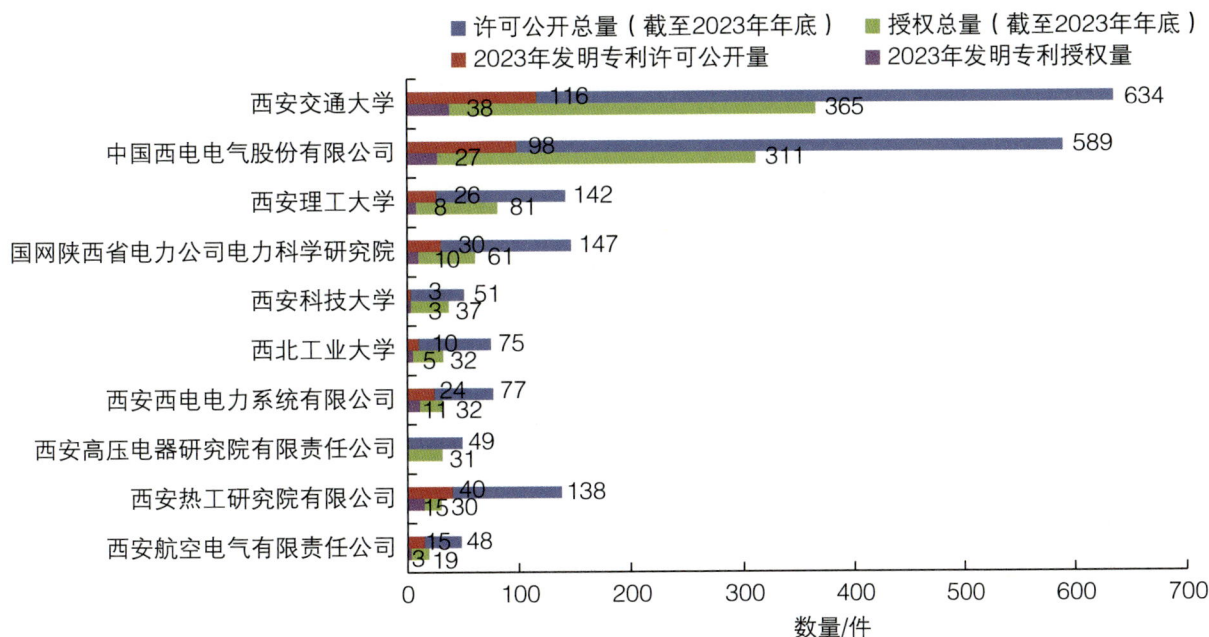

图 4-26　陕西输变电装备技术领域国内发明专利申请机构 TOP 10

　　陕西输变电装备技术领域非高校主要申请机构以国有企业为主，有 10 家国有企业、1家科研院所。中国西电电气股份有限公司表现突出，其在该技术领域发明专利许可公开总量和授权总量、2023 年当年发明专利许可公开量和授权量在非高校主要申请机构中均位居第一，可见其在该领域的研发能力在陕西处于领先地位（图 4-27）。

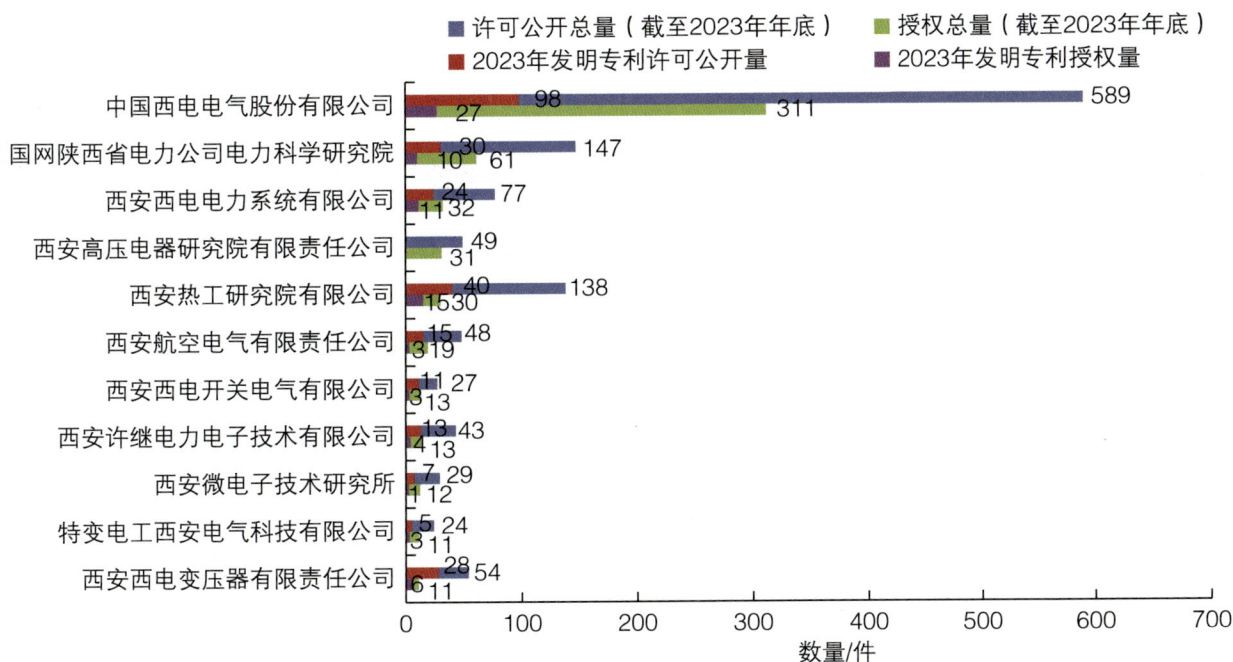

图 4-27　陕西输变电装备技术领域国内发明专利非高校主要申请机构

**（3）优势技术方向**

按 IPC 分类，截至 2023 年年底，陕西在输变电装备技术领域国内授权发明专利主要集中在发电、变电或配电，基本电气元件，电变量（磁变量）测量，以及电数字数据处理等方面。

陕西企业中国西电电气股份有限公司表现不错，分别在 G01R（测量电变量；测量磁变量）、H01H（电开关；继电器；选择器；紧急保护装置）、H01F（磁体；电感；变压器；磁性材料的选择）和 H01G（电容器；电解型的电容器、整流器、检波器、开关器件、光敏器件或热敏器件）4 个技术方向上进入全国主要申请主体行列。

国家电网有限公司在输变电装备技术领域的 H02J、H02H、G01R、H01H、H01F、H02B、G06F 等 7 个技术方向上发明专利授权量居全国首位。值得注意的是，三菱集团、松下集团、西门子公司等国外企业在该技术领域的 H02M、H01H、H01F、H02B、H02P 等多个技术方向上均有专利布局，说明国外大型集团企业通过专利申请在中国进行该技术领域专利市场布局，参与中国市场竞争（表 4–12）。

表 4–12　陕西输变电装备技术领域授权发明专利 IPC 分类 TOP 10

| IPC 技术分类 | 全国（截至 2023 年年底） | | 陕西（截至 2023 年年底） | | |
|---|---|---|---|---|---|
| | 授权量/件 | 主要申请主体 | 授权量/件 | 占全国比重 | 主要申请主体 |
| H02J（供电或配电的电路装置或系统；电能存储系统） | 16 973 | 国家电网有限公司（2861）中国电力科学研究院有限公司（565）国网江苏省电力有限公司（426）国电南瑞科技股份有限公司（248）华北电力大学（243） | 395 | 2.33% | 西安交通大学（101）西安理工大学（36）中国西电电气股份有限公司（30）西安热工研究院有限公司（24）国网陕西省电力公司电力科学研究院（17） |
| H02M（用于交流和交流之间、交流和直流之间、或直流和直流之间的转换以及用于与电源或类似的供电系统一起使用的设备；直流或交流输入功率至浪涌输出功率的转换；以及它们的控制或调节） | 11 054 | 三菱集团（334）国家电网有限公司（271）南京航空航天大学（173）松下集团（159）浙江大学（133） | 283 | 2.56% | 西安交通大学（85）西安理工大学（24）中国西电电气股份有限公司（21）西安科技大学（16）西北工业大学（10） |

续表

| IPC 技术分类 | 全国（截至 2023 年年底） | | | 陕西（截至 2023 年年底） | | |
|---|---|---|---|---|---|---|
| | 授权量 / 件 | 主要申请主体 | 授权量 / 件 | 占全国比重 | 主要申请主体 | |
| H02H（紧急保护电路装置） | 7921 | 国家电网有限公司（1004）<br>南京南瑞继保电气有限公司（184）<br>许继电气股份有限公司（179）<br>中国电力科学研究院有限公司（177）<br>西安交通大学（160） | 248 | 3.13% | 西安交通大学（160）<br>西安理工大学（22）<br>国网陕西省电力公司电力科学研究院（17）<br>中国西电电气股份有限公司（16）<br>西安热工研究院有限公司（11） | |
| G01R（测量电变量；测量磁变量） | 4392 | 国家电网有限公司（856）<br>中国电力科学研究院有限公司（114）<br>国网江苏省电力有限公司（98）<br>中国西电电气股份有限公司（93）<br>西安交通大学（85） | 219 | 4.99% | 中国西电电气股份有限公司（93）<br>西安交通大学（85）<br>西安高压电器研究院有限责任公司（26）<br>国网陕西省电力公司电力科学研究院（15）<br>西安理工大学（10） | |
| H01H（电开关；继电器；选择器；紧急保护装置） | 1659 | 国家电网有限公司（98）<br>三菱集团（78）<br>施耐德电气有限公司（71）<br>中国西电电气股份有限公司（53）<br>西门子公司（50） | 89 | 5.36% | 中国西电电气股份有限公司（53）<br>西安交通大学（18）<br>西安西电开关电气有限公司（12）<br>陕西工业技术研究院（2）<br>西安前进电器实业有限公司（2）<br>陕西航空电气有限责任公司（2） | |
| H01F（磁体；电感；变压器；磁性材料的选择） | 1727 | 国家电网有限公司（144）<br>中国西电电气股份有限公司（58）<br>哈尔滨工业大学（24）<br>山东大学（24）<br>西门子公司（20）<br>西安交通大学（20） | 79 | 4.57% | 中国西电电气股份有限公司（58）<br>西安交通大学（20）<br>西安西电变压器有限责任公司（3）<br>西安微机电研究所（2）<br>西安电子科技大学（2） | |

续表

| IPC 技术分类 | 全国（截至 2023 年年底） | | 陕西（截至 2023 年年底） | | |
| --- | --- | --- | --- | --- | --- |
| | 授权量/件 | 主要申请主体 | 授权量/件 | 占全国比重 | 主要申请主体 |
| H02B（供电或配电用的配电盘、变电站或开关装置） | 6731 | 国家电网有限公司（897）<br>三菱集团（155）<br>西门子公司（97）<br>施耐德电气有限公司（96）<br>平高集团有限公司（90） | 65 | 0.97% | 中国西电电气股份有限公司（16）<br>西安交通大学（3） |
| H02P（电动机、发电机或机电变换器的控制或调节；控制变压器、电抗器或扼流圈） | 2334 | 三菱集团（102）<br>国家电网有限公司（48）<br>中国计量大学（46）<br>松下集团（45）<br>发那科株式会社（42） | 48 | 2.06% | 西北工业大学（11）<br>西安交通大学（7）<br>陕西科技大学（5）<br>陕西航空电气有限责任公司（5）<br>西安陕鼓动力股份有限公司（4）<br>中国西电电气股份有限公司（3） |
| G06F（电数字数据处理） | 2184 | 国家电网有限公司（517）<br>中国电力科学研究院（88）<br>国网江苏省电力有限公司（82）<br>国电南瑞科技股份有限公司（55）<br>国网福建省电力有限公司（49） | 35 | 1.60% | 西安交通大学（12）<br>中国西电电气股份有限公司（10）<br>西安西电变压器有限责任公司（6）<br>国网陕西省电力公司电力科学研究院（5）<br>西安理工大学（2） |
| H01G（电容器；电解型的电容器、整流器、检波器、开关器件、光敏器件或热敏器件） | 197 | 中国西电电气股份有限公司（20）<br>三菱集团（8）<br>京瓷株式会社（7）<br>株式会社村田制作所（5）<br>西安西电电力电容器有限责任公司（5） | 26 | 13.20% | 中国西电电气股份有限公司（20）<br>西安西电电力电容器有限责任公司（5）<br>西安交通大学（3）<br>西北核技术研究所（2） |

## 2. 国外专利数据

2023 年，陕西在输变电装备技术领域申请的国外专利公开量为 24 件。其中，美国专利 12 件、欧洲专利 5 件、PCT 国际专利 3 件、日本专利 4 件，共计 19 个 DWPI 同族专利。

申请主体中，西安交通大学申请的国外专利公开量为 10 件，其中美国专利 7 件、欧洲专利 3 件，涉及高压继电器、变压器等技术方向；西安中熔电气股份有限公司申请国外专利 8 件，其中美国专利 3 件、欧洲专利 1 件、日本专利 4 件，主要涉及熔断器等技术方向；西安热工研究院有限公司申请国外专利 4 件，其中 PCT 国际专利 2 件、美国专利 2 件，涉及电厂管控系统等技术方向；其余申请主体的国外专利公开量均为 1 件（表 4-13）。

表 4-13　2023 年陕西输变电装备技术领域申请的国外专利公开数据

| 序号 | 专利名称 | 申请主体 | 主分类号 | 同族专利数/件 |
|---|---|---|---|---|
| 1 | High voltage relay resistant to instantaneous high-current impact | 西安交通大学 | H01H | 11 |
| 2 | Oscillating dc circuit breaker based on vacuum interupter with magnetic blow integrated and breaking method thereof | 西安交通大学 | H01H | 5 |
| 3 | Anti-electric-shock monitoring and protection method and apparatus for low-voltage user end | 西安交通大学 | H02H | 5 |
| 4 | Magnetic integrated hybrid distribution transformer | 西安交通大学 | H01F | 5 |
| 5 | Electrical tree test device for silicone rubber material for cable accessory and method for preparing sample | 西安交通大学 | G01R | 4 |
| 6 | Device and method for live detecting partial discharge of overhead line in distribution network and equipment along line | 西安交通大学 | G01R | 2 |
| 7 | Wind-solar reactor system and working method thereof | 西安交通大学 | G21D | 4 |
| 8 | Method for automatic adjustment of power grid operation mode base on reinforcement learning | 西安交通大学 | H02J | 2 |
| 9 | Transformer with flux linkage control and method for suppressing magnetizing inrush current of transformer | 西安交通大学 | H02H | 5 |
| 10 | Ntegrated management and control system for power plant | 西安热工研究院有限公司 | G05B | 1 |
| 11 | System and method for frequency modulation based on direct current controllable load | 西安热工研究院有限公司 | H02J | 3 |
| 12 | Power distribution method for hybrid energy storage | 西安热工研究院有限公司 | H02J | 2 |

续表

| 序号 | 专利名称 | 申请主体 | 主分类号 | 同族专利数/件 |
|---|---|---|---|---|
| 13 | Apparatus and method for balancing voltage of super-capacitor bank for assisting with thermal power unit agc frequency modulation | 西安热工研究院有限公司 | H02J | 3 |
| 14 | Fuse and circuit systems | 西安中熔电气股份有限公司 | H01H | 7 |
| 15 | Switching device and arc extinguishing chamber thereof | 西安中熔电气股份有限公司 | H01H | 7 |
| 16 | Inducing fuse that breaks conductors and solubles in order | 西安中熔电气股份有限公司 | H01H | 2 |
| 17 | Fuses that break the solution by fusing and mechanical cutting | 西安中熔电气股份有限公司 | H01H | 2 |
| 18 | Switching device and arc extinguishing chamber thereo | 西安西电开关电气有限公司、中国西电电气股份有限公司 | H01H | 4 |
| 19 | Interlocking mechanism of grounding switch and circuit breaker | 西电宝鸡电气有限公司、中国西电电气股份有限公司 | H01H | 2 |

（整理编写：龚娟）

## 三、新材料[①]

### （一）钛材料

#### 1. 国内专利数据

**（1）总量数据**

截至 2023 年年底，陕西在钛材料技术领域国内发明专利累计许可公开量为 3017 件，2023 年当年陕西发明专利许可公开量为 592 件，均居全国首位，略领先于江苏、北京（图 4-28）。陕西在该技术领域发明专利累计授权量为 1454 件，位列全国第二，仅次于北京；2023 年当年发明专利授权量为 174 件，居全国首位（图 4-29）。

---

① 本部分从陕西省重点发展的若干种新材料中选择钛、钼、石墨烯、陶瓷基复合材料等4种新材料进行分析。

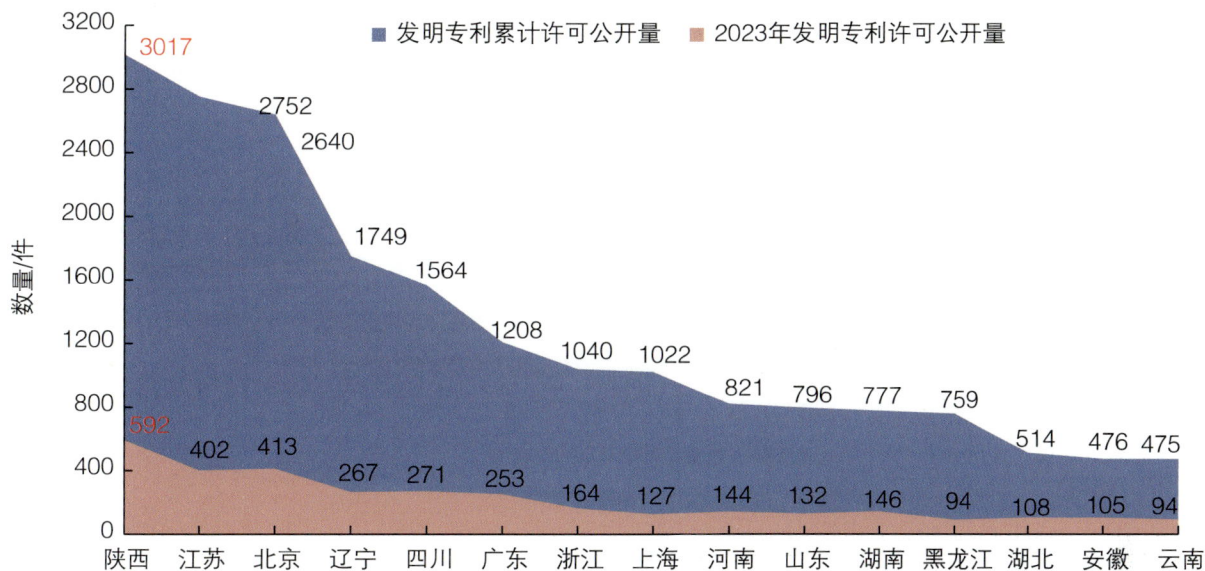

图 4-28　钛材料技术领域部分省（自治区、直辖市）的国内发明专利许可公开量数据

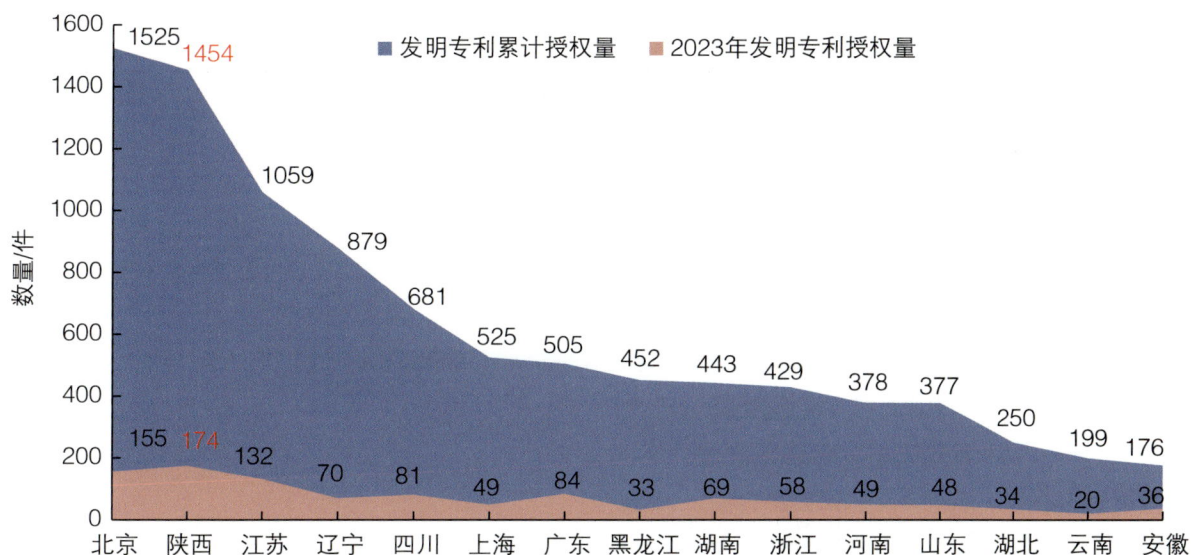

图 4-29　钛材料技术领域部分省（自治区、直辖市）的国内发明专利授权量数据

**（2）申请主体数据**

截至 2023 年年底，陕西钛材料技术领域国内发明专利申请机构 TOP 10 中，企业数量与高校数量相同，与 2023 年相比，企业在该技术领域所占份额略有减少；企业以西北有色金属研究院为领军者，高校以西北工业大学为领军者（图 4-30）。

陕西企业的国内发明专利在该技术领域表现良好。位列前三的西北有色金属研究院及其参股或控股的西部超导材料科技股份有限公司、西部钛业有限责任公司的发明专利授权总量之和接近陕西该技术领域发明专利累计授权量的 1/3，显示出西北有色金属研究院在钛材料技术领域雄厚的研发实力。西安稀有金属材料研究院有限公司、西部金属材料股份有限公司在 2023 年表现突出，发明专利当年许可公开量占其许可公开总量的比例分别为 40.35% 和 33.33%（图 4–31）。

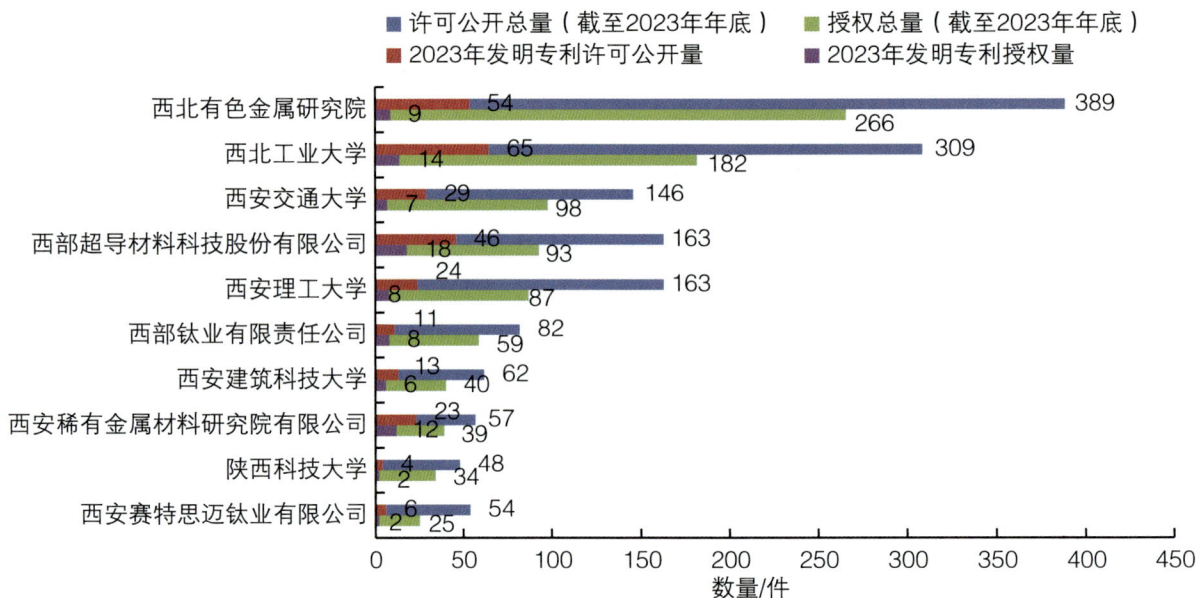

图 4–30　陕西钛材料技术领域国内发明专利申请机构 TOP 10

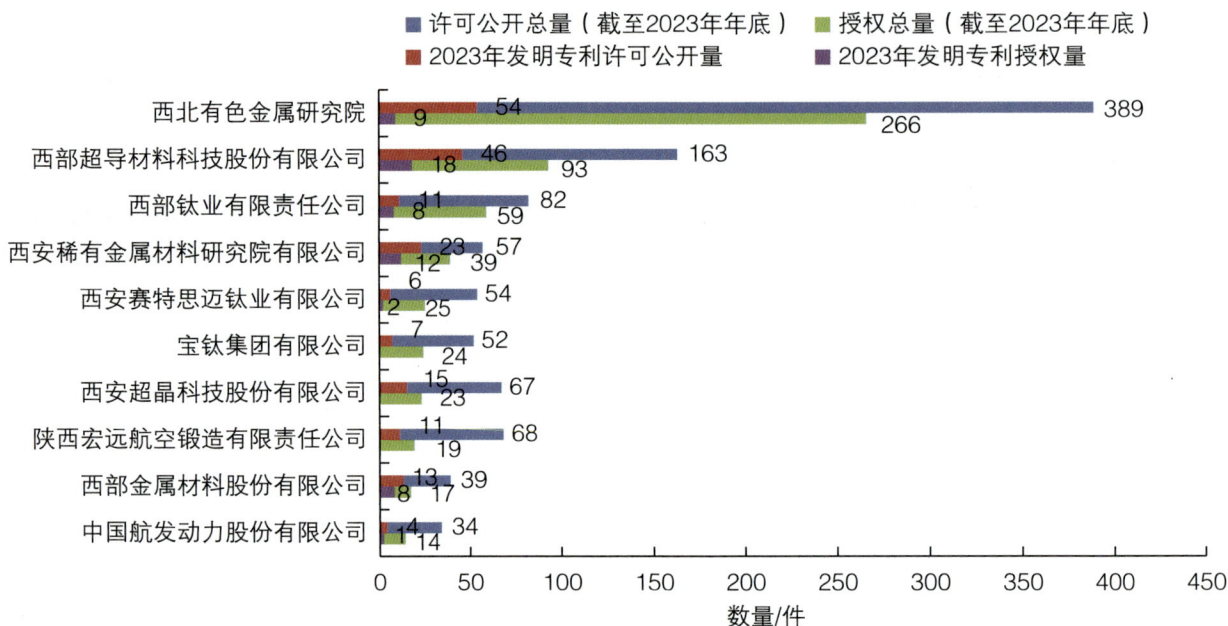

图 4–31　陕西钛材料技术领域国内发明专利申请企业 TOP 10

**（3）优势技术方向**

按 IPC 分类，截至 2023 年年底，陕西在钛材料技术领域国内授权发明专利主要集中在金属加工方向。特别是在 B21J（锻造；锤击；压制；铆接；锻造炉）和 B21C（用非轧制的方式生产金属板、线、棒、管、型材或类似半成品；与基本无切削金属加工有关的辅助加工）2 个技术方向处于全国领先地位，这 2 个技术方向的发明专利授权量占全国的比重均约为 1/3。

西北有色金属研究院在 8 个技术方向上进入全国授权发明专利数量 TOP 5 之列，其中在 B21C（用非轧制的方式生产金属板、线、棒、管、型材或类似半成品；与基本无切削金属加工有关的辅助加工）技术方向上居全国首位。西部超导材料科技股份有限公司、西部钛业有限责任公司分别在 B21J（锻造；锤击；压制；铆接；锻造炉）和 B21B（金属的轧制）技术方向上位居全国第二。西安交通大学、西北工业大学、西安理工大学等高校也在部分技术分类中进入全国主要申请主体行列，显示出较强的研发实力（表 4-14）。

表 4-14　陕西钛材料技术领域授权发明专利 IPC 分类 TOP 10

| IPC 技术分类 | 全国（截至 2023 年年底） | | 陕西（截至 2023 年年底） | | |
| --- | --- | --- | --- | --- | --- |
| | 授权量/件 | 主要申请主体 | 授权量/件 | 占全国比重 | 主要申请主体 |
| C22C（合金） | 4030 | 中国科学院金属研究所（156）<br>西北有色金属研究院（136）<br>哈尔滨工业大学（117）<br>北京科技大学（104）<br>中南大学（83） | 467 | 11.59% | 西北有色金属研究院（136）<br>西北工业大学（44）<br>西部超导材料科技股份有限公司（35）<br>西安理工大学（32）<br>西安交通大学（28）<br>西安稀有金属材料研究院有限公司（28） |
| C22F（改变有色金属或有色合金的物理结构） | 1953 | 中国科学院金属研究所（111）<br>西北有色金属研究院（88）<br>西北工业大学（64）<br>中国航发北京航空材料研究院（58）<br>哈尔滨工业大学（55） | 404 | 20.69% | 西北有色金属研究院（88）<br>西北工业大学（64）<br>西部超导材料科技股份有限公司（34）<br>西部钛业有限责任公司（26）<br>西安交通大学（22）<br>西安理工大学（22） |
| B22F（金属粉末的加工；由金属粉末制造制品；金属粉末的制造） | 1520 | 北京科技大学（91）<br>中南大学（49）<br>哈尔滨工业大学（47）<br>西北有色金属研究院（35）<br>华南理工大学（27） | 185 | 12.17% | 西北有色金属研究院（35）<br>西北工业大学（20）<br>西安交通大学（19）<br>西安理工大学（18）<br>西安稀有金属材料研究院有限公司（14） |

续表

| IPC 技术分类 | 全国（截至 2023 年年底） | | | 陕西（截至 2023 年年底） | | |
|---|---|---|---|---|---|---|
| | 授权量/件 | 主要申请主体 | | 授权量/件 | 占全国比重 | 主要申请主体 |
| B21J（锻造；锤击；压制；铆接；锻造炉） | 371 | 湖南湘投金天钛业科技股份有限公司（23）<br>西部超导材料科技股份有限公司（22）<br>中国航发北京航空材料研究院（21）<br>西北有色金属研究院（19）<br>西北工业大学（15） | | 129 | 34.77% | 西部超导材料科技股份有限公司（22）<br>西北有色金属研究院（19）<br>西北工业大学（15）<br>西部钛业有限责任公司（14）<br>陕西宏远航空锻造有限责任公司（13） |
| B23K（钎焊或脱焊；焊接；用钎焊或焊接方法包覆或镀敷；局部加热切割，如火焰切割；用激光束加工） | 1004 | 哈尔滨工业大学（88）<br>西安理工大学（27）<br>中国航发北京航空材料研究院（27）<br>中国船舶重工集团公司第七二五研究所（26）<br>南京理工大学（23） | | 122 | 12.15% | 西安理工大学（27）<br>西北工业大学（15）<br>西安交通大学（11）<br>西北有色金属研究院（11）<br>西部超导材料科技股份有限公司（8） |
| B21C（用非轧制的方式生产金属板、线、棒、管、型材或类似半成品；与基本无切削金属加工有关的辅助加工） | 387 | 西北有色金属研究院（19）<br>中国科学院金属研究所（13）<br>中国航发北京航空材料研究院（13）<br>西部超导材料科技股份有限公司（10）<br>哈尔滨工业大学（10） | | 109 | 28.17% | 西北有色金属研究院（19）<br>西部超导材料科技股份有限公司（10）<br>西安赛特思迈钛业有限公司（7）<br>西部钛业有限责任公司（7）<br>宝钛集团有限公司（6） |
| C23C（对金属材料的镀覆；用金属材料对材料的镀覆；表面扩散法，化学转化或置换法的金属材料表面处理；真空蒸发法、溅射法、离子注入法或化学气相沉积法的一般镀覆） | 1516 | 江苏麟龙新材料股份有限公司（75）<br>安赛乐米塔尔集团（54）<br>南京航空航天大学（30）<br>中国科学院上海硅酸盐研究所（30）<br>西安交通大学（26） | | 109 | 7.19% | 西安交通大学（26）<br>西北有色金属研究院（22）<br>西北工业大学（13）<br>西安理工大学（7）<br>长安大学（4） |

续表

| IPC 技术分类 | 全国（截至 2023 年年底） | | 陕西（截至 2023 年年底） | | |
|---|---|---|---|---|---|
| | 授权量 / 件 | 主要申请主体 | 授权量 / 件 | 占全国比重 | 主要申请主体 |
| B21B（金属的轧制） | 508 | 日本制铁株式会社（21）<br>西部钛业有限责任公司（21）<br>洛阳双瑞精铸钛业有限公司（20）<br>西北有色金属研究院（17）<br>攀钢集团攀枝花钢铁研究院有限公司（15） | 99 | 19.49% | 西部钛业有限责任公司（21）<br>西北有色金属研究院（17）<br>西北工业大学（7）<br>西安建筑科技大学（6）<br>西部超导材料科技股份有限公司（5）<br>西部金属材料股份有限公司（5） |
| C21D（改变黑色金属的物理结构；黑色或有色金属或合金热处理用的一般设备；使金属具有韧性） | 651 | 安赛乐米塔尔集团（67）<br>西北有色金属研究院（17）<br>昆明理工大学（14）<br>中国航发北京航空材料研究院（14）<br>东北大学（12）<br>北京科技大学（12）<br>塔塔钢铁艾默伊登有限责任公司（12） | 95 | 14.59% | 西北有色金属研究院（17）<br>西北工业大学（10）<br>西部超导材料科技股份有限公司（7）<br>西部钛业有限责任公司（6）<br>西安交通大学（6） |
| B23P（金属的其他加工；组合加工；万能机床） | 447 | 中国航发沈阳黎明航空发动机有限责任公司（15）<br>哈尔滨工业大学（12）<br>中国航空制造技术研究院（11）<br>西北有色金属研究院（11）<br>沈阳飞机工业（集团）有限公司（10） | 89 | 19.91% | 西北有色金属研究院（11）<br>西北工业大学（5）<br>西部金属材料股份有限公司（5）<br>宝鸡市守善管件有限公司（3）<br>西安天力金属复合材料有限公司（3）<br>西部超导材料科技股份有限公司（3） |

## 2. 国外专利数据

2023 年，陕西在钛材料技术领域申请的国外专利公开量为 4 件。其中，欧洲专利 1 件、美国专利 3 件，共计 4 个 DWPI 同族专利。申请主体分别为宝鸡怡鑫钛锆金属有限公司、西安热工研究院有限公司（与外省高校联合申请）、西安泰金新能科技股份有限公司和西北工业大学，主要涉及深海石油钻采装置用高性能钛连接密封圈的加工方法、大直径钛合金圆柱件的热旋压成型方法和钛合金实心坯料穿孔方法（表 4-15）。

表 4-15　2023 年陕西钛材料技术领域申请的国外专利公开数据

| 序号 | 专利名称 | 申请主体 | 主分类号 | 同族专利数 / 件 |
|---|---|---|---|---|
| 1 | Processing method for high performance titanium connecting sealing ring for deep-sea oil drilling and production device | 宝鸡怡鑫钛锆金属有限公司 | F16J | 8 |
| 2 | Low-chromium corrosion-resistant high-strength polycrystalline high-temperature alloy and preparation method therefor | 中国华能集团有限公司、西安热工研究院有限公司 | C22C | 5 |
| 3 | Hot-spinning formation method for large-diameter titanium alloy cylindrical parts | 西安泰金新能科技股份有限公司 | B21D | 4 |
| 4 | Copper-titanium 50 intermediate alloy and method for preparing same by using magnetic suspension smelting process | 西北工业大学 | B21B | 5 |

（整理编写：刘佳悦）

## （二）钼材料

### 1. 国内专利数据

**（1）总量数据**

截至 2023 年年底，陕西在钼材料技术领域国内发明专利累计许可公开量为 562 件，2023年当年陕西发明专利许可公开量为 84 件，均居全国首位，分别略高于江苏、河南（图 4-32）。

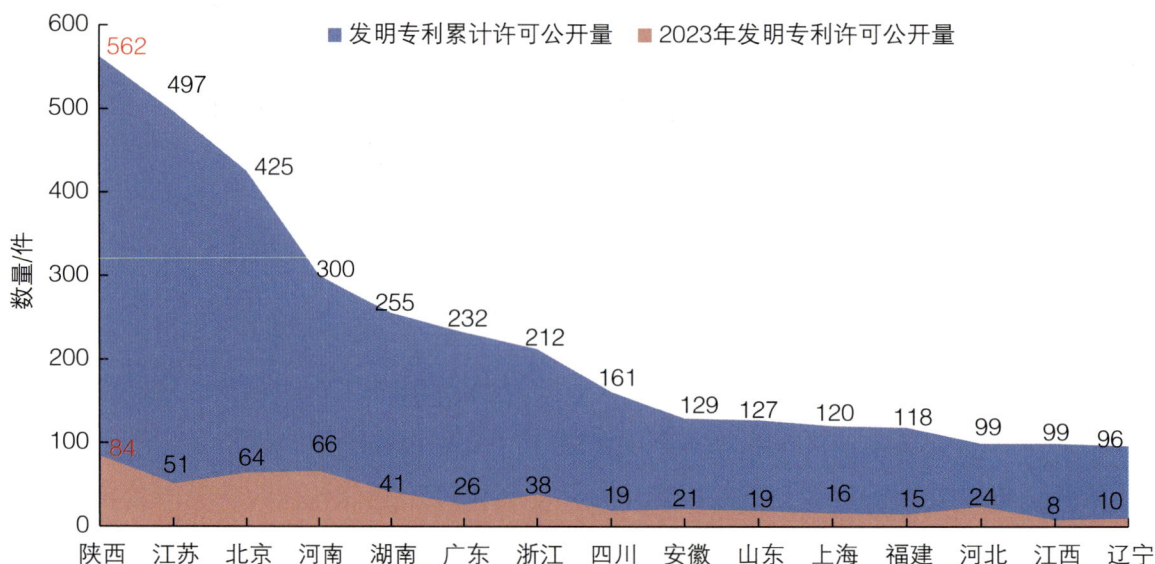

图 4-32　钼材料技术领域部分省（自治区、直辖市）的国内发明专利许可公开量数据

陕西在该技术领域发明专利累计授权量为329件，2023年当年发明专利授权量为31件，均居全国首位（图4-33）。

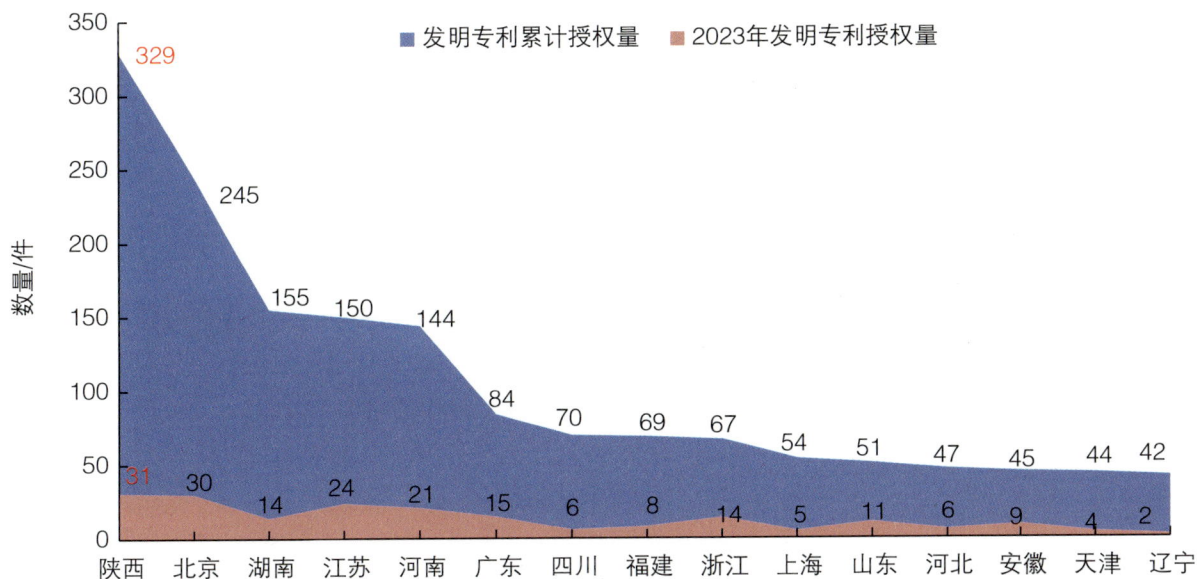

图4-33　钼材料技术领域部分省（自治区、直辖市）的国内发明专利授权量数据

**（2）申请主体数据**

截至2023年年底，陕西在钼材料技术领域国内发明专利申请机构以企业占据绝对优势，申请机构TOP 10中有7家企业，其中金堆城钼业股份有限公司在该技术领域国内发明专利授权总量遥遥领先，占比约为全省的40%，显示了其在省内的领军地位。西安交通大学在该技术领域发明专利许可公开总量和授权总量均位居全省第二，但其发明专利授权总量不到金堆城钼业股份有限公司的1/3（图4-34）。

陕西民营企业在该技术领域的表现整体也较好。但是，值得注意的是，除金堆城钼业股份有限公司以外，其他9家企业2023年发明专利许可公开量和授权量都较少，其中有5家企业2023年没有授权发明专利（图4-35）。

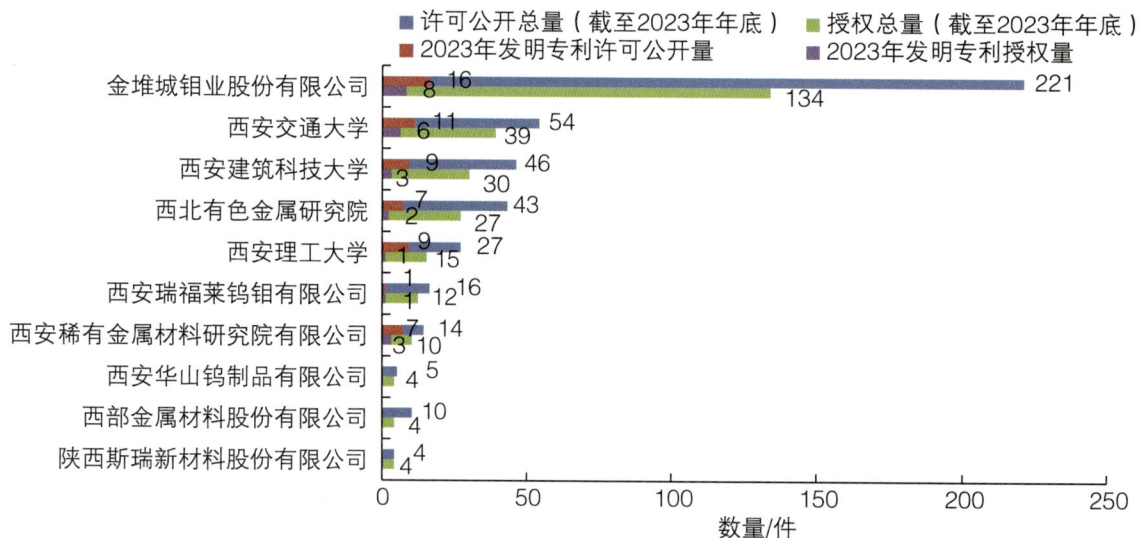

图 4-34　陕西钼材料技术领域国内发明专利申请机构 TOP 10

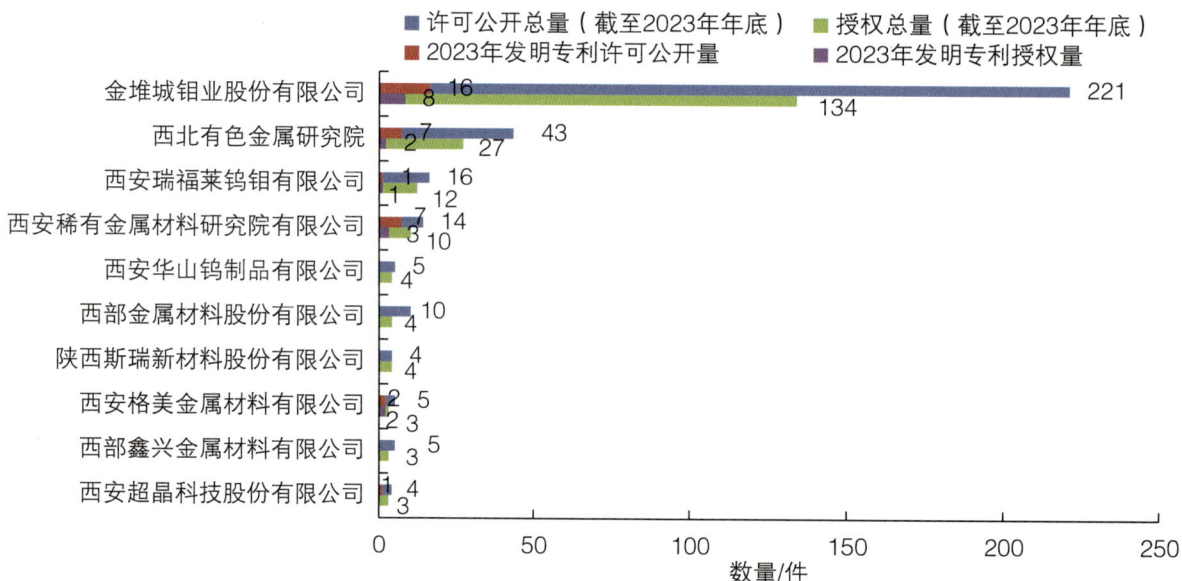

图 4-35　陕西钼材料技术领域国内发明专利申请企业 TOP 10

**（3）优势技术方向**

按 IPC 分类，截至 2023 年年底，陕西在钼材料技术领域国内授权发明专利主要集中在金属粉末制造制品、合金等技术方向。金堆城钼业股份有限公司表现突出，在除 B23K（钎焊或脱焊；焊接；用钎焊或焊接方法包覆或镀敷；局部加热切割，如火焰切割；用激光束加工）外的 9 个技术方向上均进入全国主要申请主体之列，并在 B22F、C23C、C22F、B21C 及 B21B 等 5 个技术方向上居全国首位。

陕西在钼材料技术领域国内授权发明专利的申请主体以企业为主，但高校也表现不俗。西安交通大学在 B22F、C22C、C22F、B23K 等技术方向上进入全国主要申请主体之列，并在 B23K 技术方向上位居第一；西安建筑科技大学在 C01G、B82Y 技术方向上进入全国主要申请主体之列，并在 B82Y 技术方向上位居第二。

值得注意的是，有越来越多的国外企业在钼材料技术领域有专利布局。例如，H.C. 施塔克公司、日立金属株式会社、东芝集团、海恩斯国际公司 4 家机构在该技术领域均有发明专利授权，表明在钼材料技术领域越来越多的国外企业通过加快专利申请在中国进行市场布局，参与中国市场竞争（表 4-16）。

表 4-16　陕西钼材料技术领域授权发明专利 IPC 分类 TOP 10

| IPC 技术分类 | 全国（截至 2023 年年底） | | 陕西（截至 2023 年年底） | | |
|---|---|---|---|---|---|
| | 授权量 /件 | 主要申请主体 | 授权量 /件 | 占全国比重 | 主要申请主体 |
| B22F（金属粉末的加工；由金属粉末制造制品；金属粉末的制造） | 620 | 金堆城钼业股份有限公司（62）<br>安泰科技股份有限公司（40）<br>洛阳科威钨钼有限公司（17）<br>北京科技大学（15）<br>西安交通大学（15） | 142 | 22.90% | 金堆城钼业股份有限公司（62）<br>西安交通大学（15）<br>西安理工大学（8）<br>西安瑞福莱钨钼有限公司（8）<br>西安稀有金属材料研究院有限公司（8） |
| C22C（合金） | 737 | 安泰科技股份有限公司（34）<br>金堆城钼业股份有限公司（33）<br>河南科技大学（21）<br>西安交通大学（19）<br>中南大学（15）<br>北京工业大学（15）<br>北京科技大学（15）<br>东芝集团（15） | 129 | 17.50% | 金堆城钼业股份有限公司（33）<br>西安交通大学（19）<br>西北有色金属研究院（14）<br>西安理工大学（13）<br>西安建筑科技大学（10） |
| C23C（对金属材料的镀覆；用金属材料对材料的镀覆；表面扩散法，化学转化或置换法的金属材料表面处理；真空蒸发法、溅射法、离子注入法或化学气相沉积法的一般镀覆） | 240 | 金堆城钼业股份有限公司（15）<br>洛阳科威钨钼有限公司（10）<br>安泰科技股份有限公司（8）<br>日立金属株式会社（8）<br>H.C. 施塔克公司（7） | 38 | 15.83% | 金堆城钼业股份有限公司（15）<br>西安建筑科技大学（6）<br>西安理工大学（3）<br>西安交通大学（3）<br>西安瑞福莱钨钼有限公司（3） |

| IPC 技术分类 | 全国（截至 2023 年年底） | | | 陕西（截至 2023 年年底） | | |
|---|---|---|---|---|---|---|
| | 授权量 / 件 | 主要申请主体 | | 授权量 / 件 | 占全国比重 | 主要申请主体 |
| C22B（金属的生产或精炼） | 431 | 中南大学（72）<br>郑州大学（19）<br>金堆城钼业股份有限公司（15）<br>中国石油化工股份有限公司（12）<br>中国科学院过程工程研究所（10） | | 30 | 6.96% | 金堆城钼业股份有限公司（15）<br>西北有色金属研究院（5）<br>西部鑫兴金属材料有限公司（3） |
| C22F（改变有色金属或有色合金的物理结构） | 106 | 金堆城钼业股份有限公司（10）<br>安泰科技股份有限公司（5）<br>西安交通大学（5）<br>洛阳科威钨钼有限公司（5）<br>西北有色金属研究院（3）<br>北京科技大学（3）<br>宁波江丰电子材料股份有限公司（3）<br>海恩斯国际公司（3） | | 27 | 25.47% | 金堆城钼业股份有限公司（10）<br>西安交通大学（5）<br>西北有色金属研究院（3）<br>西安华山钨制品有限公司（2）<br>西部金属材料股份有限公司（2） |
| B23K（钎焊或脱焊；焊接；用钎焊或焊接方法包覆或镀敷；局部加热切割，如火焰切割；用激光束加工） | 81 | 西安交通大学（9）<br>山东大学（8）<br>安泰科技股份有限公司（6）<br>北京机电研究所有限公司（3）<br>山东建筑大学（3）<br>厦门虹鹭钨钼工业有限公司（3）<br>西安瑞福莱钨钼有限公司（3） | | 18 | 22.22% | 西安交通大学（9）<br>西安瑞福莱钨钼有限公司（3） |
| C01G（含有不包含在 C01D 或 C01F 小类中之金属的化合物） | 100 | 河北联合大学（12）<br>中南大学（10）<br>金堆城钼业股份有限公司（8）<br>H. C. 施塔克公司（6）<br>西安建筑科技大学（3）<br>国家地质实验测试中心（3）<br>成都虹波钼业有限责任公司（3）<br>环球油品有限责任公司（3） | | 15 | 15. 00% | 金堆城钼业股份有限公司（8）<br>西安建筑科技大学（3）<br>西北有色金属研究院（2）<br>西安交通大学（2） |

续表

| IPC 技术分类 | 全国（截至 2023 年年底） | | 陕西（截至 2023 年年底） | | |
|---|---|---|---|---|---|
| | 授权量 /件 | 主要申请主体 | 授权量 /件 | 占全国比重 | 主要申请主体 |
| B82Y（纳米结构的特定用途或应用；纳米结构的测量或分析；纳米结构的制造或处理） | 55 | 河北联合大学（11）<br>西安建筑科技大学（7）<br>西安稀有金属材料研究院有限公司（3）<br>金堆城钼业股份有限公司（3）<br>厦门虹鹭钨钼工业有限公司（2）<br>济南大学（2） | 14 | 25.45% | 西安建筑科技大学（7）<br>西安稀有金属材料研究院有限公司（3）<br>金堆城钼业股份有限公司（3） |
| B21C（用非轧制的方式生产金属板、线、棒、管、型材或类似半成品；与基本无切削金属加工有关的辅助加工） | 37 | 金堆城钼业股份有限公司（7）<br>金堆城钼业光明（山东）股份有限公司（3）<br>西北有色金属研究院（2）<br>北京有色金属研究总院（2）<br>东芝集团（2） | 12 | 32.43% | 金堆城钼业股份有限公司（7）<br>西北有色金属研究院（2） |
| B21B（金属的轧制） | 44 | 金堆城钼业股份有限公司（3）<br>上海六晶金属科技有限公司（3）<br>中南大学（3）<br>郑州通达重型机械制造有限公司（3）<br>四平市北威钼业有限公司（2）<br>东芝集团（2）<br>西北有色金属研究院（2）<br>安泰科技股份有限公司（2）<br>长沙升华微电子材料有限公司（2） | 8 | 18.18% | 金堆城钼业股份有限公司（3）<br>西北有色金属研究院（2） |

## 2. 国外专利数据

2023 年，陕西在钼材料技术领域申请的国外专利公开量为 5 件。其中，PCT 国际专利 1 件、

美国专利 2 件、欧洲专利 1 件、日本专利 1 件，共计 4 个 DWPI 同族专利。

申请主体分别为华能国际电力股份有限公司、西安热工研究院有限公司、西安电子科技大学和西安近代化学研究所，主要涉及火电机组用高强度高温合金及其加工技术、镍基焊丝及制造方法等方面（表 4-17）。

表 4-17　2023 年陕西钼材料技术领域申请的国外专利公开数据

| 序号 | 专利名称 | 申请主体 | 主分类号 | 同族专利数 / 件 |
|---|---|---|---|---|
| 1 | Low turn-on voltage gan diodes having anode metal with consistent crystal orientation and preparation method thereof | 西安电子科技大学 | H01L | 1 |
| 2 | Catalyst for preparing 2，3，3，3，-tetrafluoropropene by gas-phase hydrodechlorination | 西安近代化学研究所 | B01J | 5 |
| 3 | High strength superalloy for thermal power generation units and its machining process | 华能国际电力股份有限公司、西安热工研究院有限公司 | C22C | 5 |
| 4 | Nickel-based welding wire，manufacturing method for nickel-based welding wire，and welding process for nickel-based welding wire | 西安热工研究院有限公司 | B23K | 3 |

（整理编写：刘佳悦）

## （三）石墨烯

### 1. 国内专利数据

**（1）总量数据**

截至 2023 年年底，陕西在石墨烯技术领域国内发明专利累计许可公开量为 1023 件，居全国第 9 位，约为江苏的 1/4；2023 年当年陕西发明专利许可公开量为 128 件，居全国第 9 位，不足江苏的 1/3（图 4-36）。陕西在该技术领域发明专利累计授权量为 474 件，居全国第 8 位；2023 年当年发明专利授权量为 39 件，居全国第 10 位（图 4-37）。

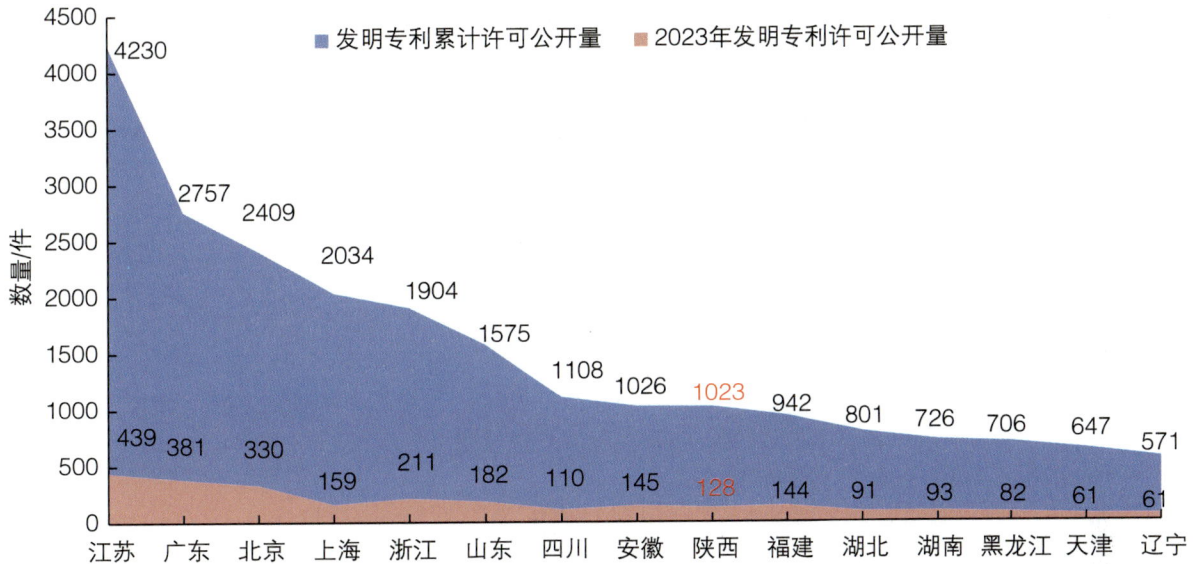

图 4-36 石墨烯技术领域部分省（自治区、直辖市）的国内发明专利许可公开量数据

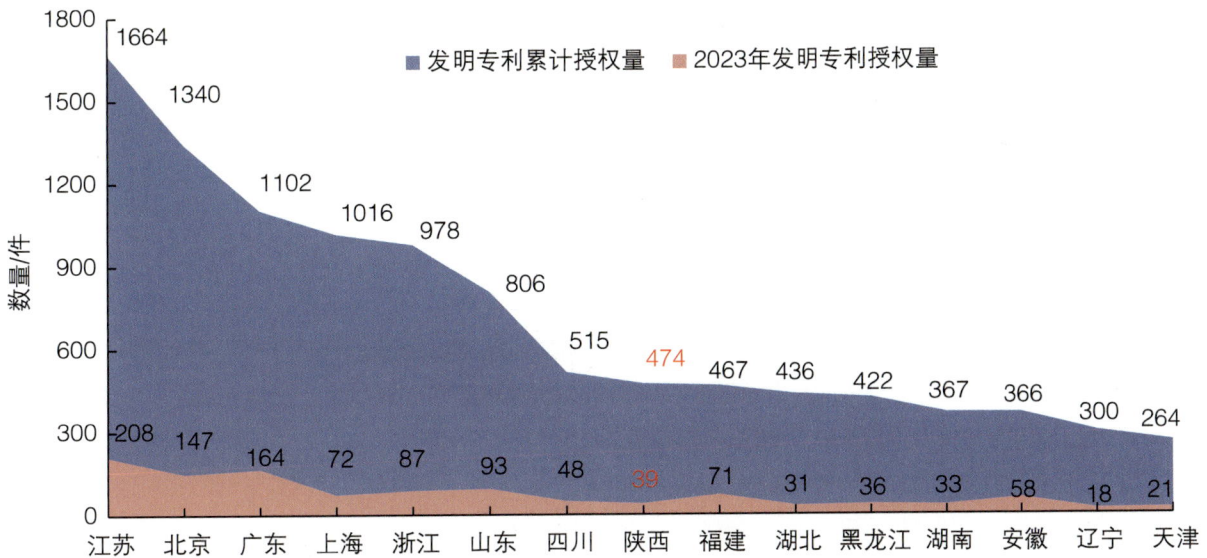

图 4-37 石墨烯技术领域部分省（自治区、直辖市）的国内发明专利授权量数据

**（2）申请主体数据**

截至 2023 年年底，陕西在石墨烯技术领域国内发明专利许可公开总量和授权总量均以高校占据绝对优势，申请机构 TOP 10 中有 8 家高校、2 家企业。西安交通大学在该技术领域国内发明专利授权总量位居第一。截至 2023 年年底，西北工业大学发明专利授权总量继续保持高速增长，其 2023 年当年发明专利授权量占授权总量的比例为 15.69%（图 4-38）。

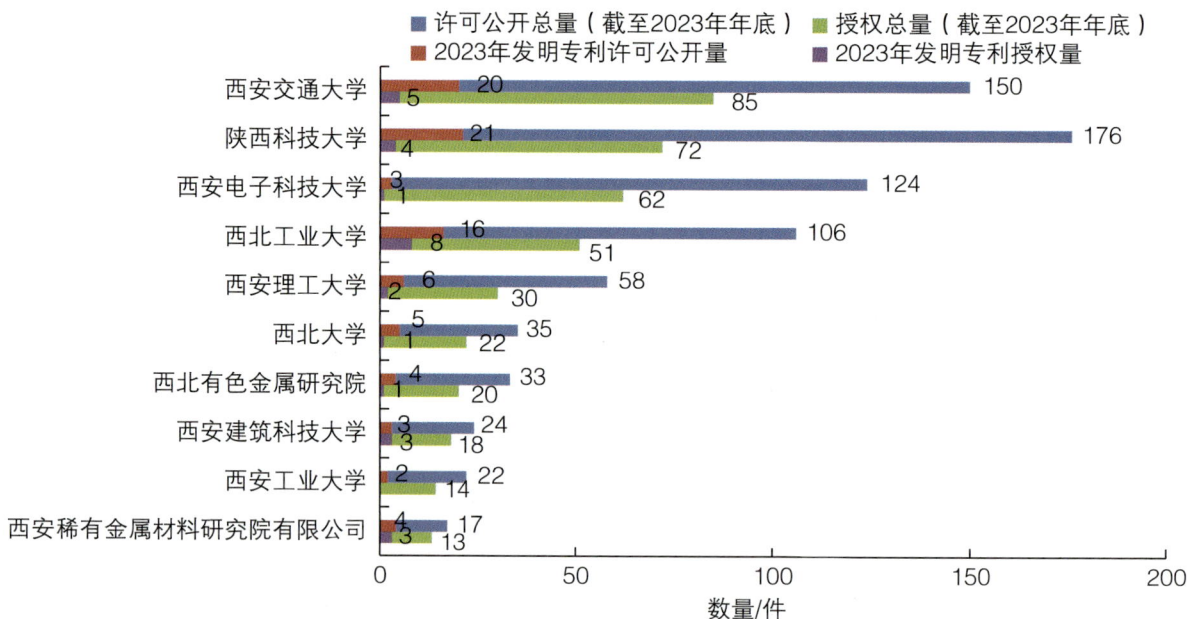

图 4-38　陕西石墨烯技术领域国内发明专利申请机构 TOP 10

陕西企业在该技术领域的表现远不如高校，非高校主要申请机构中包括 4 家企业、5 家科研院所，西北有色金属研究院位列第一；陕西企业在该技术领域发明专利许可公开量和授权量与省内高校相比还存在较大差距（图 4-39）。

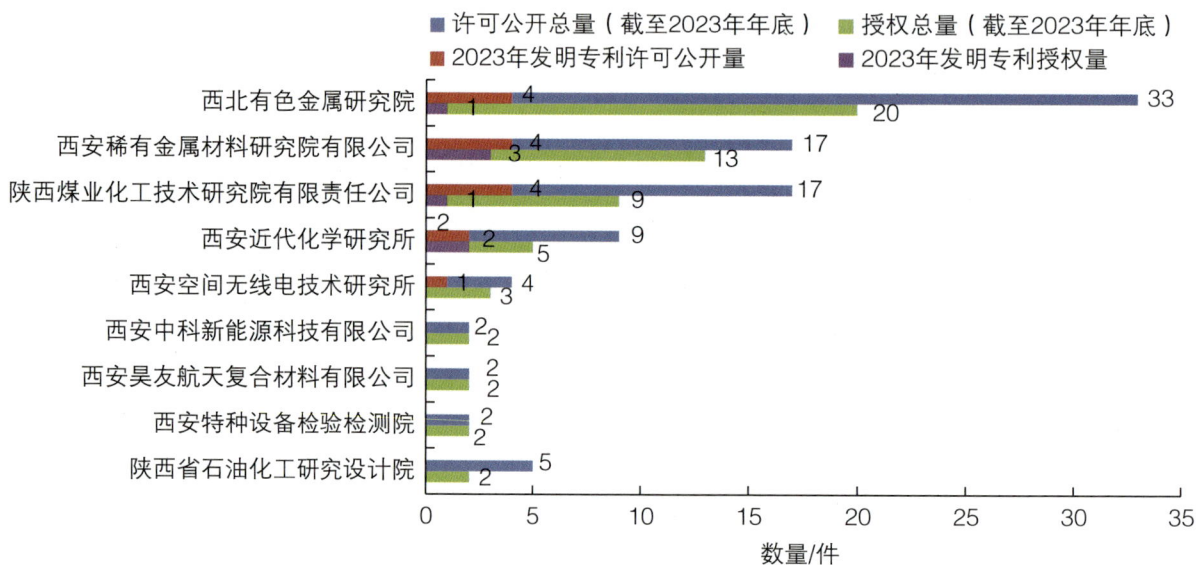

图 4-39　陕西石墨烯技术领域国内发明专利非高校主要申请机构

**（3）优势技术方向**

按 IPC 分类，截至 2023 年年底，陕西在石墨烯技术领域国内授权发明专利主要集中在非金属元素及其化合物等技术方向。西安电子科技大学在 H01L（不包括在 H10 类目中的半导体器件）技术方向上表现较好，发明专利授权量位居全国第二。西安稀有金属材料研究院有限公司和西北有色金属研究院在 B22F（金属粉末的加工；由金属粉末制造制品；金属粉末的制造）技术方向上进入全国授权发明专利数量 TOP 5 之列（表 4–18）。

表 4–18　陕西石墨烯技术领域授权发明专利 IPC 分类 TOP 10

| IPC 技术分类 | 全国（截至 2023 年年底） | | 陕西（截至 2023 年年底） | | |
| --- | --- | --- | --- | --- | --- |
| | 授权量 /件 | 主要申请主体 | 授权量 /件 | 占全国比重 | 主要申请主体 |
| C01B（非金属元素；其化合物） | 6002 | 哈尔滨工业大学（103）<br>浙江大学（98）<br>成都新柯力化工科技有限公司（83）<br>中国科学院宁波材料技术与工程研究所（74）<br>海洋王照明科技股份有限公司（70） | 185 | 3.08% | 西安交通大学（35）<br>陕西科技大学（29）<br>西安电子科技大学（18）<br>西北工业大学（16）<br>西安理工大学（15） |
| B82Y（纳米结构的特定用途或应用；纳米结构的测量或分析；纳米结构的制造或处理） | 1491 | 海洋王照明科技股份有限公司（34）<br>浙江大学（33）<br>清华大学（28）<br>上海交通大学（28）<br>哈尔滨工业大学（24） | 60 | 4.02% | 陕西科技大学（11）<br>西安交通大学（9）<br>西北工业大学（6）<br>西北大学（4）<br>西安建筑科技大学（4）<br>西安电子科技大学（4） |
| H01M（用于直接转变化学能为电能的方法或装置，例如电池组） | 1759 | 浙江大学（48）<br>中南大学（41）<br>海洋王照明科技股份有限公司（34）<br>哈尔滨工业大学（31）<br>上海交通大学（25） | 54 | 3.07% | 陕西科技大学（21）<br>西安交通大学（11）<br>西北大学（3）<br>西安理工大学（3）<br>西北工业大学（3） |
| H01L（不包括在 H10 类目中的半导体器件） | 614 | 中国科学院上海微系统与信息技术研究所（36）<br>西安电子科技大学（28）<br>中国科学院微电子研究所（26）<br>北京大学（23）<br>复旦大学（20） | 41 | 6.68% | 西安电子科技大学（28）<br>西安交通大学（8） |
| B01J（化学或物理方法，例如，催化作用或胶体化学；其有关设备） | 1087 | 江苏大学（32）<br>华南理工大学（23）<br>福州大学（20）<br>湖南大学（16）<br>浙江大学（16） | 39 | 3.59% | 陕西科技大学（10）<br>西安建筑科技大学（7）<br>西北工业大学（4）<br>西安交通大学（4）<br>西北大学（3）<br>西安石油大学（3） |

续表

| IPC 技术分类 | 全国（截至 2023 年年底） | | 陕西（截至 2023 年年底） | | |
|---|---|---|---|---|---|
| | 授权量/件 | 主要申请主体 | 授权量/件 | 占全国比重 | 主要申请主体 |
| H01G（电容器；电解型的电容器、整流器、检波器、开关器件、光敏器件或热敏器件） | 947 | 哈尔滨工业大学（26）<br>海洋王照明科技股份有限公司（19）<br>东华大学（22）<br>福州大学（17）<br>中国科学院宁波材料技术与工程研究所（16） | 37 | 3.91% | 西安交通大学（13）<br>西安理工大学（4）<br>陕西科技大学（4）<br>西北工业大学（3）<br>西安电子科技大学（3） |
| C08K（使用无机物或非高分子有机物作为配料） | 1305 | 四川大学（39）<br>北京化工大学（36）<br>青岛科技大学（21）<br>哈尔滨工业大学（20）<br>中国科学院宁波材料技术与工程研究所（19）<br>南京理工大学（19） | 35 | 2.68% | 西北工业大学（8）<br>西安理工大学（6）<br>陕西科技大学（5）<br>西北大学（3）<br>西安交通大学（3） |
| C23C（对金属材料的镀覆；用金属材料对材料的镀覆；表面扩散法，化学转化或置换法的金属材料表面处理；真空蒸发法、溅射法、离子注入法或化学气相沉积法的一般镀覆） | 545 | 中国科学院上海微系统与信息技术研究所（19）<br>中国科学院重庆绿色智能技术研究院（14）<br>北京大学（13）<br>中国科学院宁波材料技术与工程研究所（11）<br>哈尔滨工业大学（11）<br>重庆墨希科技有限公司（11） | 34 | 6.24% | 西安电子科技大学（8）<br>西安交通大学（7）<br>西安理工大学（4）<br>西北工业大学（3）<br>西北有色金属研究院（3） |
| B22F（金属粉末的加工；由金属粉末制造制品；金属粉末的制造） | 425 | 哈尔滨工业大学（20）<br>中北大学（14）<br>天津大学（11）<br>西安稀有金属材料研究院有限公司（11）<br>哈尔滨理工大学（6）<br>上海交通大学（6）<br>西北有色金属研究院（6） | 31 | 7.29% | 西安稀有金属材料研究院有限公司（11）<br>西北有色金属研究院（6）<br>西安交通大学（5）<br>西安理工大学（4）<br>西北工业大学（2）<br>陕西科技大学（2）<br>西安建筑科技大学（2） |

续表

| IPC 技术分类 | 全国（截至 2023 年年底） | | 陕西（截至 2023 年年底） | | |
| | 授权量 / 件 | 主要申请主体 | 授权量 / 件 | 占全国比重 | 主要申请主体 |
|---|---|---|---|---|---|
| C08L（高分子化合物的组合物） | 1168 | 北京化工大学（35）<br>四川大学（35）<br>中国科学院宁波材料技术与工程研究所（19）<br>哈尔滨工业大学（19）<br>南京理工大学（18） | 28 | 2.40% | 西北工业大学（6）<br>西安理工大学（5）<br>陕西科技大学（4）<br>西北大学（3）<br>西安交通大学（2）<br>西安昊友航天复合材料有限公司（2）<br>西安科技大学（2） |

## 2. 国外专利数据

2023 年，陕西在石墨烯技术领域申请的国外专利公开量为 3 件。其中，PCT 国际专利 1 件、美国专利 2 件，共计 2 个 DWPI 同族专利。申请机构分别为陕西理工大学和西安交通大学，涉及石墨烯负载的贵金属复合粉末及其制备方法、通过水平平铺和自组装形成石墨烯膜的方法等方向（表 4-19）。

表 4-19　2023 年陕西石墨烯技术领域申请的国外专利公开数据

| 序号 | 专利名称 | 申请主体 | 主分类号 | 同族专利数 / 件 |
|---|---|---|---|---|
| 1 | Graphene-supported noble-metal composite powder and preparation method | 陕西理工大学 | H01L | 3 |
| 2 | Method for forming graphene film through horizontally tiling and self-assembling graphene | 西安交通大学 | C01B | 5 |

（整理编写：刘佳悦）

### （四）陶瓷基复合材料

#### 1. 国内专利数据

**（1）总量数据**

截至 2023 年年底，陕西在陶瓷基复合材料技术领域国内发明专利累计许可公开量为 1211 件，居全国第 5 位，约为广东的 1/2；2023 年当年陕西发明专利许可公开量为 236 件，居全国第 3 位，落后于江苏和北京（图 4-40）。陕西在该技术领域发明专利累计授权量为

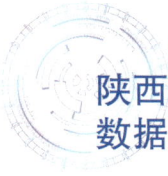

704 件，居全国第 3 位，落后于北京、江苏；2023 年当年发明专利授权量为 113 件，居全国第 2 位（图 4-41）。

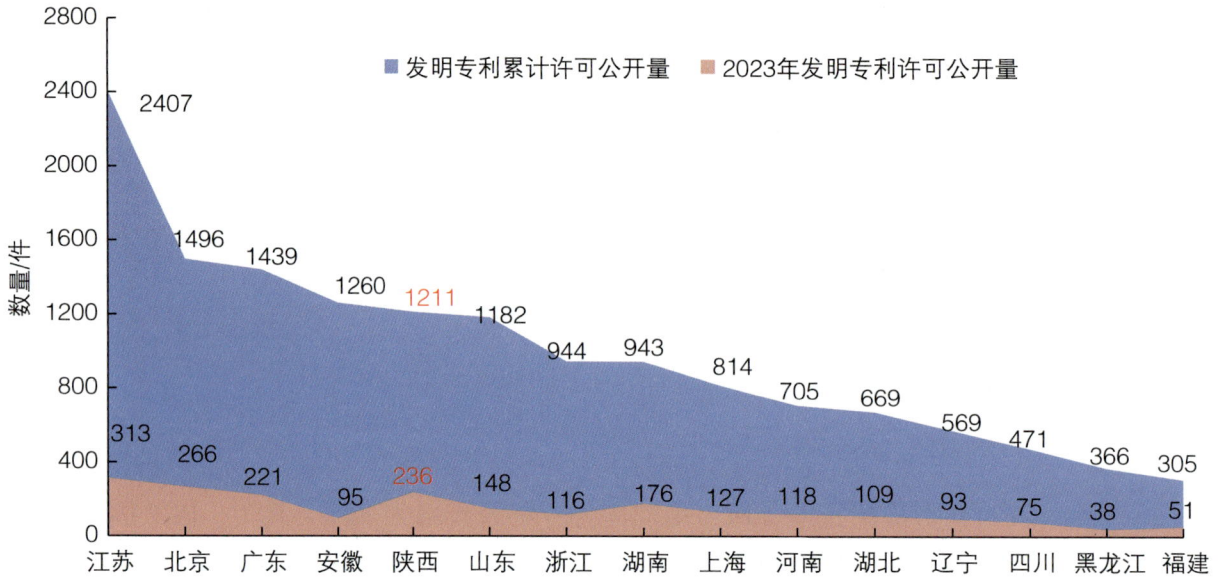

图 4-40　陶瓷基复合材料技术领域部分省（自治区、直辖市）的国内发明专利许可公开量数据

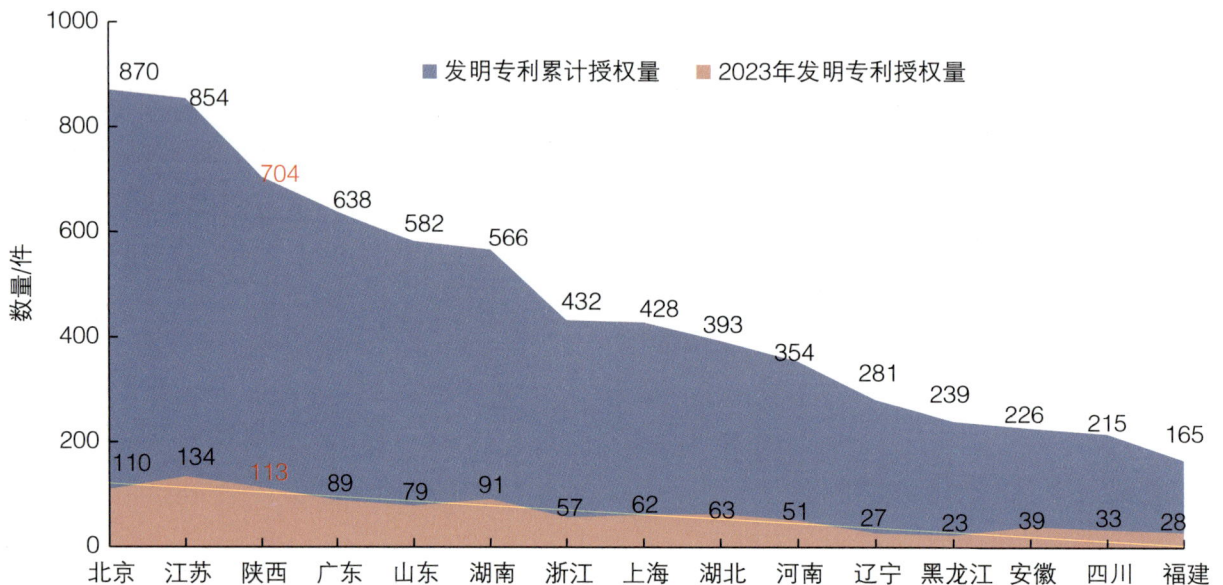

图 4-41　陶瓷基复合材料技术领域部分省（自治区、直辖市）的国内发明专利授权量数据

**（2）申请主体数据**

截至 2023 年年底，陕西陶瓷基复合材料技术领域国内发明专利申请机构 TOP 10 中，有高校 7 家、企业 3 家。其中，申请机构 TOP 10 中高校的发明专利许可公开总量和授权总量

分别占陕西总量的 70% 和 76%，贡献远大于企业；特别是西北工业大学在该技术领域国内发明专利数量遥遥领先，显示了其在省内的领军地位（图 4-42）。

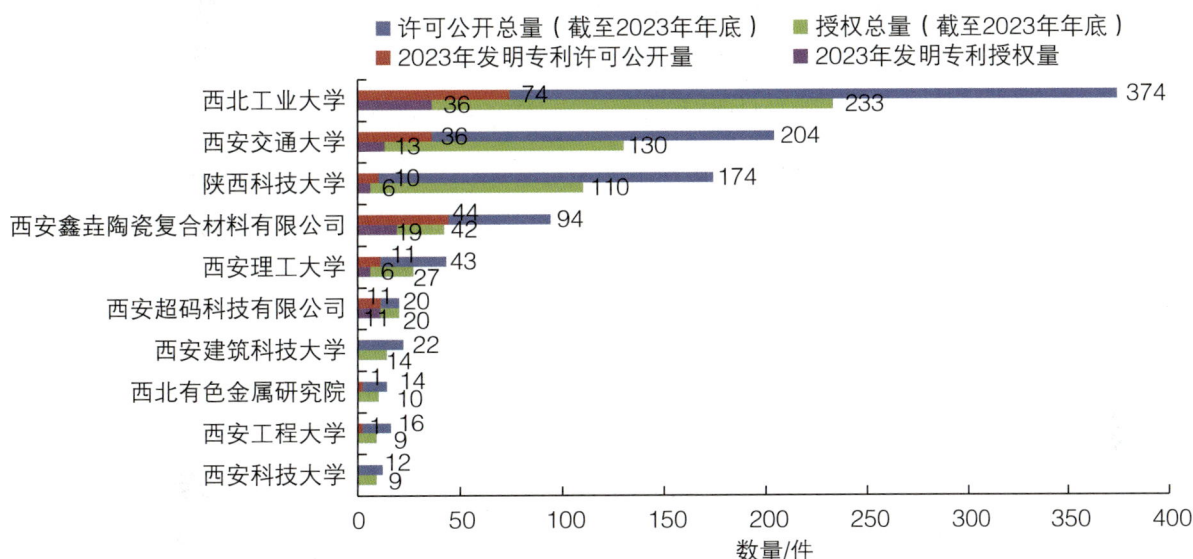

图 4-42　陕西陶瓷基复合材料技术领域国内发明专利申请机构 TOP 10

陕西企业的国内发明专利在该技术领域表现也不错，进入非高校主要申请机构行列的有 9 家企业、2 家科研院所，说明陕西企业在陶瓷基复合材料技术领域具有一定的技术创新能力（图 4-43）。西安鑫垚陶瓷复合材料有限公司依托西北工业大学陶瓷基复合材料工程中心成立，国内发明专利数量位居非高校申请机构第一，充分彰显了陕西产学研协同创新的显著成果。

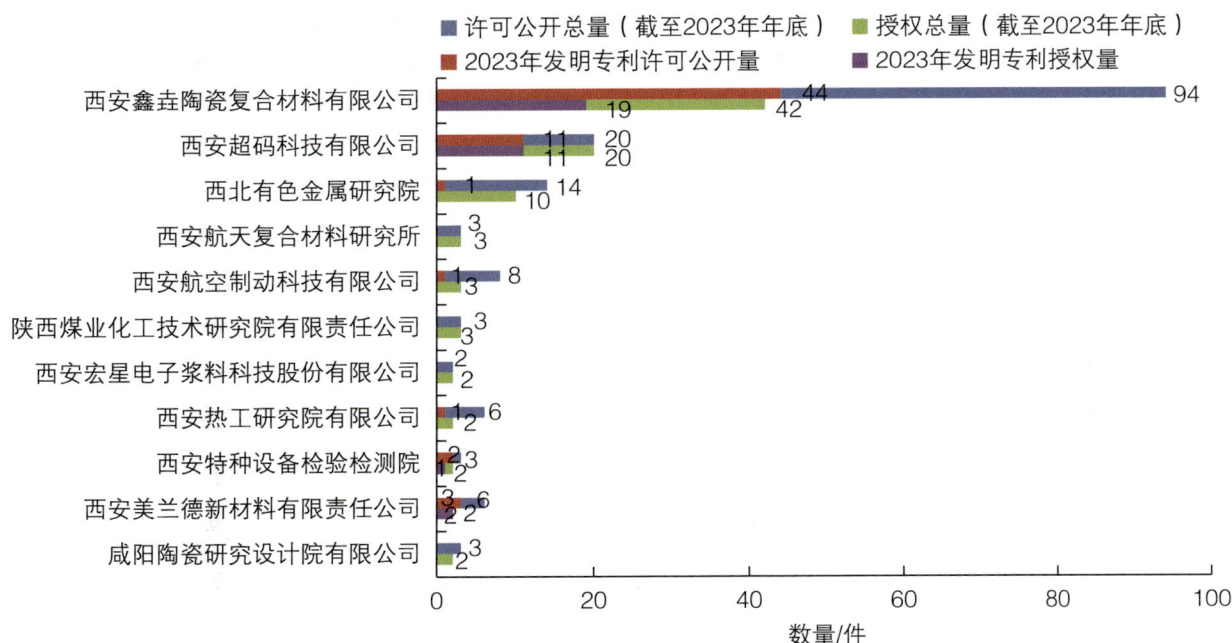

图 4-43　陕西陶瓷基复合材料技术领域国内发明专利非高校主要申请机构

（3）优势技术方向

按 IPC 分类，截至 2023 年年底，陕西在陶瓷基复合材料技术领域国内授权发明专利主要集中在石灰、氧化镁、矿渣、水泥，金属材料镀覆，金属粉末制造制品，以及合金等方向。特别是在 C30B（单晶生长等）和 B22D（金属铸造等）技术方向上在全国处于领先地位，这 2 个技术方向的发明专利授权量占全国的比重分别是 31.37% 和 16.41%。

西安交通大学在陶瓷基复合材料技术领域的 C23C、C22C、B22D、B22F、B28B、B33Y 等 6 个技术方向上进入全国 TOP 5 之列；其中，在 C23C、B22D、B22F 等 3 个技术方向上居全国首位。西北工业大学在 C04B、C01B、B82Y、C30B、B33Y 等 5 个技术方向上进入全国 TOP 5 之列；其中，在 C04B 技术方向上居全国首位。陕西科技大学在 B28B 和 C03C 技术方向上进入全国 TOP 5 之列，西安理工大学在 B22D 技术方向上进入全国 TOP 5 之列，显示出陕西高校在该技术领域较强的研发实力。值得一提的是，陕西企业西安超码科技有限公司在 C30B（单晶生长等）技术方向上发明专利授权量居全国首位，说明该公司在该技术领域研发实力较强（表 4-20）。

表 4-20　陕西陶瓷基复合材料技术领域授权发明专利 IPC 分类 TOP 10

| IPC 技术分类 | 全国（截至 2023 年年底） | | 陕西（截至 2023 年年底） | | |
| --- | --- | --- | --- | --- | --- |
| | 授权量/件 | 主要申请主体 | 授权量/件 | 占全国比重 | 主要申请主体 |
| C04B（石灰；氧化镁；矿渣；水泥；其组合物） | 6545 | 西北工业大学（202）<br>中国人民解放军国防科学技术大学（166）<br>哈尔滨工业大学（160）<br>航天特种材料及工艺技术研究所（146）<br>中国科学院上海硅酸盐研究所（123） | 561 | 8.57% | 西北工业大学（202）<br>陕西科技大学（105）<br>西安交通大学（83）<br>西安鑫垚陶瓷复合材料有限公司（36）<br>西安理工大学（19） |
| C23C（对金属材料的镀覆；用金属材料对材料的镀覆；表面扩散法，化学转化或置换法的金属材料表面处理；真空蒸发法、溅射法、离子注入法或化学气相沉积法的一般镀覆） | 1206 | 西安交通大学（41）<br>中南大学（28）<br>中国科学院宁波材料技术与工程研究所（20）<br>北京科技大学（19）<br>昆明理工大学（17） | 103 | 8.54% | 西安交通大学（41）<br>西北工业大学（15）<br>西安理工大学（11）<br>西北有色金属研究院（6）<br>陕西科技大学（4）<br>西安鑫垚陶瓷复合材料有限公司（4） |

续表

| IPC 技术分类 | 全国（截至 2023 年年底） | | 陕西（截至 2023 年年底） | | |
| --- | --- | --- | --- | --- | --- |
| | 授权量 / 件 | 主要申请主体 | 授权量 / 件 | 占全国比重 | 主要申请主体 |
| C22C（合金） | 338 | 中南大学（16）<br>西安交通大学（12）<br>兰克西敦技术公司（11）<br>山东大学（7）<br>北京科技大学（6）<br>广西长城机械股份有限公司（6）<br>哈尔滨工业大学（6） | 26 | 7.69% | 西安交通大学（12）<br>西北有色金属研究院（2）<br>西安建筑科技大学（2）<br>西安科技大学（2）<br>陕西理工大学（2） |
| C01B（非金属元素；其化合物） | 226 | 中国科学院上海硅酸盐研究所（10）<br>西北工业大学（9）<br>哈尔滨工业大学（8）<br>吉林大学（6）<br>中国人民解放军火箭军工程大学（6） | 22 | 9.73% | 西北工业大学（9）<br>中国人民解放军火箭军工程大学（6）<br>西安科技大学（2） |
| B22D（金属铸造；用相同工艺或设备的其他物质的铸造） | 128 | 西安交通大学（11）<br>西安理工大学（8）<br>兰克西敦技术公司（6）<br>北京科技大学（4）<br>广西长城机械股份有限公司（4）<br>晋城市富基新材料有限公司（4） | 21 | 16.41% | 西安交通大学（11）<br>西安理工大学（8） |
| B82Y（纳米结构的特定用途或应用；纳米结构的测量或分析；纳米结构的制造或处理） | 136 | 中国科学院苏州纳米技术与纳米仿生研究所（5）<br>西北工业大学（5）<br>河北工业大学（5）<br>浙江大学（4） | 19 | 13.97% | 西北工业大学（5）<br>陕西科技大学（3）<br>中国人民解放军火箭军工程大学（3）<br>西安交通大学（2）<br>西安理工大学（2） |
| B22F（金属粉末的加工；由金属粉末制造制品；金属粉末的制造） | 231 | 西安交通大学（9）<br>中南大学（6）<br>北京科技大学（6）<br>北京工业大学（5）<br>广西长城机械股份有限公司（5） | 18 | 7.79% | 西安交通大学（9）<br>西安建筑科技大学（2） |

续表

| IPC 技术分类 | 全国（截至 2023 年年底） | | 陕西（截至 2023 年年底） | | |
| --- | --- | --- | --- | --- | --- |
| | 授权量 /件 | 主要申请主体 | 授权量 /件 | 占全国比重 | 主要申请主体 |
| C03C（玻璃、釉或搪瓷釉的化学成分；玻璃的表面处理；由玻璃、矿物或矿渣制成的纤维或细丝的表面处理；玻璃与玻璃或与其他材料的接合） | 271 | 佛山欧神诺陶瓷有限公司（7）<br>陕西科技大学（7）<br>九牧厨卫股份有限公司（6）<br>航天特种材料及工艺技术研究所（6）<br>新明珠集团股份有限公司（5） | 16 | 5.90% | 陕西科技大学（7）<br>西北工业大学（4）<br>西北有色金属研究院（2） |
| C30B（单晶生长；共晶材料的定向凝固或共析材料的定向分层；材料的区熔精炼；具有一定结构的均匀多晶材料的制备；单晶或具有一定结构的均匀多晶材料；单晶或具有一定结构的均匀多晶材料之后处理；其所用的装置） | 51 | 西安超码科技有限公司（11）<br>中南大学（3）<br>信越化学工业株式会社（2）<br>华南理工大学（2）<br>日本碍子株式会社（2）<br>西北工业大学（2）<br>西安鑫垚陶瓷复合材料有限公司（2） | 16 | 31.37% | 西安超码科技有限公司（11）<br>西北工业大学（2）<br>西安鑫垚陶瓷复合材料有限公司（2） |
| B28B（黏土或其他陶瓷成分、熔渣或含有水泥材料的混合物） | 177 | 航天特种材料及工艺技术研究所（7）<br>西安交通大学（5）<br>中国科学院金属研究所（4）<br>株式会社村田制作所（4）<br>南京理工大学（4）<br>陕西科技大学（4） | 15 | 8.47% | 西安交通大学（5）<br>陕西科技大学（4）<br>西北工业大学（3） |
| B33Y（增材制造，即三维物品制造，通过增材沉积，增材凝聚或增材分层，如 3D 打印，立体照片或选择性激光烧结） | 125 | 中国科学院上海硅酸盐研究所（7）<br>华中科技大学（7）<br>西安交通大学（7）<br>南京理工大学（5）<br>西北工业大学（5） | 15 | 12.00% | 西安交通大学（7）<br>西北工业大学（5）<br>陕西科技大学（2） |

## 2. 国外专利数据

2023 年，陕西在陶瓷基复合材料技术领域共申请 4 件 PCT 国际专利，共计 4 个 DWPI 同族专利。申请主体为西安鑫垚陶瓷复合材料有限公司，涉及陶瓷基复合材料内外埋粉及熔硅渗透的工具和方法、浮动式陶瓷基复合材料涡轮外圈、陶瓷基复合材料的金刚石工具及其制备方法等方面（表 4-21）。

表 4-21　2023 年陕西陶瓷基复合材料技术领域申请的国外专利公开数据

| 序号 | 专利名称 | 申请主体 | 主分类号 | 同族专利数 / 件 |
|---|---|---|---|---|
| 1 | Tool and method for internal and external powder embedding and molten silicon infiltration of 2d，3dn ceramic matrix composite component | 西安鑫垚陶瓷复合材料有限公司 | C04B | 3 |
| 2 | Floating-type ceramic matrix composite turbine outer ring，and assembly structure and method for same and casing | 西安鑫垚陶瓷复合材料有限公司 | F01D | 2 |
| 3 | Ceramic-based composite material turbine outer ring preform，shaping mold，and use method therefor | 西安鑫垚陶瓷复合材料有限公司 | F01D | 3 |
| 4 | Diamond tool for processing continuous fiber toughened sic ceramic matrix composite material，and preparation method therefor | 西安鑫垚陶瓷复合材料有限公司 | B24D | 2 |

（整理编写：刘佳悦）

## 四、新能源化工

### （一）太阳能光伏

#### 1. 国内专利数据

**（1）总量数据**

截至 2023 年年底，陕西在太阳能光伏技术领域国内发明专利累计许可公开量为 7441 件，2023 年当年陕西发明专利许可公开量为 1150 件，均居全国第 8 位（图 4-44）。陕西在该技

术领域发明专利累计授权量为 1773 件，2023 年当年发明专利授权量为 318 件，均居全国第 8 位，不足江苏的 1/6（图 4-45）。

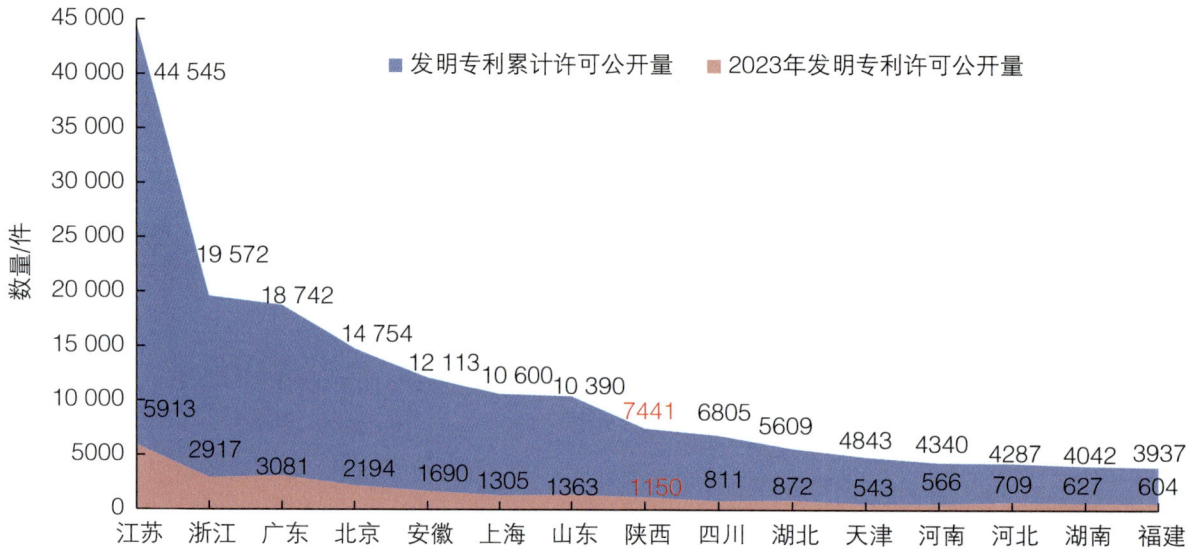

图 4-44　太阳能光伏技术领域部分省（自治区、直辖市）的国内发明专利许可公开量数据

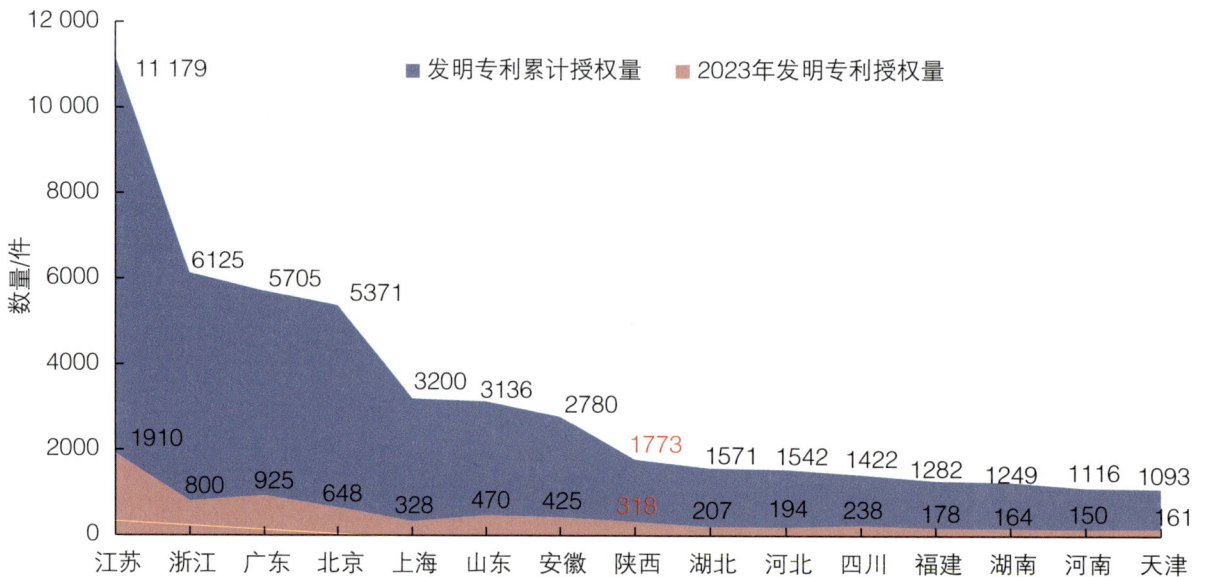

图 4-45　太阳能光伏技术领域部分省（自治区、直辖市）的国内发明专利授权量数据

## （2）申请主体数据

截至 2023 年年底，陕西太阳能光伏技术领域国内发明专利授权总量和许可公开总量均以高校占据绝对优势，申请机构 TOP 10 中有 8 家高校、2 家企业（图 4-46）。西安交通大

学的发明专利许可公开总量和授权总量均大幅度领先于省内其他申请机构。

　　陕西企业在该技术领域国内发明专利表现远不如省内高校，非高校主要申请机构中，隆基绿能科技股份有限公司国内发明专利许可公开量遥遥领先。咸阳中电彩虹集团控股有限公司的发明专利授权总量排名第二，但 2023 年当年发明专利许可公开量仅为 2 件，发明专利授权量也仅为 1 件，表现欠佳（图 4-47）。

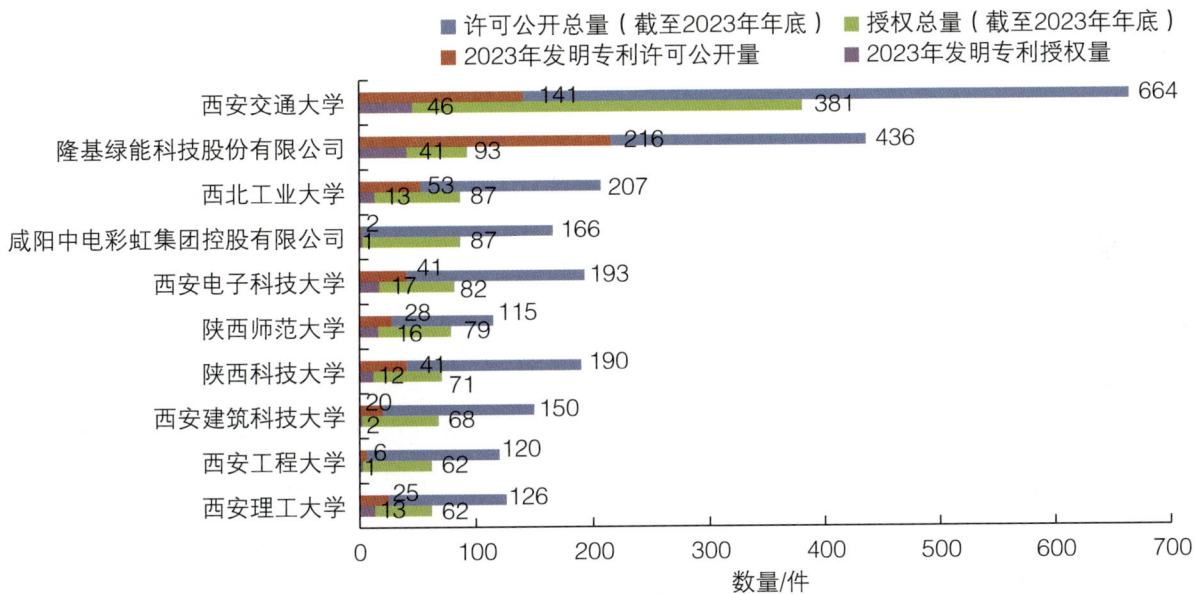

图 4-46　陕西太阳能光伏技术领域国内发明专利申请机构 TOP 10

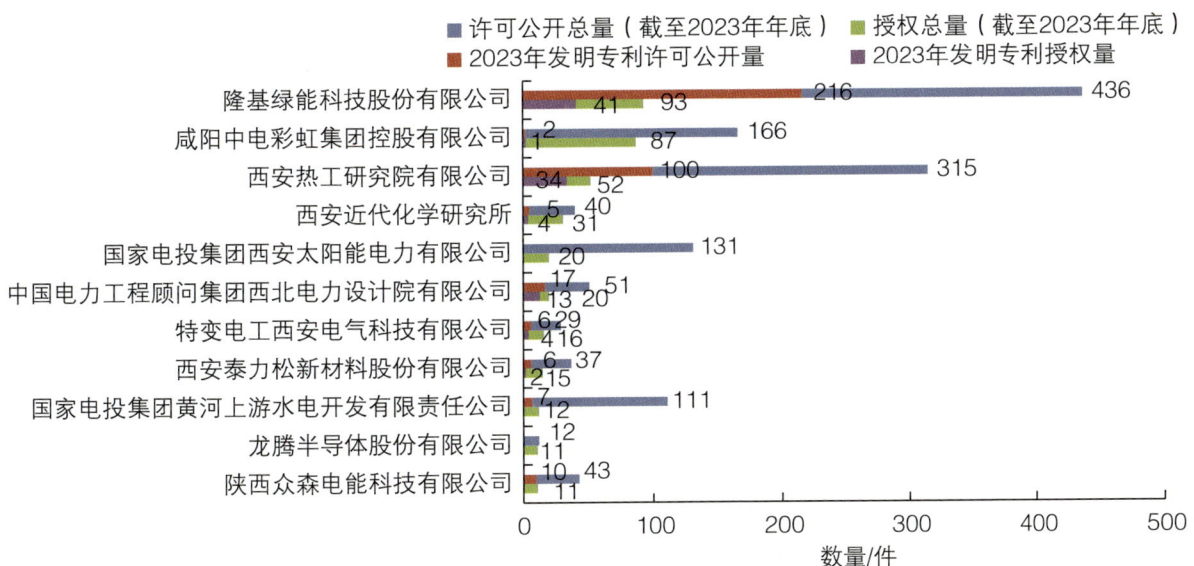

图 4-47　陕西太阳能光伏技术领域国内发明专利非高校主要申请机构

（3）优势技术方向

按 IPC 分类，截至 2023 年年底，陕西在太阳能光伏技术领域国内授权发明专利主要集中在光转化为能量的装置及器件方向。咸阳中电彩虹集团控股有限公司在 H01G（电容器；电解型的电容器、整流器、检波器、开关器件、光敏器件或热敏器件）和 H01M（用于直接转变化学能为电能的方法或装置，例如电池组）技术方向上，西安工程大学在 F24F（空气调节；空气增湿；通风；空气流作为屏蔽的应用）技术方向上，西安交通大学在 F03G（弹力、重力、惯性或类似的发动机；不包含在其他类目中的机械动力产生装置或机构，或不包含在其他类目中的能源利用）技术方向上发明专利授权量居全国首位（表 4-22）。

陕西在太阳能光伏技术领域国内授权发明专利的主要申请主体为省内几所主要高校和咸阳中电彩虹集团控股有限公司等国有企业；隆基绿能科技股份有限公司等少量民营企业也表现不错。

表 4-22　陕西太阳能光伏技术领域授权发明专利 IPC 分类 TOP 10

| IPC 技术分类 | 全国（截至 2023 年年底） | | 陕西（截至 2023 年年底） | | |
| --- | --- | --- | --- | --- | --- |
| | 授权量 / 件 | 主要申请主体 | 授权量 / 件 | 占全国比重 | 主要申请主体 |
| H01L（不包括在 H10 类目中的半导体器件） | 19 440 | LG 集团（388）<br>浙江晶科能源有限公司（204）<br>苏州阿特斯阳光电力科技有限公司（171）<br>佳能株式会社（156）<br>太阳能公司（148） | 443 | 2.28% | 西安交通大学（80）<br>隆基绿能科技股份有限公司（71）<br>咸阳中电彩虹集团控股有限公司（66）<br>陕西师范大学（38）<br>西安电子科技大学（33） |
| H02S（由红外线辐射、可见光或紫外光转换产生电能） | 10 767 | 国家电网有限公司（207）<br>阳光电源股份有限公司（113）<br>河海大学（84）<br>北京印刷学院（59）<br>西安交通大学（57） | 228 | 2.12% | 西安交通大学（57）<br>西安工程大学（11）<br>西安热工研究院有限公司（10）<br>西安电子科技大学（10）<br>西安理工大学（8） |

续表

| IPC 技术分类 | 全国（截至 2023 年年底） | | 陕西（截至 2023 年年底） | | |
|---|---|---|---|---|---|
| | 授权量 / 件 | 主要申请主体 | 授权量 / 件 | 占全国比重 | 主要申请主体 |
| H02J（供电或配电的电路装置或系统；电能存储系统） | 7888 | 国家电网有限公司（670）<br>中国电力科学研究院有限公司（182）<br>阳光电源股份有限公司（162）<br>合肥工业大学（86）<br>东南大学（83） | 201 | 2.55% | 西安交通大学（37）<br>西安理工大学（20）<br>西安热工研究院有限公司（16）<br>特变电工西安电气科技有限公司（12）<br>中国电力工程顾问集团西北电力设计院有限公司（6）<br>西安工程大学（6）<br>西安电子科技大学（6） |
| F24S（太阳能热收集器；太阳能热系统） | 6239 | 北京环能海臣科技有限公司（76）<br>山东大学（69）<br>西安交通大学（63）<br>北京印刷学院（58）<br>浙江大学（58） | 173 | 2.77% | 西安交通大学（63）<br>西安建筑科技大学（20）<br>西安热工研究院有限公司（15）<br>陕西科技大学（11）<br>中国电力工程顾问集团西北电力设计院有限公司（7） |
| H01G（电容器；电解型的电容器、整流器、检波器、开关器件、光敏器件或热敏器件） | 1787 | 咸阳中电彩虹集团控股有限公司（48）<br>湘潭大学（40）<br>中国科学院化学研究所（27）<br>中国科学院上海硅酸盐研究所（27）<br>复旦大学（27） | 104 | 5.82% | 咸阳中电彩虹集团控股有限公司（48）<br>陕西理工大学（12）<br>陕西师范大学（9）<br>西安交通大学（6）<br>西安电子科技大学（6）<br>西安近代化学研究所（6） |
| F24F（空气调节；空气增湿；通风；空气流作为屏蔽的应用） | 872 | 西安工程大学（46）<br>珠海格力电器股份有限公司（43）<br>上海交通大学（24）<br>东南大学（21）<br>西安建筑科技大学（11） | 72 | 8.26% | 西安工程大学（46）<br>西安建筑科技大学（11）<br>西安交通大学（8）<br>中国建筑西北设计研究院有限公司（3）<br>西安科技大学（2） |
| H01M（用于直接转变化学能为电能的方法或装置，例如电池组） | 1247 | 咸阳中电彩虹集团控股有限公司（44）<br>中国科学院物理研究所（25）<br>复旦大学（21）<br>中国科学院化学研究所（18）<br>清华大学（17） | 66 | 5.29% | 咸阳中电彩虹集团控股有限公司（44）<br>西安交通大学（12）<br>西北工业大学（2） |

续表

| IPC 技术分类 | 全国（截至 2023 年年底） | | 陕西（截至 2023 年年底） | | |
|---|---|---|---|---|---|
| | 授权量 / 件 | 主要申请主体 | 授权量 / 件 | 占全国比重 | 主要申请主体 |
| F03G（弹力、重力、惯性或类似的发动机；不包含在其他类目中的机械动力产生装置或机构，或不包含在其他类目中的能源利用） | 884 | 西安交通大学（36）<br>中国科学院工程热物理研究所（20）<br>华北电力大学（20）<br>浙江大学（16）<br>国家电网有限公司（16） | 63 | 7.13% | 西安交通大学（36）<br>西安热工研究院有限公司(6)<br>西安石油大学（5）<br>中国电力工程顾问集团西北电力设计院有限公司（3）<br>国网陕西省电力公司电力科学研究院（2）<br>西安电子科技大学（2）<br>中国航发动力股份有限公司（2） |
| C02F（水、废水、污水或污泥的处理） | 1568 | 浙江大学（40）<br>河海大学（31）<br>北京理工大学（30）<br>山东大学（26）<br>西安交通大学（26） | 59 | 3.76% | 西安交通大学（26）<br>陕西科技大学（11）<br>西安建筑科技大学（4）<br>西北工业大学（3）<br>长安大学（2）<br>陕西省环境科学研究院（2） |
| G06F（电数字数据处理） | 1252 | 国家电网有限公司（126）<br>河海大学（65）<br>中国电力科学院有限公司（45）<br>浙江大学（33）<br>西安交通大学（23） | 57 | 4.55% | 西安交通大学（23）<br>西安电子科技大学（7）<br>西北工业大学（5）<br>国电力工程顾问集团西北电力设计院有限公司（4）<br>西安热工研究院有限公司（4）<br>西安理工大学（4） |

## 2. 国外专利数据

### （1）总量数据

2023 年，陕西在太阳能光伏技术领域申请的国外专利公开量为 155 件，合计 126 个 DWPI 同族专利。其中，PCT 国际专利 94 件、美国专利 26 件、日本专利 15 件、欧洲专利 13 件、韩国专利 7 件。申请主体中，隆基绿能科技股份有限公司的专利公开量为 81 件，西安奕斯伟材料科技股份有限公司为 38 件，陕西奥林波斯电力能源有限责任公司为 11 件，西安热工研究院有限公司为 7 件，西安交通大学为 4 件，西安稳先半导体科技有限责任公司为 3 件，国家电投集团黄河上游水电开发有限责任公司为 2 件，华陆工程科技有限责任公司、华羿微电子股份有限公司、西安领充无限新能源科技有限公司、西安华科光电有限公司、西安电子科技大学、西北工业大学、长安大学及自然人李勇、尚伟康各 1 件。

按 IPC 分类，主要分布在 H01L（不包括在 H10 类目中的半导体器件）、C30B（单晶生长）、H01M（用于直接转变化学能为电能的方法或装置，例如电池组）等技术方向。

**（2）PCT 国际专利**

2023 年，陕西在太阳能光伏技术领域申请的 PCT 国际专利公开量为 94 件，主要集中在 H01L（不包括在 H10 类目中的半导体器件）、C30B（单晶生长）等技术方向。

主要申请主体中，隆基绿能科技股份有限公司和西安奕斯伟材料科技股份有限公司表现突出，专利公开量分别为 49 件和 21 件，均集中在 H01L（不包括在 H10 类目中的半导体器件）、C30B（单晶生长）等技术方向。

**（3）美国专利**

2023 年，陕西在太阳能光伏技术领域申请的美国专利公开量为 26 件，主要集中在 H01L（不包括在 H10 类目中的半导体器件）、H01K（白炽灯等）等技术方向。

主要申请主体中，隆基绿能科技股份有限公司表现突出，专利公开量为 12 件，集中在 H01L（不包括在 H10 类目中的半导体器件）技术方向。

**（4）日本专利**

2023 年，陕西在太阳能光伏技术领域申请的日本专利公开量为 15 件，主要集中在 H01L（不包括在 H10 类目中的半导体器件）、C30B（单晶生长）等技术方向。

申请主体为隆基绿能科技股份有限公司和西安奕斯伟材料科技股份有限公司，专利公开量分别为 8 件和 7 件，均集中在 H01L（不包括在 H10 类目中的半导体器件）、C30B（单晶生长）等技术方向。

**（5）欧洲专利**

2023 年，陕西在太阳能光伏技术领域申请的欧洲专利公开量为 13 件，主要集中在 H01L（不包括在 H10 类目中的半导体器件）技术方向。

主要申请主体中，隆基绿能科技股份有限公司表现突出，专利公开量为 12 件，集中在 H01L（不包括在 H10 类目中的半导体器件）技术方向。

**（6）韩国专利**

2023 年，陕西在太阳能光伏技术领域申请的韩国专利公开量为 7 件，申请主体为西安奕斯伟材料科技股份有限公司，专利公开量为 7 件，均集中在 C30B（单晶生长）技术方向。

（整理编写：余虎）

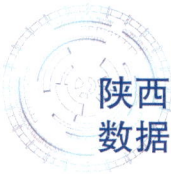

## （二）氢能

### 1. 国内专利数据

**（1）总量数据**

截至 2023 年年底，陕西在氢能技术领域国内发明专利累计许可公开量为 1706 件，居全国第 10 位，不足北京的 1/4；2023 年当年陕西发明专利许可公开量为 486 件，居全国第 11 位，约为北京的 1/4（图 4-48）。陕西在该技术领域发明专利累计授权量和 2023 年当年发明专利授权量分别为 739 件和 151 件，均居全国第 10 位（图 4-49）。

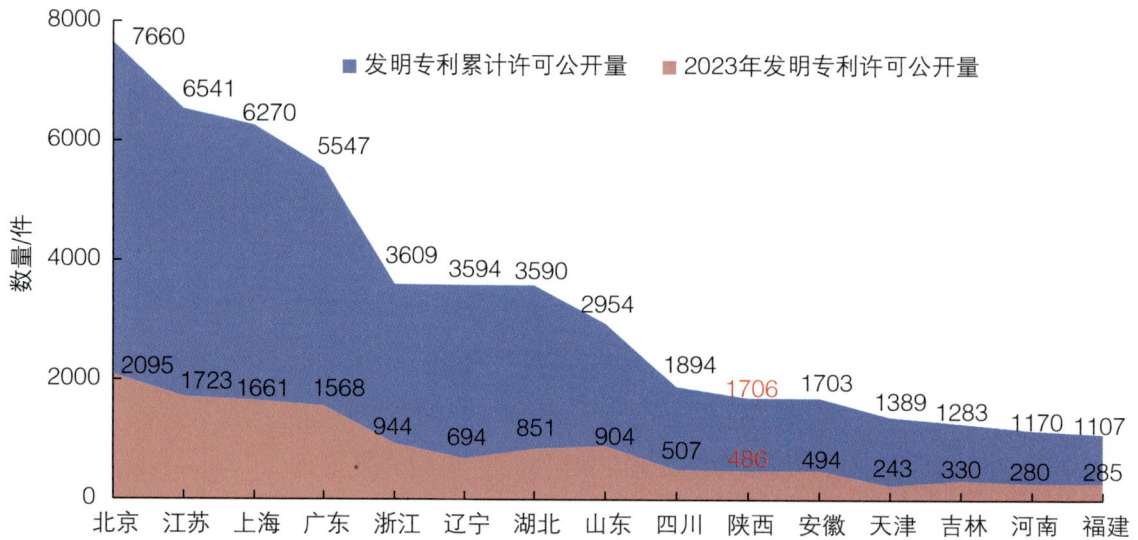

**图 4-48　氢能技术领域部分省（自治区、直辖市）的国内发明专利许可公开量数据**

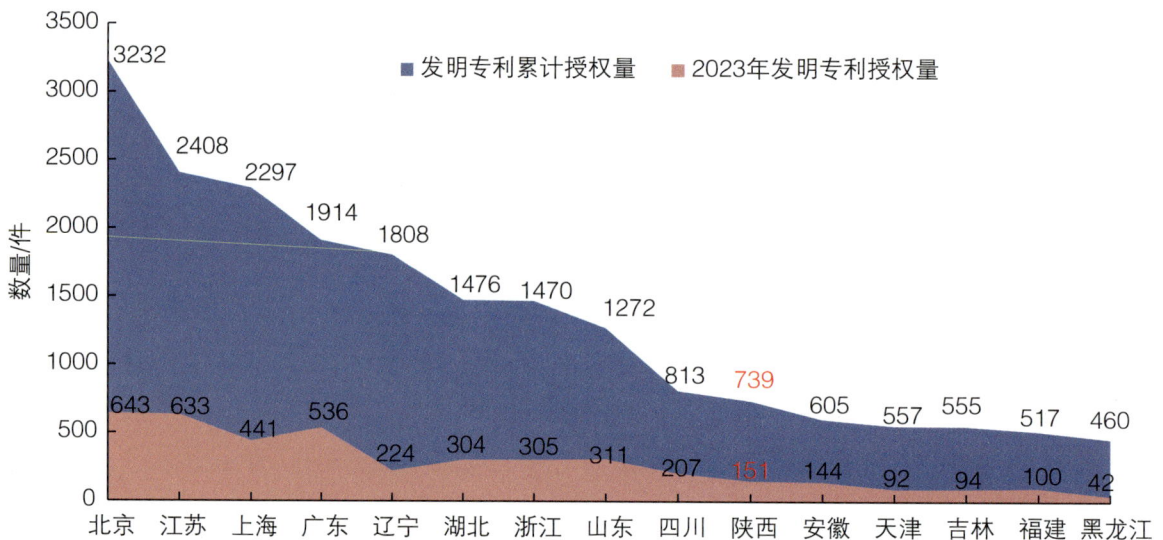

**图 4-49　氢能技术领域部分省（自治区、直辖市）的国内发明专利授权量数据**

（2）申请主体数据

截至 2023 年年底，陕西在氢能技术领域国内发明专利许可公开总量和授权总量的主要贡献者为高校，申请机构 TOP 10 中仅有 3 家企业。申请机构 TOP 10 的发明专利授权总量之和占陕西该领域发明专利授权总量的 79%。申请机构前 3 名分别为西安交通大学、陕西科技大学和西北工业大学。其中，西安交通大学在该技术领域国内发明专利数量遥遥领先，发明专利许可公开总量超过全省许可公开总量的 1/3，发明专利授权总量接近全省总量的 1/2，显示了其在省内的领军地位（图 4-50）。

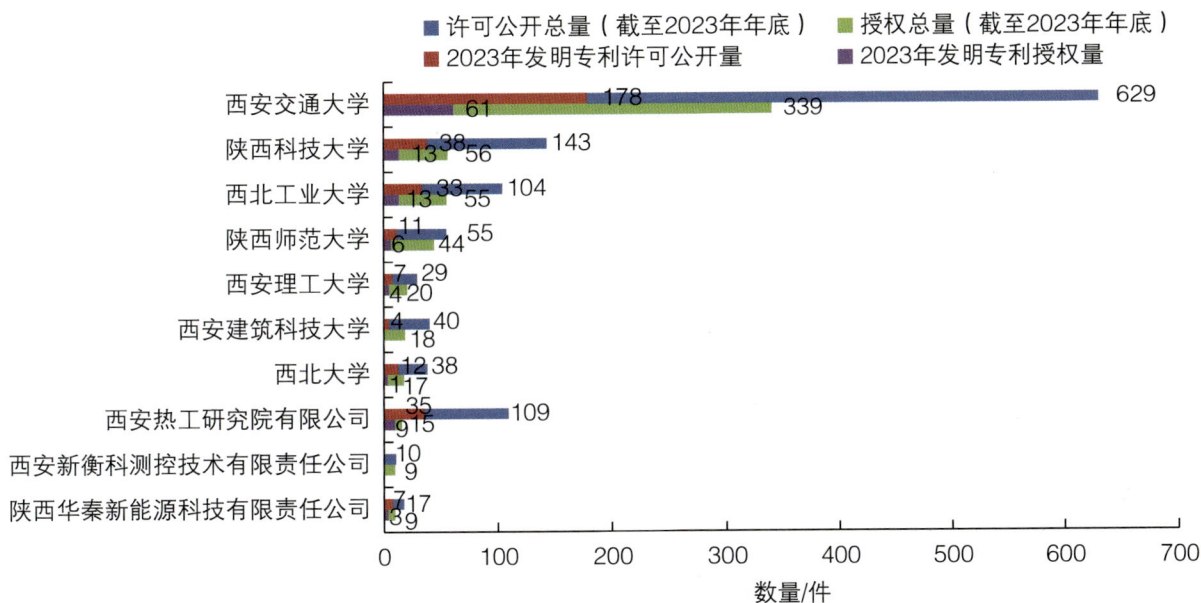

图 4-50　陕西氢能技术领域国内发明专利申请机构 TOP 10

陕西企业在氢能技术领域国内发明专利表现不如省内高校，非高校主要申请机构中有 6 家国有企业、5 家民营企业。西安热工研究院有限公司发明专利授权总量和 2023 年当年发明专利授权量在企业中位列第一，但与省内高校相比还存在较大差距。值得注意的是，主要申请企业的发明专利授权量较少，有 3 家机构在 2023 年均没有授权专利（图 4-51）。

（3）优势技术方向

按 IPC 分类，截至 2023 年年底，陕西在氢能技术领域国内授权发明专利主要集中在 H01M（用于直接转变化学能为电能的方法或装置，例如电池组）、C01B（非金属元素；其化合物）及 B01J（化学或物理方法，例如，催化作用或胶体化学；其有关设备）技术方向，占该技术领域陕西发明专利累计授权量的 79%。国外公司在 H01M（用于直接转变化学能为电能的方法或装置，例如电池组）技术方向上专利创新活动活跃。例如，丰田集团、日产自动车株式会社、通用汽车公司和松下集团在该技术方向上发明专利授权量位居全国 TOP 5（表 4-23）。

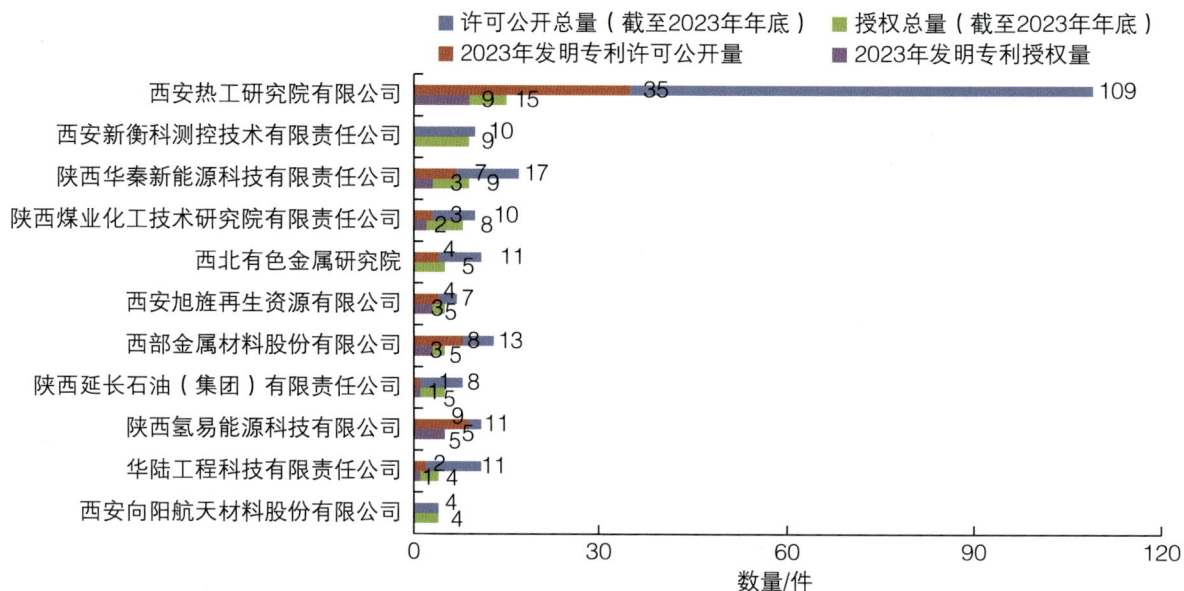

图 4-51　陕西氢能技术领域国内发明专利非高校主要申请机构

表 4-23　陕西氢能技术领域授权发明专利 IPC 分类 TOP 10

| IPC 技术分类 | 全国（截至 2023 年年底） | | 陕西（截至 2023 年年底） | | |
| --- | --- | --- | --- | --- | --- |
| | 授权量/件 | 主要申请主体 | 授权量/件 | 占全国比重 | 主要申请主体 |
| H01M（用于直接转变化学能为电能的方法或装置，例如电池组） | 18 533 | 丰田集团（1310）<br>通用汽车公司（632）<br>中国科学院大连化学物理研究所（596）<br>日产自动车株式会社（405）<br>松下集团（393） | 250 | 1.35% | 西安交通大学（133）<br>西北工业大学（28）<br>陕西师范大学（13）<br>陕西科技大学（12）<br>西安新衡科测控技术有限责任公司（9） |
| C01B（非金属元素；其化合物） | 4823 | 中国石油化工股份有限公司（135）<br>浙江大学（125）<br>中国科学院大连化学物理研究所（91）<br>西安交通大学（90）<br>福州大学（81） | 182 | 3.77% | 西安交通大学（90）<br>陕西科技大学（10）<br>西北大学（9）<br>陕西师范大学（8）<br>西安建筑科技大学（7）<br>西安热工研究院有限公司（7） |
| B01J（化学或物理方法，例如，催化作用或胶体化学；其有关设备） | 4264 | 中国科学院大连化学物理研究所（163）<br>中国石油化工股份有限公司（95）<br>福州大学（94）<br>浙江大学（79）<br>华南理工大学（68） | 152 | 3.56% | 西安交通大学（60）<br>陕西科技大学（20）<br>陕西师范大学（12）<br>西北大学（10）<br>西北工业大学（9） |

续表

| IPC 技术分类 | 全国（截至 2023 年年底） | | 陕西（截至 2023 年年底） | | | |
|---|---|---|---|---|---|---|
| | 授权量 / 件 | 主要申请主体 | 授权量 / 件 | 占全国比重 | 主要申请主体 | |
| C25B（生产化合物或非金属的电解工艺或电泳工艺；其所用的设备） | 2196 | 中国华能集团有限公司（49）<br>中国科学院大连化学物理研究所（48）<br>清华大学（40）<br>华南理工大学（32）<br>西安交通大学（31） | 98 | 4.46% | 西安交通大学（31）<br>陕西科技大学（25）<br>陕西华秦新能源科技有限责任公司（8）<br>陕西师范大学（5）<br>西北工业大学（4） | |
| B82Y（纳米结构的特定用途或应用；纳米结构的测量或分析；纳米结构的制造或处理） | 1116 | 中国科学院大连化学物理研究所（46）<br>福州大学（26）<br>武汉理工大学（21）<br>哈尔滨工业大学（20）<br>济南大学（17） | 46 | 4.12% | 西安交通大学（11）<br>陕西科技大学（10）<br>陕西师范大学（9）<br>西北工业大学（3）<br>西安理工大学（3） | |
| C22C（合金） | 737 | 包头稀土研究院（34）<br>浙江大学（17）<br>杰富意钢铁株式会社（16）<br>内蒙古科技大学（15）<br>华南理工大学（15） | 25 | 3.39% | 陕西科技大学（8）<br>西北有色金属研究院（4）<br>西北工业大学（3）<br>西安建筑科技大学（3）<br>榆林学院（3） | |
| C07C（无环或碳环化合物） | 759 | 中国石油化工股份有限公司（31）<br>中国科学院大连化学物理研究所（27）<br>巴斯夫欧洲公司（25）<br>浙江工业大学（18）<br>大连理工大学（14） | 24 | 3.16% | 陕西师范大学（12）<br>延安大学（3）<br>西安交通大学（3）<br>西安电子科技大学（2）<br>西安热工研究院有限公司（2） | |
| B22F（金属粉末的加工；由金属粉末制造制品；金属粉末的制造） | 386 | 内蒙古科技大学（12）<br>华南理工大学（10）<br>燕山大学（8）<br>中国科学院大连化学物理研究所（8）<br>南开大学（6） | 22 | 5.70% | 西安建筑科技大学（4）<br>榆林学院（3）<br>陕西科技大学（2）<br>西北工业大学（2）<br>西安交通大学（2）<br>陕西师范大学（2） | |
| C08G（用碳－碳不饱和键以外的反应得到的高分子化合物） | 702 | 上海交通大学（24）<br>吉林大学（23）<br>三星集团（23）<br>大连理工大学（22）<br>常州大学（19） | 17 | 2.42% | 陕西师范大学（8）<br>西安交通大学（3）<br>西安理工大学（3）<br>陕西科技大学（2） | |

续表

| IPC 技术分类 | 全国（截至 2023 年年底） | | | 陕西（截至 2023 年年底） | | |
|---|---|---|---|---|---|---|
| | 授权量/件 | 主要申请主体 | | 授权量/件 | 占全国比重 | 主要申请主体 |
| B01D（分离） | 849 | 巴斯夫股份公司（29）<br>中国科学院大连化学物理研究所（19）<br>大连理工大学（14）<br>丰田集团（14）<br>清华大学（13） | | 17 | 2.00% | 西安交通大学（11） |

## 2. 国外专利数据

2023 年，陕西在氢能技术领域申请的国外专利公开量仅为 1 件，申请主体为西安交通大学，涉及一种氢气提纯、储存、增压集成系统（表 4-24）。

表 4-24　2023 年陕西氢能技术领域申请的国外专利公开数据

| 序号 | 专利名称 | 申请主体 | 主分类号 | 同族专利数/件 |
|---|---|---|---|---|
| 1 | Hydrogen purification，storage and pressurizing integrated system，has first low pressure level metal hydride reactor connected with second low pressure level metal hydride reactor，and air pump connected with hydrogen storage tank | 西安交通大学 | C01B | 4 |

（整理编写：余虎）

## （三）煤制烯烃（芳烃）深加工

### 1. 国内专利数据

#### （1）总量数据

截至 2023 年年底，陕西在煤制烯烃（芳烃）深加工技术领域国内发明专利累计许可公开量为 126 件，居全国第 5 位，约为北京的 1/10；2023 年当年陕西发明专利许可公开量为 16 件，居全国第 3 位，约为北京的 1/5（图 4-52）。陕西在该技术领域发明专利累计授权量和 2023 年当年发明专利授权量分别为 69 件和 6 件，均居全国第 5 位（图 4-53）。

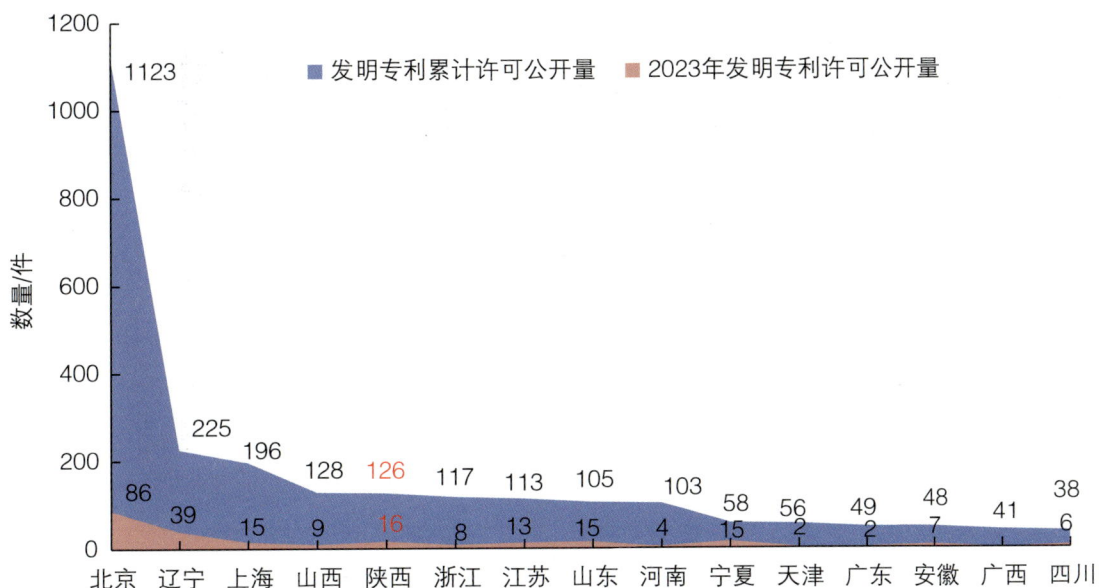

图 4-52  煤制烯烃（芳烃）深加工技术领域部分省（自治区、直辖市）的国内发明专利许可公开量数据

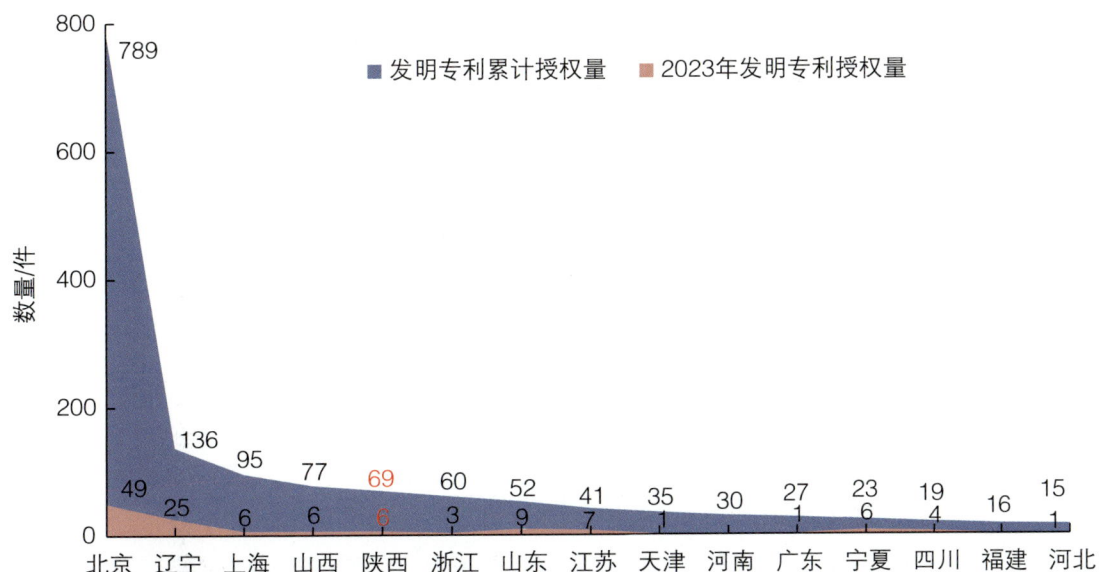

图 4-53  煤制烯烃（芳烃）深加工技术领域部分省（自治区、直辖市）的国内发明专利授权量数据

**（2）申请主体数据**

截至 2023 年年底，陕西煤制烯烃（芳烃）深加工技术领域国内授权发明专利中，主要申请机构的发明专利授权总量占陕西该技术领域发明专利授权总量的 81%。位居前二的陕西煤业化工集团有限责任公司和西北大学的发明专利授权总量接近陕西该技术领域发明专利授权总量的 1/2，可见陕西煤业化工集团有限责任公司和西北大学在该技术领域的研发能力在陕西处于领先地位。主要申请机构中仅有 1 家民营企业，可见民营企业在该领域的研发能力一般（图4-54）。

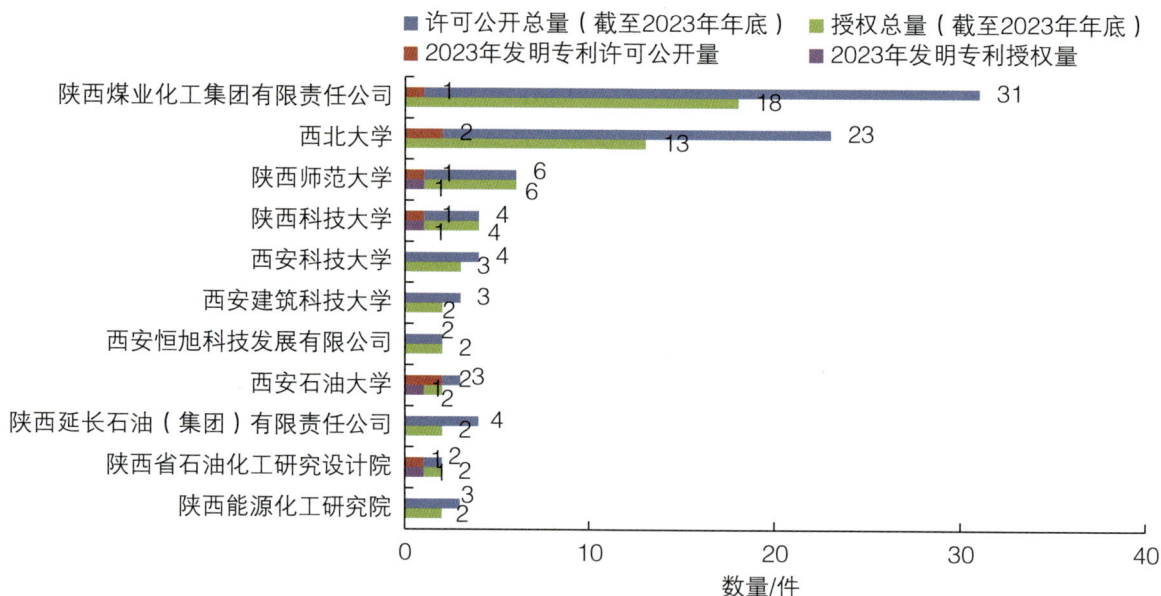

图 4-54　陕西煤制烯烃（芳烃）深加工技术领域国内发明专利主要申请机构

**（3）优势技术方向**

按 IPC 分类，截至 2023 年年底，陕西在煤制烯烃（芳烃）深加工技术领域国内授权发明专利主要集中在 C07C（无环或碳环化合物）和 B01J（化学或物理方法，例如，催化作用或胶体化学；其有关设备）技术方向，占该技术领域陕西发明专利授权总量的 64%，其中中国石油化工股份有限公司上海石油化工研究院在这两个技术方向上专利创新活动非常活跃，其发明专利授权量遥遥领先于其他机构。陕西申请主体中，仅西安科技大学在 C02F（水、废水、污水或污泥的处理）技术方向上，陕西科技大学在 C08F（仅用碳－碳不饱和键反应得到的高分子化合物）技术方向上进入全国主要申请主体之列，表现一般（表 4-25）。

表 4-25　陕西煤制烯烃（芳烃）深加工技术领域授权发明专利主要 IPC 分类

| IPC 技术分类 | 全国（截至 2023 年年底） | | 陕西（截至 2023 年年底） | | |
|---|---|---|---|---|---|
| | 授权量／件 | 主要申请主体 | 授权量／件 | 占全国比重 | 主要申请主体 |
| C07C（无环或碳环化合物） | 1327 | 中国石油化工股份有限公司上海石油化工研究院（379）<br>中国科学院大连化学物理研究所（87）<br>中国神华煤制油化工有限公司（40）<br>中石化炼化工程（集团）股份有限公司（29）<br>英国石油公司（29） | 33 | 2.49% | 陕西煤业化工集团有限责任公司（16）<br>西北大学（8）<br>陕西师范大学（5）<br>陕西省能源化工研究院（2） |

续表

| IPC 技术分类 | 全国（截至 2023 年年底） | | 陕西（截至 2023 年年底） | | |
| --- | --- | --- | --- | --- | --- |
| | 授权量／件 | 主要申请主体 | 授权量／件 | 占全国比重 | 主要申请主体 |
| B01J（化学或物理方法，例如，催化作用或胶体化学；其有关设备） | 893 | 中国石油化工股份有限公司上海石油化工研究院（212）<br>中国科学院大连化学物理研究所（76）<br>巴斯夫欧洲公司（28）<br>中国石油化工股份有限公司石油化工科学研究院（25）<br>中国石油天然气股份有限公司（25） | 33 | 3.70% | 陕西煤业化工集团有限责任公司（11）<br>西北大学（9）<br>陕西师范大学（4）<br>西安科技大学（3）<br>西安恒旭科技发展有限公司（2）<br>陕西省能源化工研究院（2） |
| C10G（烃油裂化；液态烃混合物的制备，例如用破坏性加氢反应、低聚反应、聚合反应；从油页岩、油矿或油气中回收烃油；含烃类为主的混合物的精制；石脑油的重整；地蜡） | 385 | 中国石油化工股份有限公司上海石油化工研究院（39）<br>沙特基础工业公司（23）<br>中国科学院大连化学物理研究所（21）<br>沙特阿拉伯石油公司（17）<br>IFP 新能源公司（13）<br>国际壳牌研究有限公司（13）<br>中国石油化工股份有限公司石油化工科学研究院（13） | 12 | 3.12% | 西北大学（6）<br>西安恒旭科技发展有限公司（2）<br>陕西延长石油（集团）有限责任公司（1） |
| C02F（水、废水、污水或污泥的处理） | 65 | 中国石油化工股份有限公司（8）<br>中国神华煤制油化工有限公司（5）<br>中国石化集团洛阳石油化工工程公司（3）<br>西安科技大学（3）<br>江苏久吾高科技股份有限公司（3） | 7 | 10.77% | 西安科技大学（3）<br>西安交通大学（1）<br>西安石油大学（1）<br>陕西师范大学（1）<br>陕西省微生物研究所（1） |
| C01B（非金属元素；其化合物） | 162 | 中国石油化工股份有限公司（11）<br>神华集团有限责任公司（9）<br>巴斯夫欧洲公司（7）<br>庄信万丰股份有限公司（6）<br>国际壳牌研究有限公司（4） | 7 | 4.32% | 陕西煤业化工集团有限责任公司（3）<br>西北大学（2）<br>榆林科大高新能源研究院有限公司（1）<br>陕西师范大学（1） |

续表

| IPC 技术分类 | 全国（截至 2023 年年底） | | 陕西（截至 2023 年年底） | | |
|---|---|---|---|---|---|
| | 授权量/件 | 主要申请主体 | 授权量/件 | 占全国比重 | 主要申请主体 |
| C10L（不包含在其他类目中的燃料；天然气；不包含在 C10G 或 C10K 小类中的方法得到的合成天然气；液化石油气；在燃料或火中使用添加剂；引火物） | 148 | 巴斯夫欧洲公司（21）<br>因诺斯佩克有限公司（10）<br>国际壳牌研究有限公司（6）<br>英菲诺姆国际有限公司（6）<br>伊蒂股份有限公司（4）<br>卡斯特罗尔有限公司（4）<br>国家能源集团宁夏煤业有限责任公司（4）<br>埃克森化学专利公司（4）<br>山西新源煤化燃料有限公司（4） | 5 | 3.38% | 陕西科技大学（3）<br>陕西华电榆横煤化工有限公司（1）<br>陕西省石油化工研究设计院（1） |
| C08F（仅用碳-碳不饱和键反应得到的高分子化合物） | 73 | 巴斯夫欧洲公司（15）<br>三井化学株式会社（4）<br>阿克佐诺贝尔国际涂料股份有限公司（3）<br>北京化工大学（2）<br>巴塞尔聚烯烃股份有限公司（2）<br>索维公司（2）<br>道康宁公司（2）<br>陕西科技大学（2） | 4 | 5.48% | 陕西科技大学（2）<br>陕西万朗石油工程技术服务有限公司（1）<br>陕西师范大学（1） |
| C09K（不包含在其他类目中的各种应用材料；不包含在其他类目中的材料的各种应用） | 78 | 科莱恩金融（BVI）有限公司（15）<br>巴斯夫欧洲公司（7）<br>可泰克斯公司（2）<br>埃默里油脂化学有限公司（2）<br>安赛乐米塔尔公司（2）<br>瓦克化学股份公司（2）<br>赢创德固赛有限公司（2）<br>弗劳恩霍弗应用研究促进协会（2） | 3 | 3.85% | 西安石油大学（1）<br>陕西万朗石油工程技术服务有限公司（1）<br>陕西科技大学（1） |

## 2. 国外专利数据

2023 年，陕西在煤制烯烃（芳烃）深加工技术领域申请的国外专利公开量仅为 1 件，为陕西延长石油延安能源化工有限责任公司申请的美国专利，涉及一种甲醇制烯烃洗水深度净化装置及方法（表 4-26）。

表 4-26　2023 年陕西煤制烯烃（芳烃）深加工技术领域申请的国外专利公开数据

| 序号 | 专利名称 | 申请主体 | 主分类号 | 同族专利数 / 件 |
|---|---|---|---|---|
| 1 | Deep purification device for methanol-to-olefin washing water useful for recycling waste water comprises water washing tower connected with top outlet of quench tower，and boiling bed separator connected with bottom of washing tower | 陕西延长石油延安能源化工有限责任公司 | C02F，B01D | 2 |

（整理编写：余虎）

## 五、航空航天

### 1. 国内专利数据

**（1）总量数据**

截至 2023 年年底，陕西在航空航天技术领域国内发明专利累计许可公开量为 33 211 件，居全国第 3 位，不足北京的 1/2；2023 年当年陕西发明专利许可公开量为 7824 件，居全国第 3 位，接近北京的 1/2（图 4-55）。陕西在该技术领域发明专利累计授权量和 2023 年当年发明专利授权量分别为 15 625 件和 3032 件，均居全国第 2 位，仅次于北京（图 4-56）。

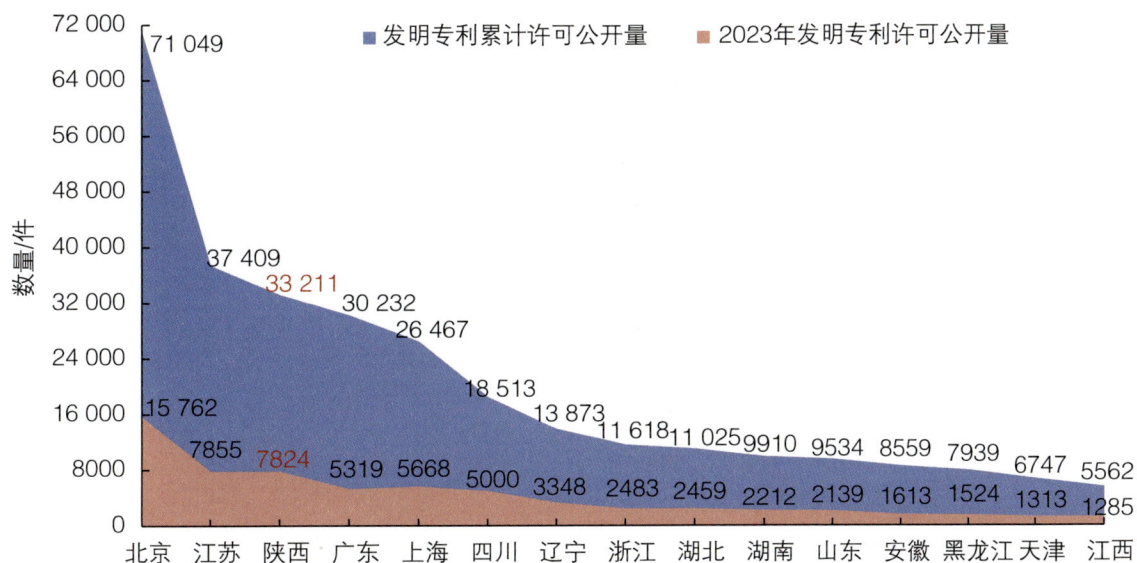

图 4-55　航空航天技术领域部分省（自治区、直辖市）的国内发明专利许可公开量数据

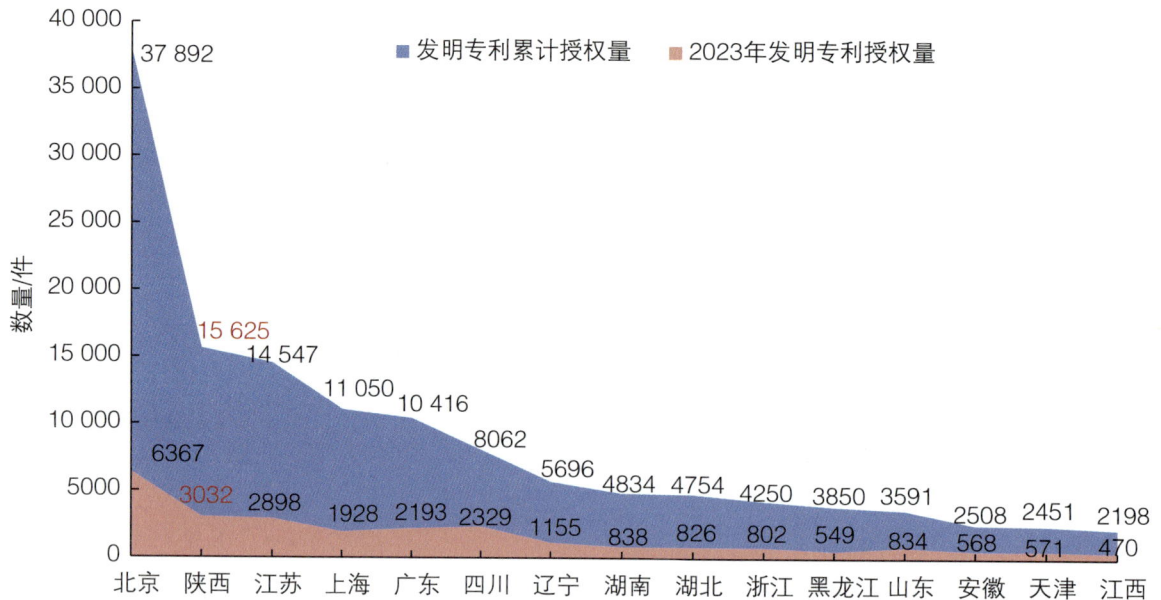

图 4-56　航空航天技术领域部分省（自治区、直辖市）的国内发明专利授权量数据

**（2）申请主体数据**

　　截至 2023 年年底，陕西航空航天技术领域国内发明专利中，申请机构 TOP 10 的发明专利授权总量占陕西该技术领域发明专利授权总量的 66%；其中，西北工业大学发明专利数量遥遥领先于其余机构；除此之外，以中国航空工业集团、中国航天科技集团和中国航空发动机集团所属科研院所及企业为主力军，占据了申请机构 TOP 10 的一半。非高校申请机构 TOP 10 均为中国航天科技集团、中国航空工业集团、中国航空发动机集团下属单位（图 4-57、图 4-58）。

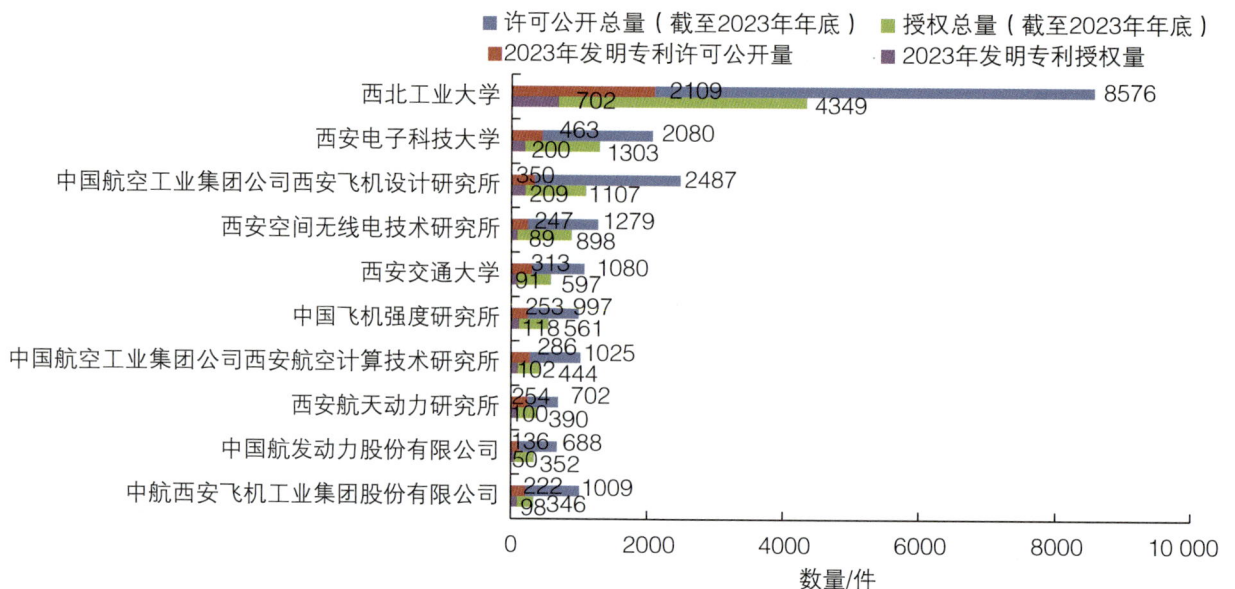

图 4-57　陕西航空航天技术领域国内发明专利申请机构 TOP 10

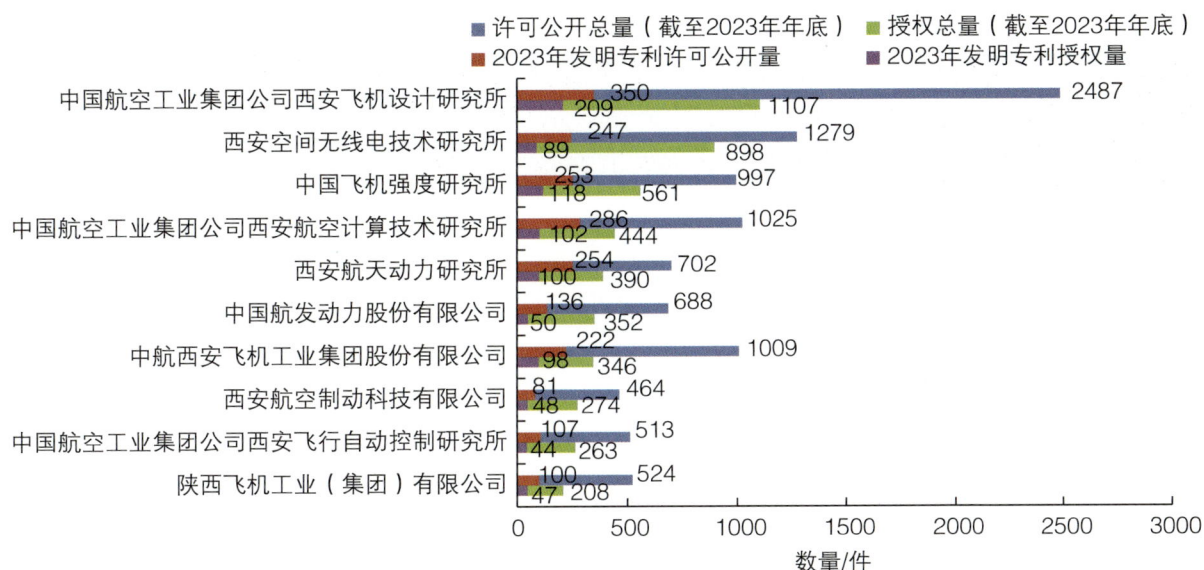

图 4-58　陕西航空航天技术领域国内发明专利非高校申请机构 TOP 10

**（3）优势技术方向**

按 IPC 分类，截至 2023 年年底，陕西在航空航天技术领域国内授权发明专利主要集中在电数字数据处理、无线电定向导航、机器或结构部件的静或动平衡的测试，以及飞机、直升机等技术方向。西北工业大学在 G06F、G01S、B64C、G01M、G05D、G05B 等 6 个技术方向上发明专利授权量位居全国 TOP 5；中国航空工业集团公司西安飞机设计研究所和西安航空计算技术研究所分别在 G06F、B64F、H04L 等 3 个技术方向上发明专利授权量位居全国 TOP 5（表 4-27）。

陕西航空航天技术领域授权发明专利申请机构基本被省内几所高校、研究机构和大型国有企业垄断；民营企业仅有西安费斯达自动化工程有限公司在 G05B（一般的控制或调节系统；这种系统的功能单元；用于这种系统或单元的监视或测试装置）技术方向上，以及西安爱生技术集团有限公司在 G05D（非电变量的控制或调节系统）技术方向上表现比较突出。

表 4-27　陕西航空航天技术领域授权发明专利 IPC 分类 TOP 10

| IPC 技术分类 | 全国（截至 2023 年年底） | | 陕西（截至 2023 年年底） | | |
| --- | --- | --- | --- | --- | --- |
| | 授权量/件 | 主要申请主体 | 授权量/件 | 占全国比重 | 主要申请主体 |
| G06F（电数字数据处理） | 16 861 | 北京航空航天大学（1347）<br>西北工业大学（782）<br>南京航空航天大学（765）<br>中国航空工业集团公司西安飞机设计研究所（310）<br>中国运载火箭技术研究院（277） | 2226 | 13.20% | 西北工业大学（782）<br>中国航空工业集团公司西安飞机设计研究所（310）<br>中国航空工业集团公司西安航空计算技术研究所（162）<br>西安电子科技大学（137）<br>西安交通大学（97） |

续表

| IPC 技术分类 | 全国（截至 2023 年年底） | | 陕西（截至 2023 年年底） | | |
|---|---|---|---|---|---|
| | 授权量 / 件 | 主要申请主体 | 授权量 / 件 | 占全国比重 | 主要申请主体 |
| G01S（无线电定向；无线电导航；采用无线电波测距或测速；采用无线电波的反射或再辐射的定位或存在检测；采用其他波的类似装置） | 13 716 | 北京航空航天大学（714）<br>西安电子科技大学（438）<br>南京航空航天大学（379）<br>电子科技大学（276）<br>西北工业大学（231） | 1306 | 9.52% | 西安电子科技大学（438）<br>西北工业大学（231）<br>西安空间无线电技术研究所（193）<br>中国科学院国家授时中心（55）<br>中国人民解放军火箭军工程大学（45） |
| B64C（飞机；直升飞机） | 12 127 | 空中客车（937）<br>波音公司（442）<br>北京航空航天大学（401）<br>南京航空航天大学（345）<br>西北工业大学（272） | 911 | 7.51% | 西北工业大学（272）<br>中国航空工业集团公司西安飞机设计研究所（186）<br>西安航空制动科技有限公司（113）<br>陕西飞机工业（集团）有限公司（42）<br>中航西安飞机工业集团股份有限公司（32）<br>西安交通大学（32） |
| G01M（机器或结构部件的静或动平衡的测试；其他类目中不包括的结构部件或设备的测试） | 6129 | 北京航空航天大学（364）<br>中国航天空气动力技术研究院（286）<br>南京航空航天大学（257）<br>西北工业大学（220）<br>中国飞机强度研究所（197） | 898 | 14.65% | 西北工业大学（220）<br>中国飞机强度研究所（197）<br>中国航空工业集团公司西安飞机设计研究所（102）<br>西安航天动力试验技术研究所（58）<br>西安航空动力股份有限公司（45） |
| G01C（测量距离、水准或者方位；勘测；导航；陀螺仪；摄影测量学或视频测量学） | 14 206 | 北京航空航天大学（910）<br>南京航空航天大学（275）<br>北京控制工程研究所（243）<br>中国人民解放军国防科学技术大学（235）<br>东南大学（232） | 855 | 6.02% | 西北工业大学（204）<br>中国航空工业西安飞行自动控制研究所（74）<br>西安电子科技大学（71）<br>西安航天精密机电研究所（40）<br>中国西安卫星测控中心（33） |

续表

| IPC 技术分类 | 全国（截至 2023 年年底） | | | 陕西（截至 2023 年年底） | | |
|---|---|---|---|---|---|---|
| | 授权量 / 件 | 主要申请主体 | | 授权量 / 件 | 占全国比重 | 主要申请主体 |
| B64F（与飞机相关联的地面装置或航空母舰甲板装置） | 5739 | 中国飞机强度研究所（295）<br>波音公司（164）<br>南京航空航天大学（158）<br>中国直升机设计研究所（158）<br>中国航空工业集团公司西安飞机设计研究所（147） | | 849 | 14.79% | 中国飞机强度研究所（295）<br>中国航空工业集团公司西安飞机设计研究所（147）<br>西北工业大学（100）<br>中航西安飞机工业集团股份有限公司（65）<br>陕西飞机工业（集团）有限公司（45） |
| G05D（非电变量的控制或调节系统） | 9342 | 北京航空航天大学（610）<br>西北工业大学（347）<br>南京航空航天大学（318）<br>深圳市大疆创新科技有限公司（249）<br>北京理工大学（246） | | 697 | 7.46% | 西北工业大学（347）<br>西安电子科技大学（42）<br>中国飞机强度研究所（31）<br>西安爱生技术集团有限公司（29）<br>中国航空工业集团公司西安飞机设计研究所（27） |
| G05B（一般的控制或调节系统；这种系统的功能单元；用于这种系统或单元的监视或测试装置） | 4881 | 北京航空航天大学（413）<br>南京航空航天大学（340）<br>西北工业大学（316）<br>北京控制工程研究所（124）<br>中国运载火箭技术研究院（122） | | 637 | 13.05% | 西北工业大学（316）<br>中国航空工业集团公司西安飞机设计研究所（58）<br>西安费斯达自动化工程有限公司（37）<br>中国航空工业西安飞行自动控制研究所（22）<br>中国航空工业集团公司西安航空计算技术研究所（17） |
| H04B（传输） | 7495 | 中国电子科技集团公司第五十四研究所（262）<br>西安空间无线电技术研究所（190）<br>北京航空航天大学（181）<br>北京邮电大学（155）<br>上海卫星工程研究所（147） | | 573 | 7.65% | 西安空间无线电技术研究所（190）<br>西安电子科技大学（134）<br>西北工业大学（51）<br>西安交通大学（26）<br>中国西安卫星测控中心（24） |

续表

| IPC 技术分类 | 全国（截至 2023 年年底） | | 陕西（截至 2023 年年底） | | |
|---|---|---|---|---|---|
| | 授权量/件 | 主要申请主体 | 授权量/件 | 占全国比重 | 主要申请主体 |
| H04L（数字信息的传输，例如电报通信） | 5479 | 北京航空航天大学（267）中国电子科技集团公司第五十四研究所（143）西安电子科技大学（130）西安空间无线电技术研究所（121）中国航空工业集团公司西安航空计算技术研究所（115） | 533 | 9.73% | 西安电子科技大学（130）西安空间无线电技术研究所（121）中国航空工业集团公司西安航空计算技术研究所（115）西北工业大学（46）西安交通大学（14） |

## 2. 国外专利数据

2023 年，陕西在航空航天技术领域申请的国外专利公开量为 17 件。其中，PCT 国际专利 6 件、美国专利 6 件、欧洲专利 4 件、韩国专利 1 件，共计 17 个 DWPI 同族专利（表 4-28）。

申请主体中，航天推进技术研究院申请国外专利 4 件，内容涉及低温火箭发动机流量计校准系统和方法等。中国科学院国家授时中心、西北工业大学和陕西理工大学分别申请国外专利 2 件，涉及应用于空间站的锶光学时钟物理系统等。西安交通大学、西安空间无线电技术研究所、国际商业机器中国有限公司西安分公司、陕西航天科技集团有限公司、西安羚控电子科技有限公司、陕西中天火箭技术股份有限公司及自然人 LAI PINGJI 分别申请国外专利 1 件。

**表 4-28 2023 年陕西航空航天技术领域申请的国外专利公开数据**

| 序号 | 专利名称 | 申请主体 | 主分类号 | 同族专利数/件 |
|---|---|---|---|---|
| 1 | A physical system of strontium optical clock applied for a space station | 中国科学院国家授时中心 | G04F | 4 |
| 2 | Flow meter calibration system and method for cryogenic propellant rocket engine | 航天推进技术研究院 | G01F | 4 |
| 3 | Distributed centerless space-based time reference establishing and maintaining system | 西安空间无线电技术研究所 | G04R | 3 |
| 4 | Method for predicting structural response of liquid-propellant rocket engine to impact load | 航天推进技术研究院 | F02K | 3 |
| 5 | Power-assisted negative pressure type flexible exoskeleton system used for extravehicular spacesuit | 西安交通大学 | B25J | 1 |

续表

| 序号 | 专利名称 | 申请主体 | 主分类号 | 同族专利数/件 |
|---|---|---|---|---|
| 6 | Thermal structure coupling anaysis method of a solid rocket motor nozzle considering the strctural gaps | 国际商业机器中国有限公司西安分公司 | G06F | 0 |
| 7 | Method for updating strapdown inertial navigation solutions based on launch–centered earth–fixed frame | 西北工业大学 | G01C | 2 |
| 8 | Astronaut light | LAI PINGJI | B64D | 0 |
| 9 | Pipeline separation device for liquid–propellant rocket | 陕西航天科技集团有限公司 | F16L | 4 |
| 10 | Laser radar for meteorological observation | 陕西理工大学 | G01C | 2 |
| 11 | Method for simulating contact dynamic characteristics of high–speed heavy–load ball bearings in liquid rocket engine | 航天推进技术研究院 | G06F | 1 |
| 12 | Solid rocket engine rear skirt connection mechanical arm type interstage separation test device and method | 航天推进技术研究院 | F02K | 2 |
| 13 | Space station common–view time comparison orbit error correction method | 中国科学院国家授时中心 | B64G | 1 |
| 14 | Automatic recovery charger nest for vertical take–off and landing fixed–wing unmanned aerial vehicle | 西安羚控电子科技有限公司 | B60L | 1 |
| 15 | Catalyst sowing device and high–temperature–resistant precipitation–increasing rocket having same | 陕西中天火箭技术股份有限公司 | F42B | 1 |
| 16 | Laser radar for meteorological observation | 陕西理工大学 | G01S | 2 |
| 17 | Aerodynamic layout design method and system for wide–speed–range hypersonic aircraft | 西北工业大学 | G06F | 1 |

（整理编写：武茜）

## 六、民用无人机

### 1. 国内专利数据

#### （1）总量数据

截至 2023 年年底，陕西在民用无人机技术领域国内发明专利累计许可公开量为 3948 件，

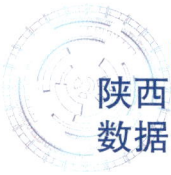

居全国第 6 位，不足广东的 1/3；2023 年当年陕西发明专利许可公开量为 1013 件，与四川并列全国第四，不足广东的 1/2（图 4-59）。陕西在该技术领域发明专利累计授权量为 1358 件，居全国第 4 位，落后于北京、广东、江苏；2023 年当年发明专利授权量为 378 件，居全国第 5 位（图 4-60）。

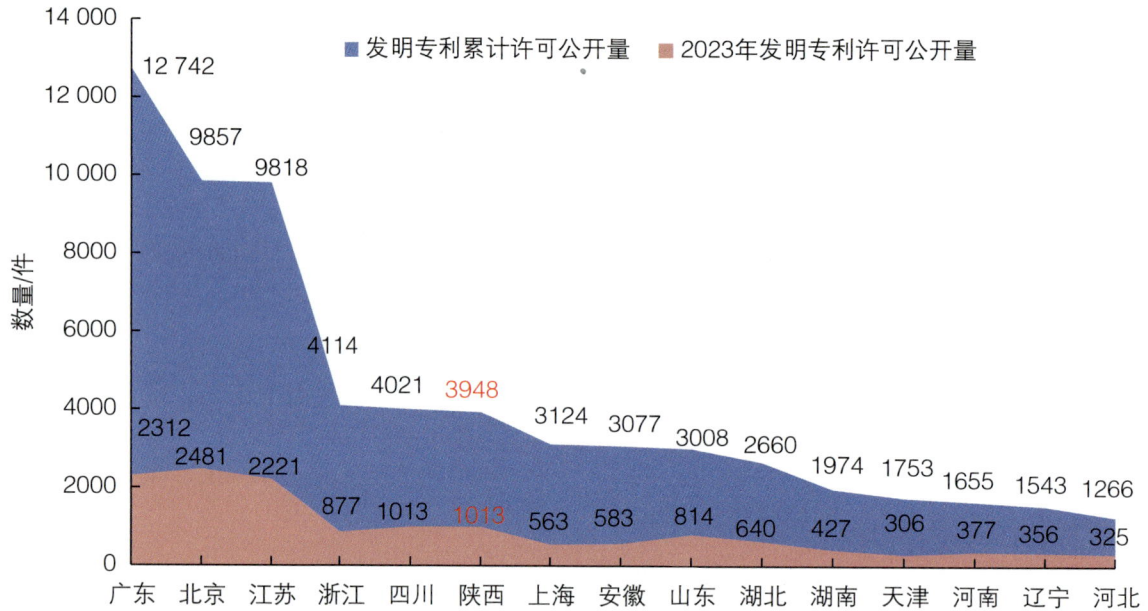

图 4-59　民用无人机技术领域部分省（自治区、直辖市）的国内发明专利许可公开量数据

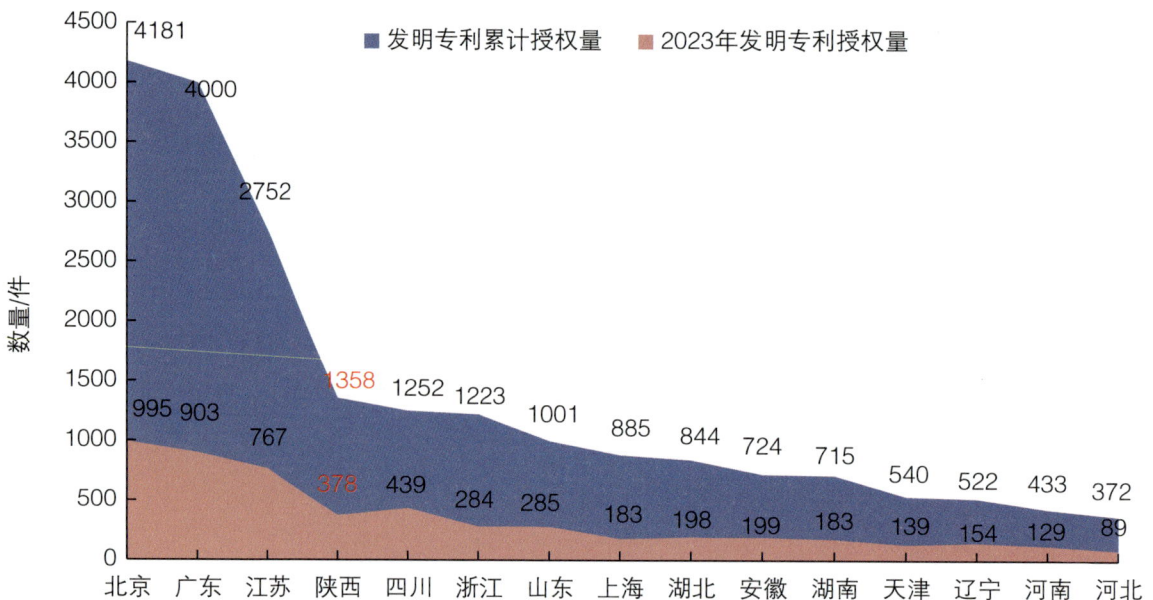

图 4-60　民用无人机技术领域部分省（自治区、直辖市）的国内发明专利授权量数据

**（2）申请主体数据**

截至 2023 年年底，陕西在民用无人机技术领域国内发明专利许可公开总量和授权总量的主要贡献者为高校，申请机构 TOP 10 中有 6 家高校、3 家企业、1 家科研院所。申请机构 TOP 10 的发明专利授权总量之和占陕西该技术领域发明专利授权总量的 71%。申请机构前 3 名分别为西北工业大学、西安电子科技大学和西安爱生技术集团有限公司。其中，西北工业大学在该技术领域国内发明专利数量遥遥领先，发明专利许可公开总量约为全省许可公开总量的 1/4，发明专利授权总量接近全省总量的 1/3，显示了其在省内的领军地位（图 4-61）。

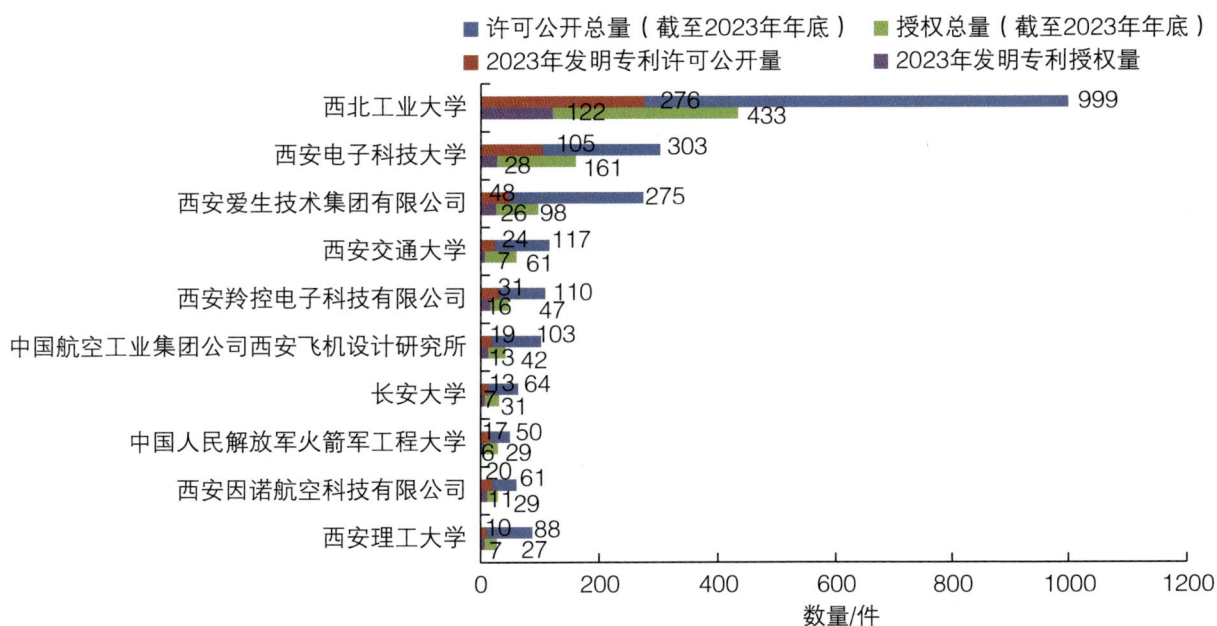

图 4-61  陕西民用无人机技术领域国内发明专利申请机构 TOP 10

陕西企业在民用无人机技术领域国内发明专利表现不如省内高校，非高校主要申请机构中有 6 家民营企业、5 家科研院所。西安爱生技术集团有限公司国内发明专利许可公开总量及授权总量在企业中位居第一，但与省内高校相比还存在较大差距。值得注意的是，多数申请企业的发明专利授权量较少（图 4-62）。

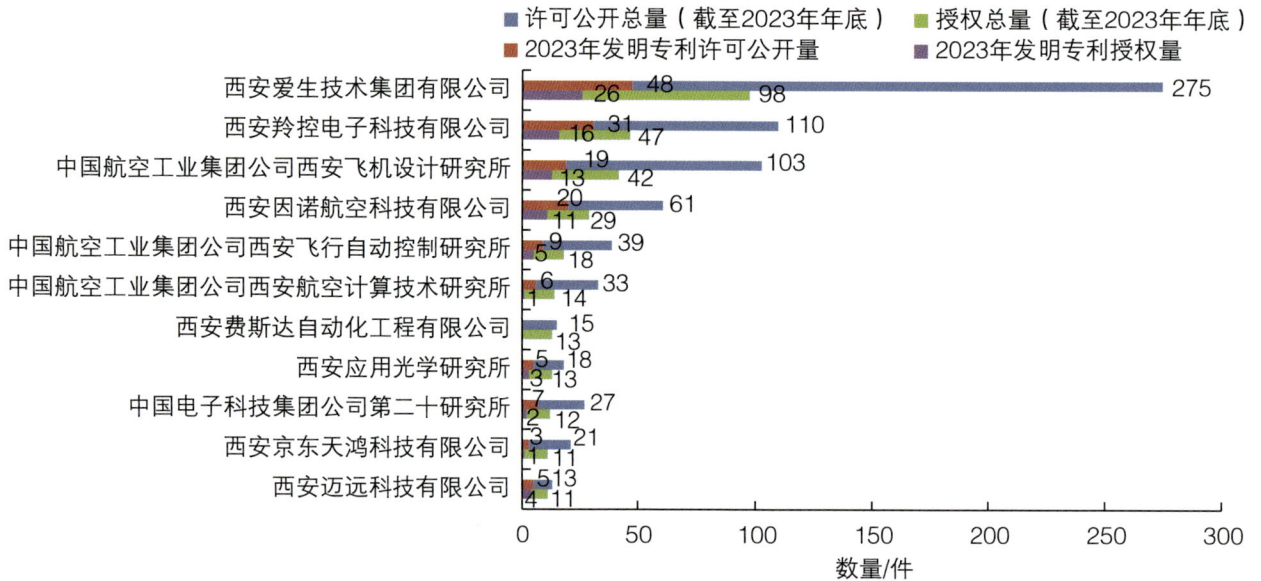

■ 许可公开总量（截至2023年年底）　■ 授权总量（截至2023年年底）
■ 2023年发明专利许可公开量　■ 2023年发明专利授权量

图 4-62　陕西民用无人机技术领域国内发明专利非高校主要申请机构

**（3）优势技术方向**

按 IPC 分类，截至 2023 年年底，陕西在民用无人机技术领域国内授权发明专利主要集中在 G05D（非电变量的控制或调节系统）、B64C（飞机；直升飞机）、B64D（用于与飞机配合或装到飞机上的设备等）和 G01C（测量距离、水准或者方位等）等技术方向，占该技术领域陕西发明专利累计授权量的 62%。西北工业大学在 G05D、B64C、G01C、B64F、G06T、G06F 等 6 个技术方向上发明专利授权量位居全国 TOP 5；西安电子科技大学在 G01S、H04B 等 2 个技术方向上发明专利授权量位居全国 TOP 5（表 4-29）。

陕西民营企业西安爱生技术集团有限公司表现不错，在 G05D、B64C、B64D、G01C、B64F、G06F 等 6 个技术方向上发明专利授权量位居陕西 TOP 5。

表 4-29　陕西民用无人机技术领域授权发明专利 IPC 分类 TOP 10

| IPC 技术分类 | 全国（截至 2023 年年底） | | 陕西（截至 2023 年年底） | | |
|---|---|---|---|---|---|
| | 授权量/件 | 主要申请主体 | 授权量/件 | 占全国比重 | 主要申请主体 |
| G05D（非电变量的控制或调节系统） | 5026 | 北京航空航天大学（266）<br>深圳市大疆创新科技有限公司（190）<br>南京航空航天大学（169）<br>西北工业大学（151）<br>北京理工大学（98） | 312 | 6.21% | 西北工业大学（151）<br>西安电子科技大学（35）<br>西安爱生技术集团有限公司（27）<br>西安羚控电子科技有限公司（14）<br>西安交通大学（13） |

续表

| IPC 技术分类 | 全国（截至 2023 年年底） | | 陕西（截至 2023 年年底） | | |
|---|---|---|---|---|---|
| | 授权量/件 | 主要申请主体 | 授权量/件 | 占全国比重 | 主要申请主体 |
| B64C（飞机；直升飞机） | 4230 | 深圳市大疆创新科技有限公司（193）<br>北京航空航天大学（119）<br>南京航空航天大学（75）<br>西北工业大学（68）<br>国家电网有限公司（58） | 195 | 4.61% | 西北工业大学（68）<br>西安羚控电子科技有限公司（13）<br>西安交通大学（11）<br>中国航空工业集团公司西安飞机设计研究所（9）<br>西安爱生技术集团有限公司（8） |
| B64D（用于与飞机配合或装到飞机上的设备；飞行服；降落伞；动力装置或推进传动装置在飞机中的配置或安装） | 3795 | 深圳市大疆创新科技有限公司（163）<br>北京航空航天大学（55）<br>国家电网有限公司（53）<br>华南农业大学（51）<br>易瓦特科技股份公司（51） | 184 | 4.85% | 西北工业大学（47）<br>中国航空工业集团公司西安飞机设计研究所（22）<br>西安爱生技术集团有限公司（11）<br>西安羚控电子科技有限公司（9）<br>西安交通大学（8） |
| G01C（测量距离、水准或者方位；勘测；导航；陀螺仪；摄影测量学或视频测量学） | 1892 | 北京航空航天大学（106）<br>西北工业大学（49）<br>中国人民解放军国防科技大学（43）<br>南京航空航天大学（40）<br>深圳市大疆创新科技有限公司（32） | 149 | 7.88% | 西北工业大学（49）<br>西安电子科技大学（17）<br>西安爱生技术集团有限公司（10）<br>西安因诺航空科技有限公司（9）<br>长安大学（5） |
| G01S（无线电定向；无线电导航；采用无线电波测距或测速；采用无线电波的反射或再辐射的定位或存在检测；采用其他波的类似装置） | 1336 | 南京航空航天大学（37）<br>西安电子科技大学（37）<br>北京航空航天大学（36）<br>深圳市大疆创新科技有限公司（27）<br>电子科技大学（20） | 103 | 7.71% | 西安电子科技大学（37）<br>西北工业大学（16）<br>中国人民解放军火箭军工程大学（5）<br>西安因诺航空科技有限公司（5）<br>西安理工大学（4） |

| IPC 技术分类 | 全国（截至 2023 年年底） | | 陕西（截至 2023 年年底） | | |
|---|---|---|---|---|---|
| | 授权量/件 | 主要申请主体 | 授权量/件 | 占全国比重 | 主要申请主体 |
| B64F（与飞机相关联的地面装置或航空母舰甲板装置） | 1352 | 南京航空航天大学（35）<br>西北工业大学（31）<br>北京航空航天大学（23）<br>国家电网有限公司（22）<br>哈尔滨工业大学（19） | 97 | 7.17% | 西北工业大学（31）<br>西安爱生技术集团有限公司(13)<br>中国航空工业集团公司西安飞机设计研究所（10）<br>西安羚控电子科技有限公司(6)<br>陕西蓝天上航空俱乐部有限公司（4） |
| G06T（一般的图像数据处理或产生） | 1567 | 北京航空航天大学（44）<br>国家电网有限公司（37）<br>西北工业大学（24）<br>中国人民解放军国防科技大学（24）<br>武汉大学（22） | 93 | 5.93% | 西北工业大学（24）<br>西安电子科技大学（8）<br>长安大学（8）<br>西安因诺航空科技有限公司（8）<br>中国电子科技集团公司第二十研究所（4）<br>西安交通大学（4）<br>西安科技大学（4） |
| G06F（电数字数据处理） | 1202 | 北京航空航天大学（47）<br>西北工业大学（27）<br>南京航空航天大学（24）<br>深圳市大疆创新科技有限公司（23）<br>电子科技大学（19） | 82 | 6.82% | 西北工业大学（27）<br>西安电子科技大学（12）<br>西安交通大学（8）<br>西安爱生技术集团有限公司（6）<br>西安羚控电子科技有限公司（5） |
| H04B（传输） | 1267 | 北京邮电大学（56）<br>北京航空航天大学（42）<br>南京邮电大学（40）<br>南京航空航天大学（31）<br>西安电子科技大学（28） | 80 | 6.31% | 西安电子科技大学（28）<br>西北工业大学（23）<br>西安理工大学（7）<br>西安交通大学（6）<br>中国人民解放军火箭军工程大学（4） |
| H04W（无线通信网络） | 1543 | 北京邮电大学（76）<br>高通股份有限公司（50）<br>北京航空航天大学（49）<br>南京邮电大学（47）<br>北京小米移动软件有限公司（43） | 80 | 5.18% | 西安电子科技大学（24）<br>西北工业大学（23）<br>西安交通大学（5）<br>中国人民解放军火箭军工程大学（5）<br>中国人民解放军空军工程大学（4）<br>西安理工大学（4） |

## 2. 国外专利数据

2023 年，陕西在民用无人机技术领域申请的国外专利公开量仅为 2 件，共计 2 个 DWPI 同族专利，分别为西北工业大学申请的用于三旋翼无人机垂直坠落试验的电磁释放装置相关美国专利 1 件、西安羚控电子科技有限公司申请的一种垂直起降固定翼无人机自动回收充电机巢相关 PCT 国际专利 1 件（表 4-30）。

表 4-30　2023 年陕西民用无人机技术领域申请的国外专利公开数据

| 序号 | 专利名称 | 申请主体 | 主分类号 | 同族专利数 / 件 |
| --- | --- | --- | --- | --- |
| 1 | Electromagnetic release device for use in vertical falling tests of tri-rotor uavs | 西北工业大学 | H01F | 2 |
| 2 | Automatic recovery charger nest for vertical take-off and landing fixed-wing unmanned aerial vehicle | 西安羚控电子科技有限公司 | B60L | 3 |

（整理编写：龚娟）

## 七、生物医药[①]

### 1. 国内专利数据

**（1）总量数据**

截至 2023 年年底，陕西在生物医药技术领域国内发明专利累计许可公开量为 30 074 件，居全国第 12 位，不足江苏的 1/5；2023 年当年陕西发明专利许可公开量为 3969 件，居全国第 12 位，约为广东的 1/6（图 4-63）。陕西在该技术领域发明专利累计授权量和 2023 年当年发明专利授权量分别为 9759 件和 1286 件，分别居全国第 12 位和第 13 位，与强省有一定差距（图 4-64）。

**（2）申请主体数据**

截至 2023 年年底，陕西生物医药技术领域国内发明专利授权总量和许可公开总量均以高校占据绝对优势，申请机构 TOP 10 中有 9 家高校、1 家企业。特别是西安交通大学在该技术领域发明专利授权总量高居榜首，突显了其在陕西该领域的"领头羊"地位；中国人民解放军空军军医大学和陕西师范大学分别居陕西第 2 位和第 3 位（图 4-65）。

---

① 本书中生物医药范畴包括传统医药行业和生物技术在医药行业的应用技术两部分。

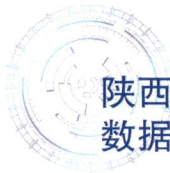

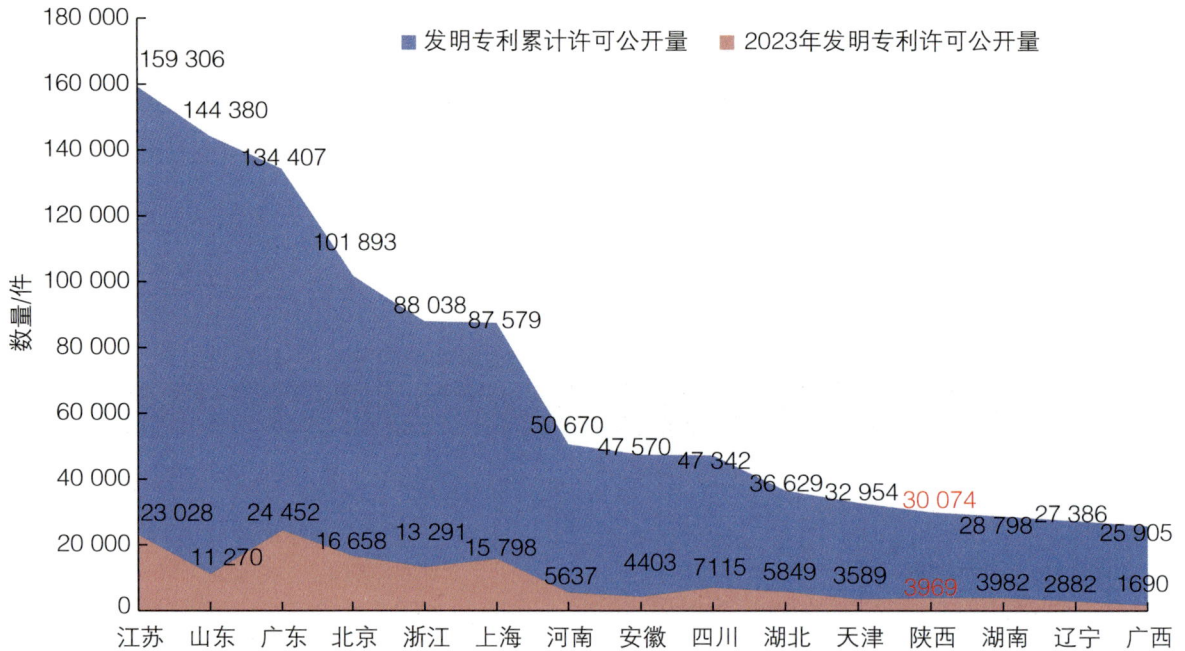

图 4-63　生物医药技术领域部分省（自治区、直辖市）的国内发明专利许可公开量数据

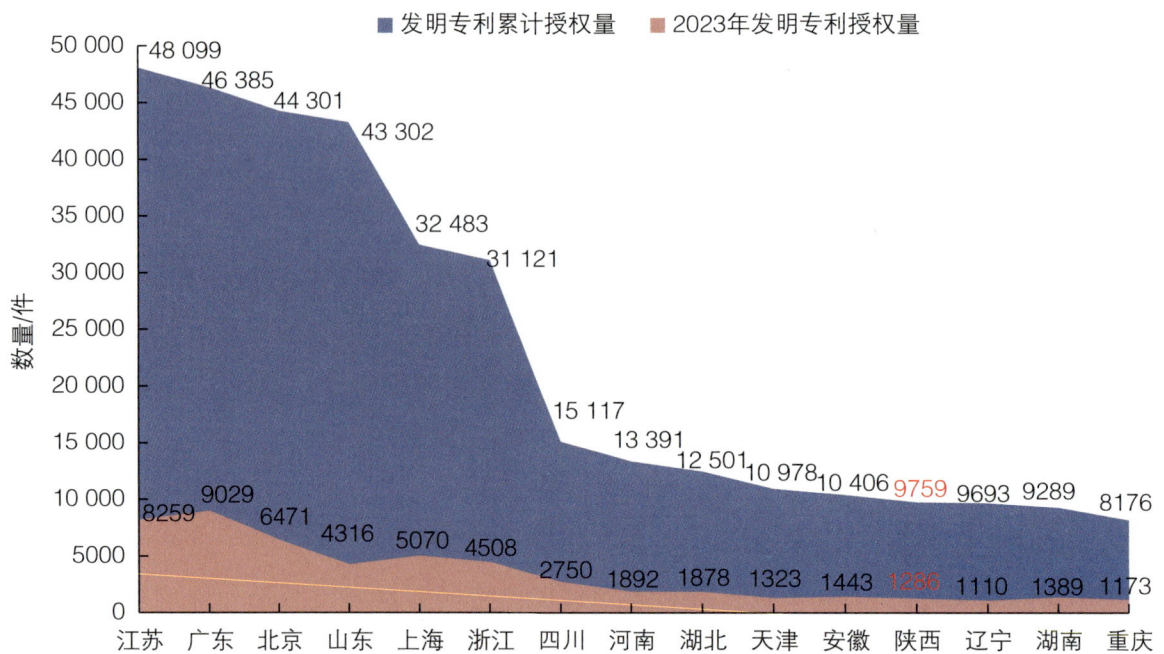

图 4-64　生物医药技术领域部分省（自治区、直辖市）的国内发明专利授权量数据

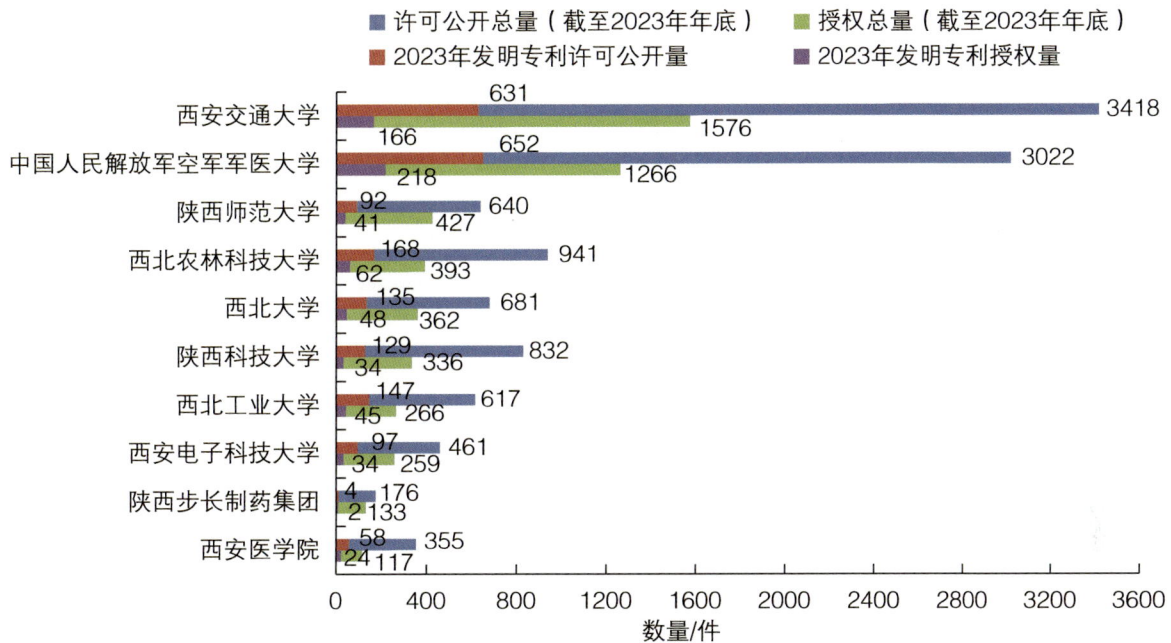

图 4-65　陕西生物医药技术领域国内发明专利申请机构 TOP 10

陕西企业在该技术领域国内发明专利表现不如省内高校，仅陕西步长制药集团进入陕西申请机构 TOP 10 中。进入发明专利非高校申请机构 TOP 10 的企业中，以民营企业居多（图 4-66），说明陕西民营企业在生物医药技术领域具有一定的研究实力。值得注意的是，陕西步长制药集团虽然发明专利授权总量排名进入非高校申请机构 TOP 10，但是在 2023 年表现不尽如人意，许可公开量为 4 件，授权量为 2 件。西安大医集团股份有限公司的发明专利授权总量为 44 件，2023 年当年发明专利授权量为 14 件；发明专利许可公开总量为 199 件，2023 年当年发明专利许可公开量为 54 件，显示出该企业近年的科技创新活跃度较高。

（3）优势技术方向

按 IPC 分类，截至 2023 年年底，陕西在生物医药技术领域国内授权发明专利主要集中在医用、牙科用或梳妆用的配制品，化合物或药物制剂的特定治疗活性方向上。特别是中国人民解放军空军军医大学在 A61K（医用、牙科用或梳妆用的配制品）、A61P（化合物或药物制剂的特定治疗活性）等技术方向上，处于陕西领先地位。从整体上看，陕西机构生物医药技术领域中的专利在全国表现并不突出，未见进入全国 TOP 5 的代表性机构。

在 A61B（诊断；外科；鉴定）、A61F（可植入血管内的滤器等）等技术方向上，发明专利授权量 TOP 5 的机构基本被国外企业垄断，可见在该技术领域国外企业非常重视我国市场及在我国的知识产权保护。

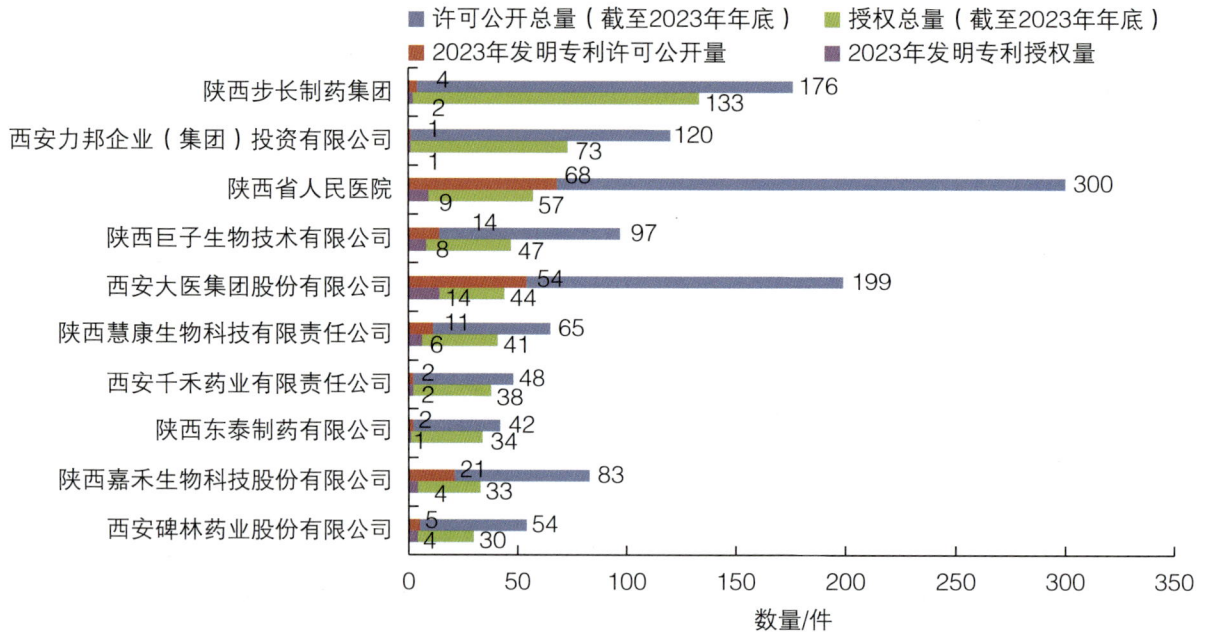

图 4-66　陕西生物医药技术领域国内发明专利非高校申请机构 TOP 10

　　陕西在生物医药技术领域国内授权发明专利的申请主体基本为省内几所高校，但民营企业的专利活动也逐渐活跃。陕西步长制药集团在 A61K（医用、牙科用或梳妆用的配制品）、A61P（化合物或药物制剂的特定治疗活性）技术方向上进入陕西申请主体 TOP 5 之列；西安力邦企业（集团）投资有限公司在 A61M（将介质输入人体内或输到人体上的器械）技术方向上进入陕西申请主体 TOP 5 之列；陕西慧康生物科技有限责任公司在 C07K（肽）技术方向上进入陕西申请主体 TOP 5 之列；陕西远光高科技有限公司在 A61M（将介质输入人体内或输到人体上的器械）和 A61F（可植入血管内的滤器等）技术方向上进入陕西申请主体 TOP 5 之列（表 4-31）。

表 4-31　陕西生物医药技术领域授权发明专利 IPC 分类 TOP 10

| IPC 技术分类 | 全国（截至 2023 年年底） | | 陕西（截至 2023 年年底） | | |
| --- | --- | --- | --- | --- | --- |
| | 授权量/件 | 主要申请主体 | 授权量/件 | 占全国比重 | 主要申请主体 |
| A61K（医用、牙科用或梳妆用的配制品） | 213 583 | 罗氏公司（1686）<br>中国药科大学（1536）<br>中山大学（1482）<br>浙江大学（1480）<br>沈阳药科大学（979） | 3674 | 1.72% | 中国人民解放军空军军医大学（482）<br>西安交通大学（321）<br>西北农林科技大学（177）<br>陕西步长制药集团（136）<br>西北大学（119） |

续表

| IPC 技术分类 | 全国（截至 2023 年年底） | | 陕西（截至 2023 年年底） | | |
|---|---|---|---|---|---|
| | 授权量 /件 | 主要申请主体 | 授权量 /件 | 占全国比重 | 主要申请主体 |
| A61P（化合物或药物制剂的特定治疗活性） | 185 348 | 中国药科大学（1496）<br>罗氏公司（1449）<br>中山大学（1389）<br>浙江大学（1349）<br>中国科学院上海药物研究所（954） | 3415 | 1.84% | 中国人民解放军空军军医大学（469）<br>西安交通大学（315）<br>西北农林科技大学（165）<br>陕西步长制药集团（135）<br>陕西师范大学（100）<br>西北大学（100） |
| A61B（诊断；外科；鉴定） | 88 330 | 奥林巴斯株式会社（2874）<br>皇家飞利浦有限公司（2833）<br>西门子公司（1664）<br>伊西康内外科公司（1472）<br>东芝医疗系统株式会社（1291） | 1489 | 1.69% | 西安交通大学（465）<br>中国人民解放军空军军医大学（256）<br>西安电子科技大学（109）<br>西北工业大学（48）<br>西安理工大学（21） |
| C07D（杂环化合物） | 79 004 | 罗氏公司（1431）<br>浙江大学（756）<br>詹森药业有限公司（701）<br>浙江工业大学（673）<br>中国科学院上海药物研究所（603） | 1034 | 1.31% | 陕西师范大学（205）<br>西安交通大学（136）<br>西北大学（106）<br>陕西科技大学（95）<br>中国人民解放军空军军医大学（62） |
| C12N（微生物或酶；其组合物；繁殖、保藏或维持微生物；变异或遗传工程；培养基） | 68 994 | 江南大学（2160）<br>浙江大学（1047）<br>中国农业大学（648）<br>浙江工业大学（549）<br>中国科学院微生物研究所（532） | 934 | 1.35% | 中国人民解放军空军军医大学（224）<br>西北农林科技大学（168）<br>西安交通大学（83）<br>陕西师范大学（58）<br>陕西科技大学（36） |
| A61L（材料或消毒的一般方法或装置；空气的灭菌、消毒或除臭；绷带、敷料、吸收垫或外科用品的化学方面；绷带、敷料、吸收垫或外科用品的材料） | 26 671 | 四川大学（577）<br>浙江大学（426）<br>东华大学（278）<br>华南理工大学（255）<br>清华大学（211） | 805 | 3.02% | 西安交通大学（185）<br>中国人民解放军空军军医大学（118）<br>西北大学（57）<br>西北工业大学（51）<br>陕西科技大学（47） |

续表

| IPC 技术分类 | 全国（截至 2023 年年底） | | 陕西（截至 2023 年年底） | | |
| --- | --- | --- | --- | --- | --- |
| | 授权量 / 件 | 主要申请主体 | 授权量 / 件 | 占全国比重 | 主要申请主体 |
| C07K（肽） | 41 216 | 浙江大学（432）<br>江南大学（405）<br>首都医科大学（398）<br>中国农业大学（397）<br>华南农业大学（263） | 551 | 1.34% | 中国人民解放军空军军医大学（164）<br>西北农林科技大学（64）<br>西安交通大学（49）<br>陕西慧康生物科技有限责任公司（39）<br>西北大学（37） |
| A61M（将介质输入人体内或输到人体上的器械） | 35 205 | 贝克顿 – 迪金森公司（728）<br>赛诺菲 – 安万特德国有限公司（707）<br>皇家飞利浦有限公司（583）<br>泰尔茂株式会社（442）<br>北京谊安医疗系统股份有限公司（242） | 532 | 1.51% | 西安交通大学（145）<br>中国人民解放军空军军医大学（102）<br>陕西省人民医院（19）<br>西安力邦企业（集团）投资有限公司（7）<br>陕西远光高科技有限公司（6） |
| A61F（可植入血管内的滤器；假体；为人体管状结构提供开口、或防止其塌陷的装置） | 30 253 | 尤妮佳股份有限公司（1605）<br>宝洁公司（1042）<br>金伯利 – 克拉克环球有限公司（562）<br>花王株式会社（537）<br>大王制纸株式会社（313） | 460 | 1.52% | 西安交通大学（137）<br>中国人民解放军空军军医大学（102）<br>西北工业大学（13）<br>陕西科技大学（10）<br>陕西远光高科技有限公司（7） |
| G01N（借助于测定材料的化学或物理性质来测试或分析材料） | 30 152 | 浙江大学（297）<br>罗氏公司（250）<br>江南大学（224）<br>清华大学（206）<br>济南大学（180） | 449 | 1.49% | 西安交通大学（76）<br>中国人民解放军空军军医大学（73）<br>陕西师范大学（37）<br>西北大学（35）<br>西北农林科技大学（26） |

## 2. 国外专利数据

### （1）总量数据

2023 年，陕西在生物医药技术领域申请的国外专利公开量为 154 件，合计 144 个同族专利。主要申请主体中，西安大医集团股份有限公司的专利公开量为 27 件，中国人民解放军空军军医大学为 15 件，陕西巨子生物技术有限公司为 11 件，西安交通大学、陕西盘龙药业集团股份有限公司与华创合成制药股份有限公司各 9 件。

按 IPC 分类，主要分布在 A61K（医用、牙科用或梳妆用的配制品）、A61N（电疗；磁疗；放射疗；超声波疗）、A61P（化合物或药物制剂的特定治疗活性）和 A61B（诊断；外科；鉴定）等技术方向。

（2）PCT 国际专利

2023 年，陕西在生物医药技术领域申请的 PCT 国际专利公开量为 45 件，比 2022 年减少了 16 件；主要集中在 C07K（肽）技术方向。

主要申请主体中，陕西巨子生物技术有限公司表现突出，专利公开量为 10 件，集中在 C07K（肽）技术方向；中国人民解放军空军军医大学与西北农林科技大学各 5 件，西安大医集团股份有限公司与松鼠保健品有限公司各 4 件，西安龙腾景云生物科技有限公司 3 件。

（3）美国专利

2023 年，陕西在生物医药技术领域申请的美国专利公开量为 66 件，比 2022 年减少了 9 件；主要分布在 A61N（电疗；磁疗；放射疗；超声波疗）、A61P（化合物或药物制剂的特定治疗活性）、A61B（诊断；外科；鉴定）、A61K（医用、牙科用或梳妆用的配制品）等技术方向。

主要申请主体中，西安大医集团股份有限公司的专利公开量为 19 件，西安交通大学为 9 件，陕西科技大学为 7 件，中国人民解放军空军军医大学为 6 件，陕西盘龙药业集团股份有限公司为 4 件，西北农林科技大学与华创合成制药股份有限公司各 2 件。

（4）欧洲专利

2023 年，陕西在生物医药技术领域申请的欧洲专利公开量为 16 件，比 2022 年减少了 11 件；主要分布在 A61K（医用、牙科用或梳妆用的配制品）、A61P（化合物或药物制剂的特定治疗活性）等技术方向。

主要申请主体中，中国人民解放军空军军医大学的专利公开量为 3 件，陕西麦科奥特科技有限公司、陕西慧康生物科技有限责任公司、西安新通药物研究股份有限公司与华创合成制药股份有限公司各 2 件。

（5）日本专利

2023 年，陕西在生物医药技术领域申请的日本专利公开量为 25 件，比 2022 年增加了 11 件；主要分布在 A61K（医用、牙科用或梳妆用的配制品）、A61P（化合物或药物制剂的特定治疗活性）等技术方向。

主要申请主体中，华创合成制药股份有限公司与陕西盘龙药业集团股份有限公司专利公开量各 5 件，西安新通药物研究股份有限公司为 4 件，西安大医集团股份有限公司为 3 件。

（6）韩国专利

2023年，陕西在生物医药技术领域申请的韩国专利公开量为2件，比2022年减少了2件；主要分布在 A61B（诊断；外科；鉴定）、A61K（医用、牙科用或梳妆用的配制品）技术方向。

申请主体为西安炬光科技有限公司和陕西麦科奥特科技有限公司，国外专利公开量各1件。

（整理编写：胡启萌）

## 第五章

# 陕西高价值专利竞争力

为更加客观地反映陕西各地市各区/县的专利竞争力水平，聚焦高价值专利申请地市及区/县，从专利数量和质量两大方面构建高价值专利评价指标体系，采用2023年公开的专利数据对陕西各地市各区/县的高价值专利竞争力进行综合评价。

## 一、高价值专利竞争力评价指标

陕西区域高价值专利竞争力评价采用专利公开量为数据基础，以代表专利价值强度的"合享价值度[①]"评价指标为基础选取高价值专利，涉及的指标包括专利技术稳定度、技术先进性和保护范围3个二级指标，综合考虑了专利类型、被引证次数、同族数量、同族国家数量、权利要求数量、发明人数量、涉及IPC大组数量、专利剩余有效期等20余个要素后计算所得。"合享价值度"指标强度分值为1~10分，分数越高，专利价值越高。价值度为9~10分的专利为高价值专利。

陕西区域高价值专利竞争力评价指标考虑了高价值专利数量和对整个区域的贡献度及各区域的"专利含金量[②]"。各区域高价值专利贡献度为该区域高价值专利数量与该区域所在上一级区域的整体高价值专利数量和之比。

## 二、高价值专利竞争力

### 1. 各省（自治区、直辖市）高价值专利竞争力

2023年，陕西公开的专利中，高价值专利数量为14 510件[③]，约占陕西所有专利的

---

① 北京合享智慧科技有限公司的incoPat专利平台中的价值度评价指标。

② 各区域的专利含金量为该区域高价值专利数量与该区域专利总数量之比。

③ 专利的价值度星级会随着时间发生变化，因此高价值专利数量也会随之改变，本书中数据的检索日期为2024年4月18日。

13%。陕西高价值专利竞争力综合排名位居全国第八，其中专利含金量位居全国第二，充分
体现了陕西专利的竞争力和创新活动的高质量发展态势（图 5-1）。

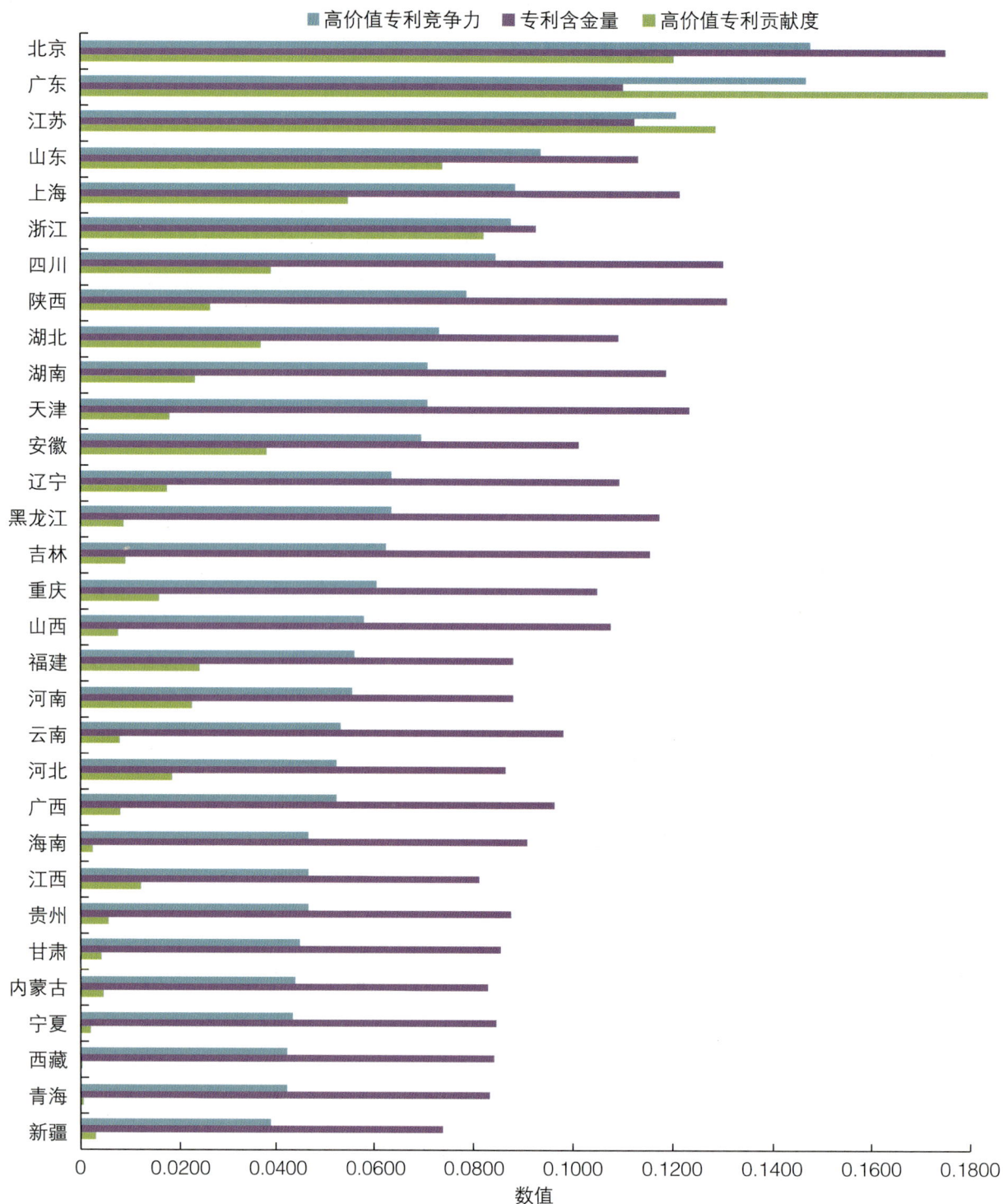

图 5-1　2023 年各省（自治区、直辖市）高价值专利竞争力

## 2. 陕西各市（区）高价值专利竞争力

### （1）总体概况

2023 年陕西 11 个市（区）的高价值专利竞争力如表 5-1 所示，11 个市（区）的高价值专利竞争力梯次明显。西安的高价值专利竞争力远高于其他市（区），遥遥领先，稳居榜首。排名第二的杨凌示范区虽然专利含金量与西安差距不大，但其高价值专利数量却仅为西安的 1.69%，导致其高价值专利竞争力与西安差距较大。

表 5-1　2023 年陕西各市（区）的高价值专利竞争力

| 市（区） | 高价值专利竞争力 | 排名 | 高价值专利数量 / 件 | 高价值专利贡献度 | 排名 | 专利含金量 | 排名 |
|---|---|---|---|---|---|---|---|
| 西安 | 51.38 | 1 | 12 818 | 88.34% | 1 | 14.42% | 1 |
| 杨凌 | 7.28 | 2 | 217 | 1.50% | 5 | 13.06% | 2 |
| 咸阳 | 5.46 | 3 | 398 | 2.74% | 2 | 8.19% | 3 |
| 宝鸡 | 4.53 | 4 | 274 | 1.89% | 3 | 7.17% | 5 |
| 榆林 | 3.99 | 5 | 265 | 1.83% | 4 | 6.16% | 8 |
| 汉中 | 3.95 | 6 | 145 | 1.00% | 6 | 6.91% | 6 |
| 铜川 | 3.92 | 7 | 52 | 0.36% | 10 | 7.48% | 4 |
| 商洛 | 3.55 | 8 | 42 | 0.29% | 11 | 6.82% | 7 |
| 安康 | 3.36 | 9 | 80 | 0.55% | 9 | 6.16% | 9 |
| 渭南 | 3.29 | 10 | 131 | 0.90% | 7 | 5.68% | 11 |
| 延安 | 3.15 | 11 | 88 | 0.61% | 8 | 5.69% | 10 |

注：高价值专利贡献度 = 高价值专利数量 / 全省高价值专利总数量；
专利含金量 = 高价值专利数量 / 该区域专利总数量（下面类似表格中含义相同，不再赘述）。

### （2）机构竞争力

2023 年，陕西高价值专利竞争力 TOP 10 机构中企业表现突出（表 5-2），共有 9 家企业，高价值专利竞争力排在全省前两位的是高新技术企业，得益于其排名全省前二的专利含金量。西安电子科技大学作为唯一进入 TOP 10 的高校，得益于其排名靠前的高价值专利贡献度。值得一提的是高价值专利贡献度全省第二的西安交通大学，因专利含金量排名仅为全省第 79 位，未能进入高价值专利竞争力 TOP 10 机构之列。

表 5-2　2023 年陕西高价值专利竞争力 TOP 10 机构 [①]

| 机构名称 | 高价值专利竞争力 | 排名 | 高价值专利数量 / 件 | 高价值专利贡献度 | 排名 | 专利含金量 | 排名 |
|---|---|---|---|---|---|---|---|
| 陕西合友网络科技有限公司 | 40.46 | 1 | 21 | 0.14% | 67 | 80.77% | 1 |
| 陕西空天信息技术有限公司 | 30.06 | 2 | 18 | 0.12% | 76 | 60.00% | 2 |
| 西安飞机工业（集团）有限责任公司 | 28.83 | 3 | 23 | 0.16% | 63 | 57.50% | 3 |
| 陕西莱特光电材料股份有限公司 | 24.21 | 4 | 70 | 0.48% | 29 | 47.95% | 5 |
| 中国大唐集团科学技术研究院有限公司西北电力试验研究院 | 24.12 | 5 | 13 | 0.09% | 94 | 48.15% | 4 |
| 中国移动通信集团陕西有限公司 | 22.80 | 6 | 20 | 0.14% | 67 | 45.45% | 6 |
| 神华神东煤炭集团有限责任公司 | 22.28 | 7 | 16 | 0.11% | 80 | 44.44% | 7 |
| 西安德诺海思医疗科技有限公司 | 22.28 | 7 | 16 | 0.11% | 80 | 44.44% | 7 |
| 西安艾润物联网技术服务有限责任公司 | 20.35 | 9 | 36 | 0.25% | 42 | 40.45% | 9 |
| 西安电子科技大学 | 19.92 | 10 | 1310 | 9.03% | 1 | 30.80% | 19 |

　　陕西高校拥有的高价值专利数量约占全省高价值专利总量的一半。高价值专利竞争力 TOP 10 高校均在西安（表 5-3），其中西安电子科技大学的高价值专利竞争力居全省高校首位，其高价值专利贡献度和专利含金量均表现不俗。高价值专利竞争力排名第二的是西安工程大学，归功于其全省首位的专利含金量。排名第三的西安交通大学高价值专利贡献度与第一梯队的西安电子科技大学差距不大，但其专利含金量却差距较大。值得一提的是西安工程大学、西安工业大学和中国人民解放军空军工程大学，虽然其高价值专利贡献度并未进入全省前十，但因其专利含金量较高而进入高价值专利竞争力 TOP 10 高校之列。反之，西安建筑科技大学和西北农林科技大学虽然高价值专利贡献度排在全省前十，但因其专利含金量较

―――――――――
① 选取专利及高价值专利数量均超过陕西省平均值的机构进行评价。

低，未能进入高价值专利竞争力 TOP 10 高校之列。

表 5-3　2023 年陕西高价值专利竞争力 TOP 10 高校

| 高校名称 | 高价值专利竞争力 | 排名 | 高价值专利数量 / 件 | 高价值专利贡献度 | 排名 | 专利含金量 | 排名 |
|---|---|---|---|---|---|---|---|
| 西安电子科技大学 | 24.99 | 1 | 1310 | 19.17% | 1 | 30.80% | 2 |
| 西安工程大学 | 18.84 | 2 | 166 | 2.43% | 12 | 35.24% | 1 |
| 西安交通大学 | 17.34 | 3 | 1093 | 16.00% | 2 | 18.69% | 16 |
| 长安大学 | 17.03 | 4 | 417 | 6.10% | 5 | 27.95% | 3 |
| 西安理工大学 | 15.92 | 5 | 429 | 6.28% | 4 | 25.57% | 9 |
| 西北工业大学 | 15.19 | 6 | 825 | 12.07% | 3 | 18.30% | 18 |
| 西安科技大学 | 15.18 | 7 | 241 | 3.53% | 9 | 26.84% | 7 |
| 西北大学 | 15.07 | 8 | 247 | 3.61% | 8 | 26.53% | 8 |
| 西安工业大学 | 14.95 | 9 | 173 | 2.53% | 11 | 27.37% | 5 |
| 中国人民解放军空军工程大学 | 14.68 | 10 | 158 | 2.31% | 13 | 27.05% | 6 |

陕西高价值专利竞争力 TOP 10 企业中有 9 家在西安（表 5-4），榆林的神华神东煤炭集团有限责任公司上榜，说明地市也开始注重专利的高质量创新活动。

表 5-4　2023 年陕西高价值专利竞争力 TOP 10 企业

| 企业名称 | 高价值专利竞争力 | 排名 | 高价值专利数量 / 件 | 高价值专利贡献度 | 排名 | 专利含金量 | 排名 |
|---|---|---|---|---|---|---|---|
| 陕西合友网络科技有限公司 | 40.46 | 1 | 21 | 0.14% | 27 | 80.77% | 1 |
| 陕西空天信息技术有限公司 | 30.06 | 2 | 18 | 0.12% | 36 | 60.00% | 2 |
| 西安飞机工业（集团）有限责任公司 | 28.83 | 3 | 23 | 0.16% | 23 | 57.50% | 3 |
| 陕西莱特光电材料股份有限公司 | 24.21 | 4 | 70 | 0.48% | 4 | 47.95% | 4 |
| 中国移动通信集团陕西有限公司 | 22.80 | 5 | 20 | 0.14% | 29 | 45.45% | 5 |

| 企业名称 | 高价值专利竞争力 | 排名 | 高价值专利数量/件 | 高价值专利贡献度 | 排名 | 专利含金量 | 排名 |
|---|---|---|---|---|---|---|---|
| 神华神东煤炭集团有限责任公司 | 22.28 | 6 | 16 | 0.11% | 39 | 44.44% | 6 |
| 西安德诺海思医疗科技有限公司 | 22.28 | 6 | 16 | 0.11% | 39 | 44.44% | 6 |
| 西安艾润物联网技术服务有限责任公司 | 20.35 | 8 | 36 | 0.25% | 10 | 40.45% | 8 |
| 西安因诺航空科技有限公司 | 18.37 | 9 | 11 | 0.08% | 59 | 36.67% | 9 |
| 西安思摩威新材料有限公司 | 18.00 | 10 | 14 | 0.10% | 45 | 35.90% | 10 |

## 3. 陕西各市辖县（市、区）高价值专利竞争力

### （1）西安

2023 年公开的专利中，西安市辖县（区）的高价值专利数量共计 13 070 件，各县（区）的高价值专利竞争力如表 5-5 所示。雁塔区的高价值专利竞争力居西安第一，碑林区紧随其后，两者的高价值专利贡献度差距较明显，且碑林区的专利含金量高于雁塔区。长安区和未央区居第二梯队，与第一梯队的雁塔区和碑林区差距较大，高价值专利数量均约为雁塔区的 1/4。

表 5-5　2023 年西安市辖县（区）的高价值专利竞争力

| 县（区） | 高价值专利竞争力 | 排名 | 高价值专利数量/件 | 高价值专利贡献度 | 排名 | 专利含金量 | 排名 |
|---|---|---|---|---|---|---|---|
| 雁塔区 | 26.43 | 1 | 4863 | 37.21% | 1 | 15.66% | 2 |
| 碑林区 | 24.78 | 2 | 3954 | 30.25% | 2 | 19.31% | 1 |
| 长安区 | 11.44 | 3 | 1338 | 10.24% | 3 | 12.64% | 5 |
| 未央区 | 10.21 | 4 | 1217 | 9.31% | 4 | 11.12% | 7 |
| 阎良区 | 7.72 | 5 | 226 | 1.73% | 8 | 13.71% | 3 |
| 灞桥区 | 7.49 | 6 | 401 | 3.07% | 5 | 11.91% | 6 |
| 临潼区 | 6.98 | 7 | 138 | 1.06% | 10 | 12.91% | 4 |

续表

| 县（区） | 高价值专利竞争力 | 排名 | 高价值专利数量/件 | 高价值专利贡献度 | 排名 | 专利含金量 | 排名 |
|---|---|---|---|---|---|---|---|
| 莲湖区 | 6.55 | 8 | 273 | 2.09% | 7 | 11.01% | 8 |
| 高陵区 | 5.97 | 9 | 203 | 1.55% | 9 | 10.39% | 9 |
| 新城区 | 5.65 | 10 | 314 | 2.40% | 6 | 8.89% | 11 |
| 鄠邑区 | 5.12 | 11 | 124 | 0.95% | 11 | 9.29% | 10 |
| 蓝田县 | 2.17 | 12 | 11 | 0.08% | 12 | 4.25% | 12 |
| 周至县 | 2.02 | 13 | 8 | 0.06% | 13 | 3.98% | 13 |

从 2023 年公开的专利来看，西安市辖县（区）拥有高价值专利的机构共 2824 家，占所有专利申请主体的 21%。表 5-6 列出了西安高价值专利竞争力 TOP 10 机构，其中，高新技术企业竞争力突出，均归功于其在专利含金量的出色表现。例如，西安爱生技术集团公司因其高专利含金量而稳居高价值专利竞争力榜首。值得一提的是西安热工研究院有限公司，其专利总量为 2867 件，高价值专利数量为 449 件，均位居全市第一，但专利含金量较低，仅为第 106 位，因此未能进入高价值专利竞争力 TOP 10 企业之列。

陕西高价值专利竞争力 TOP 10 高校均在西安，高价值专利竞争力 TOP 10 机构均为企业，不再阐述。

表 5-6　2023 年西安高价值专利竞争力 TOP 10 机构 [①]

| 机构名称 | 高价值专利竞争力 | 排名 | 高价值专利数量/件 | 高价值专利贡献度 | 排名 | 专利含金量 | 排名 |
|---|---|---|---|---|---|---|---|
| 西安爱生技术集团公司 | 41.38 | 1 | 19 | 0.15% | 68 | 82.61% | 1 |
| 西安中兴新软件有限责任公司 | 36.16 | 2 | 13 | 0.10% | 84 | 72.22% | 2 |
| 西安长庆科技工程有限责任公司 | 35.77 | 3 | 15 | 0.11% | 78 | 71.43% | 3 |
| 西安中科光电精密工程有限公司 | 35.34 | 4 | 12 | 0.09% | 94 | 70.59% | 4 |
| 国网陕西省电力公司电力科学研究院 | 34.64 | 5 | 40 | 0.31% | 39 | 68.97% | 5 |

---

① 选取专利及高价值专利数量均超过区域平均值的机构进行评价（下同，不再赘述）。

| 机构名称 | 高价值专利竞争力 | 排名 | 高价值专利数量/件 | 高价值专利贡献度 | 排名 | 专利含金量 | 排名 |
|---|---|---|---|---|---|---|---|
| 国网陕西省电力公司 | 33.42 | 6 | 22 | 0.17% | 59 | 66.67% | 6 |
| 陕西空天信息技术有限公司 | 31.74 | 7 | 19 | 0.15% | 69 | 63.33% | 7 |
| 陕西莱特迈思光电材料有限公司 | 30.10 | 8 | 27 | 0.21% | 53 | 60.00% | 8 |
| 西安奥卡云数据科技有限公司 | 28.99 | 9 | 11 | 0.08% | 102 | 57.89% | 9 |
| 西安飞机工业（集团）有限责任公司 | 28.84 | 10 | 23 | 0.18% | 58 | 57.50% | 10 |

### （2）杨凌

2023 年公开的专利中，杨凌的高价值专利数量共计 244 件，拥有高价值专利的机构共49 家，占所有专利申请主体的 20%。表 5-7 列出了杨凌高价值专利竞争力机构，共 6 家机构；其中，西北农林科技大学表现突出，稳居首位，遥遥领先；其余机构高价值专利数量均不超过 5 件，不足西北农林科技大学的 3%。

表 5-7　2023 年杨凌高价值专利竞争力机构

| 机构名称 | 高价值专利竞争力 | 排名 | 高价值专利数量/件 | 高价值专利贡献度 | 排名 | 专利含金量 | 排名 |
|---|---|---|---|---|---|---|---|
| 西北农林科技大学 | 49.78 | 1 | 207 | 84.84% | 1 | 14.73% | 6 |
| 陕西海斯夫生物工程有限公司 | 21.86 | 2 | 5 | 2.05% | 2 | 41.67% | 1 |
| 中陕高标准农田建设集团有限公司 | 19.36 | 3 | 3 | 1.23% | 3 | 37.50% | 2 |
| 杨凌未来中科环保科技有限公司 | 17.28 | 4 | 3 | 1.23% | 3 | 33.33% | 3 |
| 杨凌翔林农业生物科技有限公司 | 17.08 | 5 | 2 | 0.82% | 5 | 33.33% | 3 |
| 中捷四方生物科技股份有限公司 | 9.50 | 6 | 2 | 0.82% | 5 | 18.18% | 5 |

**（3）咸阳**

2023 年公开的专利中，咸阳市辖县（市、区）的高价值专利数量为 393 件，各县（市、区）的高价值专利竞争力如表 5-8 所示。秦都区表现最好，对全市的高价值专利贡献度最大，高价值专利竞争力综合排名居首位；兴平市次之，虽然高价值专利数量约为秦都区的 1/3，但专利含金量表现出色。渭城区与兴平市差距不大，同属第二梯队。武功县的专利含金量虽然高于大多数县（市、区），但其高价值专利贡献度不足导致其居于第三梯队。

表 5-8　2023 年咸阳市辖县（市、区）的高价值专利竞争力

| 县（市、区） | 高价值专利竞争力 | 排名 | 高价值专利数量 / 件 | 高价值专利贡献度 | 排名 | 专利含金量 | 排名 |
|---|---|---|---|---|---|---|---|
| 秦都区 | 26.51 | 1 | 174 | 44.27% | 1 | 8.75% | 4 |
| 兴平市 | 13.46 | 2 | 60 | 15.27% | 2 | 11.65% | 1 |
| 渭城区 | 11.45 | 3 | 54 | 13.74% | 3 | 9.17% | 3 |
| 武功县 | 8.51 | 4 | 24 | 6.11% | 5 | 10.91% | 2 |
| 三原县 | 7.31 | 5 | 26 | 6.62% | 4 | 8.00% | 6 |
| 旬邑县 | 5.06 | 6 | 7 | 1.78% | 10 | 8.33% | 5 |
| 彬州市 | 4.84 | 7 | 10 | 2.54% | 8 | 7.14% | 7 |
| 礼泉县 | 4.25 | 8 | 11 | 2.80% | 6 | 5.70% | 8 |
| 泾阳县 | 4.03 | 9 | 10 | 2.54% | 7 | 5.52% | 9 |
| 乾县 | 2.87 | 10 | 5 | 1.27% | 11 | 4.46% | 10 |
| 长武县 | 2.77 | 11 | 8 | 2.04% | 9 | 3.51% | 12 |
| 永寿县 | 2.43 | 12 | 2 | 0.51% | 12 | 4.35% | 11 |
| 淳化县 | 2.01 | 13 | 2 | 0.51% | 12 | 3.51% | 13 |

从 2023 年公开的专利来看，咸阳市辖县（市、区）拥有高价值专利的机构共 254 家，占所有专利申请主体的 16%。表 5-9 列出了咸阳高价值专利竞争力 TOP 10 机构。陕西西图数联科技有限公司凭借其远高于其余机构的专利含金量稳居榜首。陕西合友网络科技有限公司位居全市第二，尤其是其专利含金量表现突出。值得一提的是陕西中医药大学，其专利总量为 114 件，位居全市第二，但因其专利含金量较低而未能上榜。

表 5-9　2023 年咸阳高价值专利竞争力 TOP 10 机构

| 机构名称 | 高价值专利竞争力 | 排名 | 高价值专利数量／件 | 高价值专利贡献度 | 排名 | 专利含金量 | 排名 |
|---|---|---|---|---|---|---|---|
| 陕西西图数联科技有限公司 | 43.62 | 1 | 6 | 1.53% | 10 | 85.71% | 1 |
| 陕西合友网络科技有限公司 | 34.61 | 2 | 10 | 2.54% | 6 | 66.67% | 2 |
| 陕西生益科技有限公司 | 27.68 | 3 | 8 | 2.04% | 7 | 53.33% | 3 |
| 陕西东方环保产业集团东鹏再生资源利用有限公司 | 23.84 | 4 | 6 | 1.53% | 10 | 46.15% | 4 |
| 陕西筑恒泰管桩有限公司 | 19.87 | 5 | 5 | 1.27% | 14 | 38.46% | 5 |
| 咸阳中电彩虹集团控股有限公司 | 18.65 | 6 | 52 | 13.23% | 1 | 24.07% | 8 |
| 西安航空制动科技有限公司 | 18.04 | 7 | 16 | 4.07% | 3 | 32.00% | 6 |
| 陕西隆翔停车设备集团有限公司 | 13.84 | 8 | 4 | 1.02% | 15 | 26.67% | 7 |
| 陕西航空电气有限责任公司 | 11.78 | 9 | 14 | 3.56% | 4 | 20.00% | 9 |
| 陕西工业职业技术学院 | 11.21 | 10 | 17 | 4.33% | 2 | 18.09% | 12 |

（4）汉中

2023 年公开的专利中，汉中市辖县（区）的高价值专利数量共计 150 件，各县（区）的高价值专利竞争力如表 5-10 所示。汉台区的高价值专利竞争力远高于其余县（区），遥遥领先；排名第二的城固县不论是专利含金量还是高价值专利贡献度均与汉台区差距较大，高价值专利数量不到汉台区的 1/2；排名第三的南郑区高价值专利数量为 16 件，专利含金量与排名第二的城固县差距不大；其余县（区）的高价值专利数量均未超过 10 件，其中，佛坪县和留坝县 2023 年没有高价值专利，留坝县专利公开量也为零，需提升专利活动的质量。

表 5-10　2023 年汉中市辖县（区）的高价值专利竞争力

| 县（区） | 高价值专利竞争力 | 排名 | 高价值专利数量／件 | 高价值专利贡献度 | 排名 | 专利含金量 | 排名 |
|---|---|---|---|---|---|---|---|
| 汉台区 | 28.94 | 1 | 73 | 48.67% | 1 | 9.21% | 3 |
| 城固县 | 12.93 | 2 | 29 | 19.33% | 2 | 6.52% | 4 |
| 南郑区 | 8.53 | 3 | 16 | 10.67% | 3 | 6.40% | 5 |
| 镇巴县 | 7.73 | 4 | 8 | 5.33% | 4 | 10.13% | 1 |

续表

| 县（区） | 高价值专利竞争力 | 排名 | 高价值专利数量／件 | 高价值专利贡献度 | 排名 | 专利含金量 | 排名 |
|---|---|---|---|---|---|---|---|
| 略阳县 | 6.10 | 5 | 4 | 2.67% | 8 | 9.52% | 2 |
| 西乡县 | 4.73 | 6 | 6 | 4.00% | 6 | 5.45% | 6 |
| 洋县 | 4.56 | 7 | 7 | 4.67% | 5 | 4.46% | 7 |
| 勉县 | 3.84 | 8 | 6 | 4.00% | 6 | 3.68% | 8 |
| 宁强县 | 1.44 | 9 | 1 | 0.67% | 9 | 2.22% | 9 |
| 佛坪县 | 0 | 10 | 0 | 0 | 10 | 0 | 10 |
| 留坝县 | 0 | 10 | 0 | 0 | 10 | 0 | 10 |

从 2023 年公开的专利来看，汉中市辖县（区）拥有高价值专利的机构共 72 家，约占所有专利申请主体的 11%。表 5-11 列出了汉中高价值专利竞争力 TOP 10 机构。陕西理工大学凭借远高于其余机构的高价值专利贡献度位居榜首，汉中聚智达远环能科技有限公司因其远高于其余机构的专利含金量而位居第二。值得一提的是陕西飞机工业（集团）有限公司，虽然其高价值专利贡献度位居全市第二，但其相对较低的专利含金量导致其高价值专利竞争力排名不靠前。汉中部分机构虽然专利数量较多，但是高价值专利数量较少。例如，汉中市中心医院专利数量为 20 件，但其高价值专利数量为 0 件，因此未能上榜。

表 5-11　2023 年汉中高价值专利竞争力 TOP 10 机构

| 机构名称 | 高价值专利竞争力 | 排名 | 高价值专利数量／件 | 高价值专利贡献度 | 排名 | 专利含金量 | 排名 |
|---|---|---|---|---|---|---|---|
| 陕西理工大学 | 25.38 | 1 | 54 | 36.00% | 1 | 14.75% | 3 |
| 汉中聚智达远环能科技有限公司 | 13.17 | 2 | 2 | 1.33% | 5 | 25.00% | 1 |
| 陕西本草医药控股集团有限公司 | 11.78 | 3 | 2 | 1.33% | 5 | 22.22% | 2 |
| 陕西飞机工业（集团）有限公司 | 9.61 | 4 | 19 | 12.67% | 2 | 6.55% | 9 |
| 中航电测仪器股份有限公司 | 7.52 | 5 | 3 | 2.00% | 4 | 13.04% | 5 |
| 汉中朝阳机械有限责任公司 | 7.33 | 6 | 2 | 1.33% | 5 | 13.33% | 4 |
| 陕西华燕航空仪表有限公司 | 5.78 | 7 | 4 | 2.67% | 3 | 8.89% | 7 |

| 机构名称 | 高价值专利竞争力 | 排名 | 高价值专利数量／件 | 高价值专利贡献度 | 排名 | 专利含金量 | 排名 |
|---|---|---|---|---|---|---|---|
| 陕西首铝模架科技有限公司 | 5.21 | 8 | 2 | 1.33% | 5 | 9.09% | 6 |
| 中核陕西铀浓缩有限公司 | 4.51 | 9 | 2 | 1.33% | 5 | 7.69% | 8 |
| 陕钢集团汉中钢铁有限责任公司 | 2.99 | 10 | 2 | 1.33% | 5 | 4.65% | 10 |

（5）宝鸡

2023年公开的专利中，宝鸡市辖县（区）的高价值专利数量共计283件，各县（区）的高价值专利竞争力如表5-12所示。渭滨区因其高价值专利贡献度的出色表现稳居榜首，但其专利含金量的提升空间较大；排名第二的金台区虽然其专利含金量与渭滨区差距不大，但其高价值专利数量不到渭滨区的1/4，因此高价值专利竞争力与渭滨区仍差距不小；排名第三的太白县虽然其高价值专利数量仅有2件，但得益于其表现突出的专利含金量，高价值专利竞争力排名靠前。其余县（区）中，千阳县2023年没有高价值专利，需提升专利活动的质量。

表 5-12  2023 年宝鸡市辖县（区）的高价值专利竞争力

| 县（区） | 高价值专利竞争力 | 排名 | 高价值专利数量／件 | 高价值专利贡献度 | 排名 | 专利含金量 | 排名 |
|---|---|---|---|---|---|---|---|
| 渭滨区 | 32.90 | 1 | 160 | 56.54% | 1 | 9.26% | 2 |
| 金台区 | 10.03 | 2 | 36 | 12.72% | 2 | 7.33% | 4 |
| 太白县 | 8.05 | 3 | 2 | 0.71% | 9 | 15.38% | 1 |
| 陈仓区 | 7.92 | 4 | 30 | 10.60% | 3 | 5.24% | 8 |
| 眉县 | 6.38 | 5 | 14 | 4.95% | 5 | 7.82% | 3 |
| 岐山县 | 5.34 | 6 | 16 | 5.65% | 4 | 5.03% | 9 |
| 扶风县 | 5.03 | 7 | 11 | 3.89% | 6 | 6.18% | 5 |
| 凤翔县 | 3.58 | 8 | 8 | 2.83% | 7 | 4.32% | 10 |
| 凤县 | 3.31 | 9 | 3 | 1.06% | 8 | 5.56% | 6 |
| 麟游县 | 3.13 | 10 | 2 | 0.71% | 9 | 5.56% | 6 |
| 陇县 | 1.43 | 11 | 1 | 0.35% | 11 | 2.50% | 11 |
| 千阳县 | 0 | 12 | 0 | 0 | 12 | 0 | 12 |

从 2023 年公开的专利来看，宝鸡市辖县（区）拥有高价值专利的机构共 171 家，占所有专利申请主体的 15%。表 5-13 列出了宝鸡高价值专利竞争力 TOP 10 机构。宝鸡文理学院因其远高于其余机构的高价值专利贡献度而稳居全市榜首；宝鸡泰华磁机电技术研究所有限公司虽然专利含金量最大，但其高价值专利贡献度远低于榜首机构，因而高价值专利竞争力居全市第二；中铁高铁电气装备股份有限公司也因其较低的高价值专利贡献度而位居第三。值得一提的是宝鸡石油机械有限责任公司，其专利总量为 240 件，居全市首位，但因其专利含金量很低而未能上榜。宝鸡有一批机构虽然专利数量表现不错，但是没有高价值专利产生。例如，陕西北方动力有限责任公司专利数量为 26 件，但高价值专利数量为 0 件。

表 5-13　2023 年宝鸡高价值专利竞争力 TOP 10 机构

| 机构名称 | 高价值专利竞争力 | 排名 | 高价值专利数量 / 件 | 高价值专利贡献度 | 排名 | 专利含金量 | 排名 |
|---|---|---|---|---|---|---|---|
| 宝鸡文理学院 | 20.01 | 1 | 30 | 10.60% | 1 | 29.41% | 2 |
| 宝鸡泰华磁机电技术研究所有限公司 | 15.53 | 2 | 3 | 1.06% | 12 | 30.00% | 1 |
| 中铁高铁电气装备股份有限公司 | 14.75 | 3 | 8 | 2.83% | 4 | 26.67% | 3 |
| 中铁宝桥集团有限公司 | 11.29 | 4 | 25 | 8.83% | 2 | 13.74% | 10 |
| 陕西建工第二建设集团有限公司 | 10.88 | 5 | 5 | 1.77% | 8 | 20.00% | 4 |
| 中铁一局集团第五工程有限公司 | 9.40 | 6 | 4 | 1.41% | 9 | 17.39% | 5 |
| 国核宝钛锆业股份公司 | 8.86 | 7 | 3 | 1.06% | 11 | 16.67% | 6 |
| 宝鸡中车时代工程机械有限公司 | 8.43 | 8 | 8 | 2.83% | 4 | 14.04% | 9 |
| 陕西烽火电子股份有限公司 | 8.38 | 9 | 6 | 2.12% | 7 | 14.63% | 7 |
| 陕西凌云电器集团有限公司 | 7.67 | 10 | 3 | 1.06% | 11 | 14.29% | 8 |

**（6）商洛**

2023 年公开的专利中，商洛市辖县（区）的高价值专利数量共计 42 件，整体偏少。商州区的高价值专利竞争力远高于其余县（区），位居榜首，主要是商洛学院的贡献；其余县（区）的高价值专利数量均未超过 6 件（表 5-14）。

表 5-14　2023 年商洛市辖县（区）的高价值专利竞争力

| 县（区） | 高价值专利竞争力 | 排名 | 高价值专利数量 / 件 | 高价值专利贡献度 | 排名 | 专利含金量 | 排名 |
|---|---|---|---|---|---|---|---|
| 商州区 | 24.43 | 1 | 17 | 40.48% | 1 | 8.37% | 1 |
| 山阳县 | 10.06 | 2 | 6 | 14.29% | 2 | 5.83% | 5 |
| 商南县 | 9.42 | 3 | 5 | 11.90% | 3 | 6.94% | 2 |
| 洛南县 | 9.04 | 4 | 5 | 11.90% | 3 | 6.17% | 3 |
| 镇安县 | 8.79 | 5 | 5 | 11.90% | 3 | 5.68% | 6 |
| 丹凤县 | 5.41 | 6 | 2 | 4.76% | 6 | 6.06% | 4 |
| 柞水县 | 5.16 | 7 | 2 | 4.76% | 6 | 5.56% | 7 |

从 2023 年公开的专利来看，商洛市辖县（区）拥有高价值专利的机构共 27 家，占所有专利申请主体的 9%。表 5-15 列出了商洛高价值专利竞争力机构，共 3 家；其中商洛学院由于其较高的高价值专利贡献度，高价值专利竞争力位列全市第一。其余机构高价值专利数量均为 1 件，未能进入高价值专利竞争力机构之列。部分机构虽然专利数量相对较多，但是高价值专利数量较少或者没有高价值专利产生。例如，陕西新雨丹中药材生物科技有限公司虽然专利总量为 14 件，但高价值专利数量仅为 1 件；陕西众合森工实业有限公司虽然专利数量为 11 件，但高价值专利数量为 0 件。

表 5-15　2023 年商洛高价值专利竞争力机构

| 机构名称 | 高价值专利竞争力 | 排名 | 高价值专利数量 / 件 | 高价值专利贡献度 | 排名 | 专利含金量 | 排名 |
|---|---|---|---|---|---|---|---|
| 商洛学院 | 20.84 | 1 | 11 | 26.19% | 1 | 15.49% | 3 |
| 陕西镇安卓普电子有限公司 | 19.05 | 2 | 2 | 4.76% | 2 | 33.33% | 1 |
| 陕西商洛发电有限公司 | 11.47 | 3 | 2 | 4.76% | 2 | 18.18% | 2 |

**（7）延安**

2023 年公开的专利中，延安市辖县（市、区）的高价值专利数量共计 91 件，各县（市、区）的高价值专利竞争力如表 5-16 所示。宝塔区的高价值专利竞争力远高于其余县（市、区），遥遥领先，位居榜首，延安大学贡献很大；排名第二的吴起县虽然专利含金量高于宝塔区，但因其高价值专利数量不足宝塔区的 1/6，所以其高价值专利竞争力与宝塔区差距较大。

延川县、甘泉县、洛川县的高价值专利数量均仅有 1 件，黄龙县 2023 年没有高价值专利产生，需提升专利活动的质量。

表 5-16　2023 年延安市辖县（市、区）的高价值专利竞争力

| 县（市、区） | 高价值专利竞争力 | 排名 | 高价值专利数量／件 | 高价值专利贡献度 | 排名 | 专利含金量 | 排名 |
|---|---|---|---|---|---|---|---|
| 宝塔区 | 33.20 | 1 | 54 | 59.34% | 1 | 7.07% | 2 |
| 吴起县 | 10.11 | 2 | 8 | 8.79% | 2 | 11.43% | 1 |
| 黄陵县 | 5.79 | 3 | 7 | 7.69% | 3 | 3.89% | 7 |
| 子长市 | 5.65 | 4 | 5 | 5.49% | 4 | 5.81% | 4 |
| 宜川县 | 4.55 | 5 | 2 | 2.20% | 8 | 6.90% | 3 |
| 安塞区 | 4.47 | 6 | 4 | 4.40% | 5 | 4.55% | 6 |
| 富县 | 3.66 | 7 | 2 | 2.20% | 8 | 5.13% | 5 |
| 志丹县 | 3.55 | 8 | 3 | 3.30% | 6 | 3.80% | 8 |
| 延长县 | 3.12 | 9 | 3 | 3.30% | 6 | 2.94% | 11 |
| 延川县 | 2.22 | 10 | 1 | 1.10% | 10 | 3.33% | 9 |
| 甘泉县 | 2.11 | 11 | 1 | 1.10% | 10 | 3.13% | 10 |
| 洛川县 | 2.02 | 12 | 1 | 1.10% | 10 | 2.94% | 11 |
| 黄龙县 | 0 | 13 | 0 | 0 | 13 | 0 | 13 |

　　从 2023 年公开的专利来看，延安市辖县（市、区）拥有高价值专利的机构共 77 家，占所有专利申请主体的 11%。表 5-17 列出了延安高价值专利竞争力机构，共 6 家；其余机构高价值专利数量均不超过 2 件。延安众邦源实业有限公司的高价值专利竞争力居全市榜首，主要归功于其全市最高的专利含金量。延安大学虽然高价值专利数量全市第一，但其专利含金量相对较低，因此高价值专利竞争力排名第三。延长油田股份有限公司虽然高价值专利数量名列前茅，但由于其专利含金量较低，因此高价值专利竞争力排名靠后。延安部分机构虽然专利数量较多，但是没有高价值专利产生，如陕西陕煤黄陵矿业有限公司，虽然专利数量为 83 件，但高价值专利数量为 0 件。

表 5-17　2023 年延安高价值专利竞争力机构

| 机构名称 | 高价值专利竞争力 | 排名 | 高价值专利数量 / 件 | 高价值专利贡献度 | 排名 | 专利含金量 | 排名 |
|---|---|---|---|---|---|---|---|
| 延安众邦源实业有限公司 | 39.15 | 1 | 3 | 3.30% | 4 | 75.00% | 1 |
| 延安嘉盛石油机械有限责任公司 | 18.86 | 2 | 4 | 4.40% | 3 | 33.33% | 2 |
| 延安大学 | 15.55 | 3 | 19 | 20.88% | 1 | 10.22% | 5 |
| 延安中节能污水处理有限公司 | 15.38 | 4 | 2 | 2.20% | 5 | 28.57% | 3 |
| 延长县红乐工贸有限公司 | 12.21 | 5 | 2 | 2.20% | 5 | 22.22% | 4 |
| 延长油田股份有限公司 | 7.17 | 6 | 9 | 9.89% | 2 | 4.46% | 6 |

**（8）榆林**

2023 年公开的专利中，榆林市辖县（市、区）的高价值专利数量共计 272 件，各县（市、区）的高价值专利竞争力如表 5-18 所示。榆阳区的高价值专利竞争力稳居首位；排名第二的神木市虽然专利含金量略高于榆阳区，但两者因高价值专利数量的悬殊而拉开差距。除靖边县、定边县和府谷县之外，其余县的高价值专利数量均未达到 10 件。子洲县和清涧县在 2023 年公开的专利中仅有 1 件高价值专利，需提升专利活动的质量。

表 5-18　2023 年榆林市辖县（市、区）的高价值专利竞争力

| 县（市、区） | 高价值专利竞争力 | 排名 | 高价值专利数量 / 件 | 高价值专利贡献度 | 排名 | 专利含金量 | 排名 |
|---|---|---|---|---|---|---|---|
| 榆阳区 | 26.07 | 1 | 124 | 45.59% | 1 | 6.56% | 4 |
| 神木市 | 18.60 | 2 | 82 | 30.15% | 2 | 7.06% | 3 |
| 吴堡县 | 5.79 | 3 | 6 | 2.21% | 7 | 9.38% | 1 |
| 靖边县 | 5.46 | 4 | 15 | 5.51% | 3 | 5.40% | 6 |
| 佳县 | 5.31 | 5 | 5 | 1.84% | 8 | 8.77% | 2 |
| 定边县 | 5.01 | 6 | 13 | 4.78% | 4 | 5.24% | 7 |
| 府谷县 | 5.00 | 7 | 10 | 3.68% | 5 | 6.33% | 5 |
| 横山县 | 3.81 | 8 | 9 | 3.31% | 6 | 4.31% | 9 |

续表

| 县（市、区） | 高价值专利竞争力 | 排名 | 高价值专利数量 / 件 | 高价值专利贡献度 | 排名 | 专利含金量 | 排名 |
|---|---|---|---|---|---|---|---|
| 米脂县 | 3.09 | 9 | 4 | 1.47% | 9 | 4.71% | 8 |
| 子洲县 | 1.70 | 10 | 1 | 0.37% | 11 | 3.03% | 10 |
| 清涧县 | 1.65 | 11 | 1 | 0.37% | 11 | 2.94% | 11 |
| 绥德县 | 1.53 | 12 | 2 | 0.74% | 10 | 2.33% | 12 |

从 2023 年公开的专利来看，榆林市辖县（市、区）拥有高价值专利的机构共 210 家，占所有专利申请主体的 12%。表 5-19 列出了榆林高价值专利竞争力 TOP 10 机构。神华神东煤炭集团有限责任公司的高价值专利竞争力居于榜首，不论是高价值专利数量还是专利含金量都表现不俗。其余机构和其均有一定差距。值得一提的是榆林学院，其高价值专利数量超过神华神东煤炭集团有限责任公司的 2 倍，但其专利含金量较低导致其高价值专利竞争力不高，位居全市第四。榆林有一批机构虽然专利数量表现不错，但是没有高价值专利产生。例如，榆林市第二医院和陕煤集团神南产业发展有限公司的专利数量均为 51 件，位居全市第六，但其高价值专利数量为 0 件。

表 5-19　2023 年榆林高价值专利竞争力 TOP 10 机构

| 机构名称 | 高价值专利竞争力 | 排名 | 高价值专利数量 / 件 | 高价值专利贡献度 | 排名 | 专利含金量 | 排名 |
|---|---|---|---|---|---|---|---|
| 神华神东煤炭集团有限责任公司 | 25.16 | 1 | 16 | 5.88% | 2 | 44.44% | 1 |
| 榆林市榆阳区瑞丰农业科技有限公司 | 17.03 | 2 | 2 | 0.74% | 18 | 33.33% | 2 |
| 陕西煤业化工集团神木天元化工有限公司 | 15.63 | 3 | 5 | 1.84% | 5 | 29.41% | 3 |
| 榆林学院 | 15.55 | 4 | 33 | 12.13% | 1 | 18.97% | 7 |
| 神木市金联粉煤灰制品有限公司 | 12.87 | 5 | 2 | 0.74% | 18 | 25.00% | 4 |
| 榆林市农业科学研究院 | 11.27 | 6 | 3 | 1.10% | 10 | 21.43% | 5 |
| 陕西泰合利华工业有限公司 | 10.37 | 7 | 2 | 0.74% | 18 | 20.00% | 6 |

续表

| 机构名称 | 高价值专利竞争力 | 排名 | 高价值专利数量/件 | 高价值专利贡献度 | 排名 | 专利含金量 | 排名 |
|---|---|---|---|---|---|---|---|
| 府谷县泰达煤化有限责任公司 | 9.46 | 8 | 2 | 0.74% | 18 | 18.18% | 8 |
| 中国神华能源股份有限公司神朔铁路分公司 | 9.06 | 9 | 7 | 2.57% | 3 | 15.56% | 11 |
| 陕西东鑫垣化工有限责任公司 | 8.70 | 10 | 2 | 0.74% | 18 | 16.67% | 9 |

### （9）渭南

2023年公开的专利中，渭南市辖县（市、区）的高价值专利数量共计136件，各县（市、区）的高价值专利竞争力如表5-20所示。临渭区的高价值专利竞争力最高，居全市榜首，主要归功于其全市最高的高价值专利贡献度，该区专利含金量的提升空间很大；其余县（市、区）的高价值专利数量均不足临渭区的1/2。潼关县虽然高价值专利数量一般，但其专利含金量位列全市第一，因此其高价值专利竞争力跃居第二。白水县2023年高价值专利数量仅有2件，需提升专利活动的质量。

表5-20　2023年渭南市辖县（市、区）的高价值专利竞争力

| 县（市、区） | 高价值专利竞争力 | 排名 | 高价值专利数量/件 | 高价值专利贡献度 | 排名 | 专利含金量 | 排名 |
|---|---|---|---|---|---|---|---|
| 临渭区 | 23.55 | 1 | 55 | 40.44% | 1 | 6.66% | 5 |
| 潼关县 | 18.00 | 2 | 6 | 4.41% | 8 | 31.58% | 1 |
| 蒲城县 | 10.18 | 3 | 19 | 13.97% | 2 | 6.40% | 7 |
| 华州区 | 8.35 | 4 | 8 | 5.88% | 4 | 10.81% | 2 |
| 华阴县 | 8.35 | 4 | 8 | 5.88% | 4 | 10.81% | 2 |
| 韩城市 | 6.06 | 6 | 12 | 8.82% | 3 | 3.30% | 9 |
| 大荔县 | 5.97 | 7 | 7 | 5.15% | 6 | 6.80% | 4 |
| 合阳县 | 5.78 | 8 | 7 | 5.15% | 6 | 6.42% | 6 |
| 澄城县 | 5.06 | 9 | 6 | 4.41% | 8 | 5.71% | 8 |
| 富平县 | 3.33 | 10 | 6 | 4.41% | 8 | 2.25% | 11 |
| 白水县 | 2.21 | 11 | 2 | 1.47% | 11 | 2.94% | 10 |

从 2023 年公开的专利来看，渭南市辖县（市、区）拥有高价值专利的机构共 106 家，占所有专利申请主体的 13%，但没有表现特别突出的机构。表 5-21 列出了渭南高价值专利竞争力 TOP 10 机构。派尔森环保科技有限公司位居榜首，排名第二的渭南光明钢化玻璃技术有限公司虽然高价值专利数量不到其一半，但专利含金量与其差距不大，因此高价值专利竞争力与其差距较小。值得一提的是陕西陕煤韩城矿业有限公司，其专利总数为 108 件，但仅有 5 件高价值专利，且专利含金量很低，因此未能上榜。渭南部分机构虽然专利数量较多，但是没有高价值专利产生。例如，陕西龙门钢铁有限责任公司专利数量为 44 件，但高价值专利数量为 0 件。

表 5-21　2023 年渭南高价值专利竞争力 TOP 10 机构

| 机构名称 | 高价值专利竞争力 | 排名 | 高价值专利数量 / 件 | 高价值专利贡献度 | 排名 | 专利含金量 | 排名 |
|---|---|---|---|---|---|---|---|
| 派尔森环保科技有限公司 | 29.50 | 1 | 7 | 5.15% | 2 | 53.85% | 1 |
| 渭南光明钢化玻璃技术有限公司 | 26.10 | 2 | 3 | 2.21% | 5 | 50.00% | 2 |
| 陕西畅想制药有限公司 | 21.07 | 3 | 5 | 3.68% | 3 | 38.46% | 4 |
| 陕西华鑫特种钢铁集团有限公司 | 20.74 | 4 | 2 | 1.47% | 8 | 40.00% | 3 |
| 陕西中渭创联机械有限公司 | 17.40 | 5 | 2 | 1.47% | 8 | 33.33% | 5 |
| 陕西大美化工科技有限公司 | 15.02 | 6 | 2 | 1.47% | 8 | 28.57% | 6 |
| 陕西拓日新能源科技有限公司 | 13.24 | 7 | 2 | 1.47% | 8 | 25.00% | 7 |
| 陕西麦可罗生物科技有限公司 | 10.77 | 8 | 5 | 3.68% | 3 | 17.86% | 9 |
| 陕西森威纳米新材料科技有限公司 | 10.74 | 9 | 2 | 1.47% | 8 | 20.00% | 8 |
| 陕西黑猫焦化股份有限公司 | 9.44 | 10 | 3 | 2.21% | 5 | 16.67% | 10 |

（10）安康

2023 年公开的专利中，安康市辖县（市、区）的高价值专利数量共计 83 件，各县（市、区）的高价值专利竞争力如表 5-22 所示。汉滨区的高价值专利竞争力位居榜首，其余县（市、区）的高价值专利数量均不足该区的 1/2，因此高价值专利竞争力与其也有一定差距。宁陕县、汉阴县及镇坪县 2023 年高价值专利数量均不超过 2 件，需提升专利质量。

表 5-22　2023 年安康市辖县（市、区）的高价值专利竞争力

| 县（市、区） | 高价值专利竞争力 | 排名 | 高价值专利数量 / 件 | 高价值专利贡献度 | 排名 | 专利含金量 | 排名 |
| --- | --- | --- | --- | --- | --- | --- | --- |
| 汉滨区 | 26.37 | 1 | 39 | 46.99% | 1 | 5.74% | 6 |
| 平利县 | 13.72 | 2 | 15 | 18.07% | 2 | 9.38% | 3 |
| 岚皋县 | 11.94 | 3 | 5 | 6.02% | 3 | 17.86% | 1 |
| 石泉县 | 8.96 | 4 | 5 | 6.02% | 3 | 11.90% | 2 |
| 白河县 | 6.30 | 5 | 5 | 6.02% | 3 | 6.58% | 4 |
| 紫阳县 | 5.49 | 6 | 4 | 4.82% | 7 | 6.15% | 5 |
| 旬阳市 | 5.06 | 7 | 5 | 6.02% | 3 | 4.10% | 8 |
| 宁陕县 | 3.53 | 8 | 2 | 2.41% | 8 | 4.65% | 7 |
| 汉阴县 | 3.17 | 9 | 2 | 2.41% | 8 | 3.92% | 9 |
| 镇坪县 | 2.16 | 10 | 1 | 1.20% | 10 | 3.13% | 10 |

从 2023 年公开的专利来看，安康市辖县（市、区）拥有高价值专利的机构共 71 家，约占所有专利申请主体的 13%。表 5-23 列出了安康高价值专利竞争力机构，共 8 家。汉阴县美玉农业科技有限公司专利含金量居全市第一，因此其高价值专利竞争力位居榜首，说明该企业注重专利高质量创新活动。安康学院虽然从高价值专利数量上看有一定优势，但其专利含金量提升空间很大。安康部分机构虽然专利数量较多，但是没有高价值专利产生。例如，安康市中心医院虽然专利数量为 13 件，但其高价值专利数量为 0 件。值得一提的是，陕西建工第十二建设集团有限公司专利数量为 44 件，居全市首位，但因其高价值专利数量仅有 1 件，故未能进入高价值专利竞争力机构行列。

表 5-23　2023 年安康高价值专利竞争力机构

| 机构名称 | 高价值专利竞争力 | 排名 | 高价值专利数量 / 件 | 高价值专利贡献度 | 排名 | 专利含金量 | 排名 |
|---|---|---|---|---|---|---|---|
| 汉阴县美玉农业科技有限公司 | 21.20 | 1 | 2 | 2.41% | 2 | 40.00% | 1 |
| 平利县一茗茶业有限责任公司 | 17.87 | 2 | 2 | 2.41% | 2 | 33.33% | 2 |
| 平利县安得利新材料有限公司 | 15.49 | 3 | 2 | 2.41% | 2 | 28.57% | 3 |
| 平利县宝丽通矿业有限公司 | 13.70 | 4 | 2 | 2.41% | 2 | 25.00% | 4 |
| 陕西金龙水泥有限公司 | 12.32 | 5 | 2 | 2.41% | 2 | 22.22% | 5 |
| 安康市农业科学研究院 | 10.41 | 6 | 4 | 4.82% | 1 | 16.00% | 6 |
| 安康学院 | 8.66 | 7 | 4 | 4.82% | 1 | 12.50% | 7 |
| 陕西可利雅纺织科技有限公司 | 6.47 | 8 | 2 | 2.41% | 2 | 10.53% | 8 |

**（11）铜川**

2023 年公开的专利中，铜川市辖县（区）的高价值专利数量共计 53 件，整体偏少。耀州区的高价值专利竞争力稳居首位，主要是因为其高价值专利贡献度最大。印台区虽然专利含金量高于耀州区，但是其高价值专利数量约为耀州区的 1/5，因此其高价值专利竞争力与耀州区差距较大（表 5-24）。

表 5-24　2023 年铜川市辖县（区）的高价值专利竞争力

| 县（区） | 高价值专利竞争力 | 排名 | 高价值专利数量 / 件 | 高价值专利贡献度 | 排名 | 专利含金量 | 排名 |
|---|---|---|---|---|---|---|---|
| 耀州区 | 37.67 | 1 | 36 | 67.92% | 1 | 7.42% | 2 |
| 印台区 | 13.21 | 2 | 7 | 13.21% | 3 | 13.21% | 1 |
| 王益县 | 11.18 | 3 | 8 | 15.09% | 2 | 7.27% | 3 |
| 宜君区 | 4.01 | 4 | 2 | 3.77% | 4 | 4.26% | 4 |

从 2023 年公开的专利来看，铜川市辖县（区）拥有高价值专利的机构共 34 家，约占所有专利申请主体的 14%。表 5-25 列出了铜川高价值专利竞争力机构，共 5 家。铜川市耀州

区东立水泥厂的高价值专利竞争力稳居第一，主要得益于其优秀的专利含金量。其余上榜机构的高价值专利数量差距均不大，但专利含金量的差别导致高价值专利竞争力也有一定差距。值得一提的是华能铜川照金煤电有限公司，高价值专利贡献度虽然稳居榜首，但其专利含金量较低，导致高价值专利竞争力排名较后。铜川职业技术学院专利数量为 13 件，位居全市前五，但其高价值专利数量为 0 件。

表 5-25　2023 年铜川高价值专利竞争力机构

| 机构名称 | 高价值专利竞争力 | 排名 | 高价值专利数量/件 | 高价值专利贡献度 | 排名 | 专利含金量 | 排名 |
|---|---|---|---|---|---|---|---|
| 铜川市耀州区东立水泥厂 | 32.35 | 1 | 4 | 7.55% | 2 | 57.14% | 1 |
| 陕西颐生堂药业有限公司 | 27.83 | 2 | 3 | 5.66% | 4 | 50.00% | 2 |
| 陕西铜川煤矿建设有限公司 | 18.06 | 3 | 4 | 7.55% | 2 | 28.57% | 3 |
| 陕西良鼎瑞金属新材料有限公司 | 16.47 | 3 | 3 | 5.66% | 4 | 27.27% | 4 |
| 华能铜川照金煤电有限公司 | 10.77 | 5 | 7 | 13.21% | 1 | 8.33% | 5 |

（整理编写：李娟）

# 部分技术领域部分省（自治区、直辖市）的国内发明专利数据

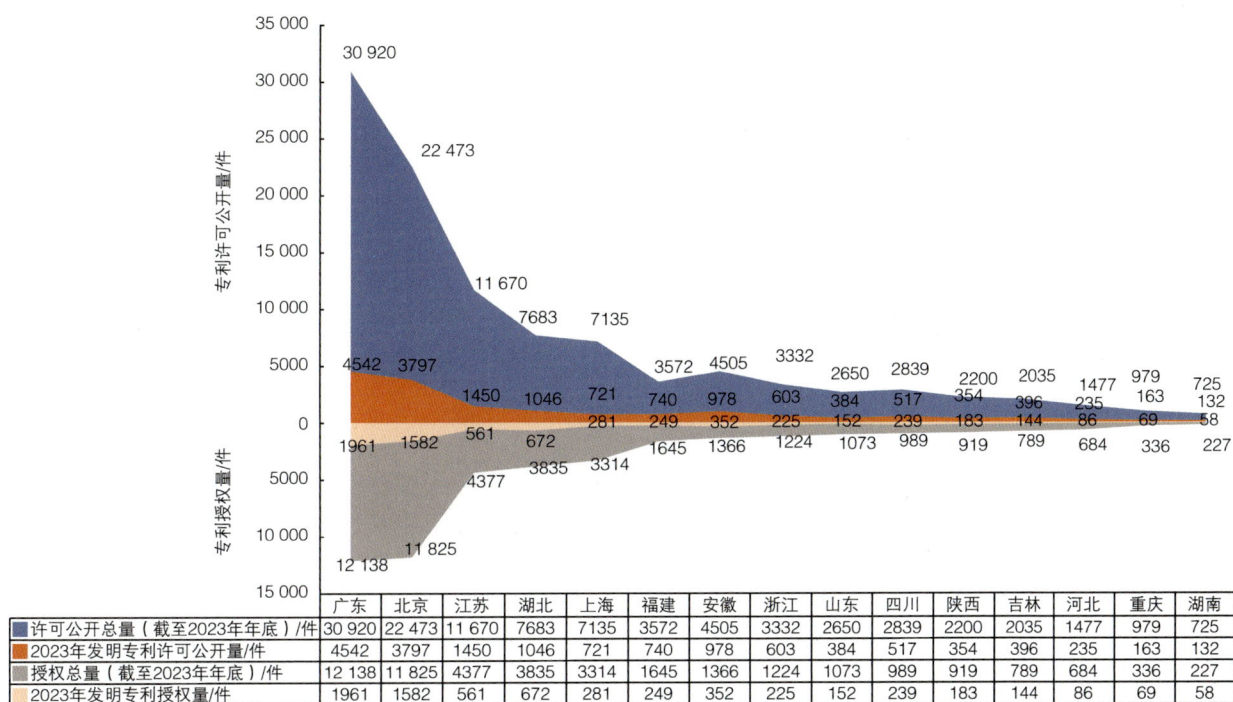

| | 广东 | 北京 | 江苏 | 湖北 | 上海 | 福建 | 安徽 | 浙江 | 山东 | 四川 | 陕西 | 吉林 | 河北 | 重庆 | 湖南 |
|---|---|---|---|---|---|---|---|---|---|---|---|---|---|---|---|
| ■ 许可公开总量（截至2023年年底）/件 | 30 920 | 22 473 | 11 670 | 7683 | 7135 | 3572 | 4505 | 3332 | 2650 | 2839 | 2200 | 2035 | 1477 | 979 | 725 |
| ■ 2023年发明专利许可公开量/件 | 4542 | 3797 | 1450 | 1046 | 721 | 740 | 978 | 603 | 384 | 517 | 354 | 396 | 235 | 163 | 132 |
| ■ 授权总量（截至2023年年底）/件 | 12 138 | 11 825 | 4377 | 3835 | 3314 | 1645 | 1366 | 1224 | 1073 | 989 | 919 | 789 | 684 | 336 | 227 |
| ■ 2023年发明专利授权量/件 | 1961 | 1582 | 561 | 672 | 281 | 249 | 352 | 225 | 152 | 239 | 183 | 144 | 86 | 69 | 58 |

附图 1-1  新型显示技术领域部分省（自治区、直辖市）的国内发明专利数据

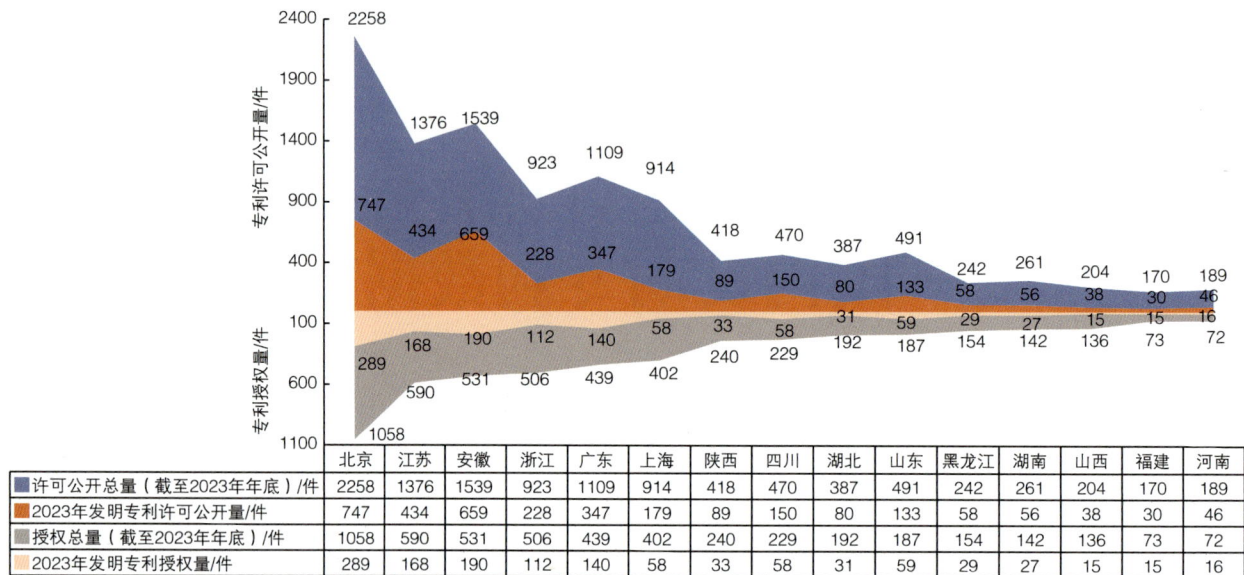

附图 1-2　量子信息技术领域部分省（自治区、直辖市）的国内发明专利数据

| | 北京 | 江苏 | 安徽 | 浙江 | 广东 | 上海 | 陕西 | 四川 | 湖北 | 山东 | 黑龙江 | 湖南 | 山西 | 福建 | 河南 |
|---|---|---|---|---|---|---|---|---|---|---|---|---|---|---|---|
| 许可公开总量（截至2023年年底）/件 | 2258 | 1376 | 1539 | 923 | 1109 | 914 | 418 | 470 | 387 | 491 | 242 | 261 | 204 | 170 | 189 |
| 2023年发明专利许可公开量/件 | 747 | 434 | 659 | 228 | 347 | 179 | 89 | 150 | 80 | 133 | 58 | 56 | 38 | 30 | 46 |
| 授权总量（截至2023年年底）/件 | 1058 | 590 | 531 | 506 | 439 | 402 | 240 | 229 | 192 | 187 | 154 | 142 | 136 | 73 | 72 |
| 2023年发明专利授权量/件 | 289 | 168 | 190 | 112 | 140 | 58 | 33 | 58 | 31 | 59 | 29 | 27 | 15 | 15 | 16 |

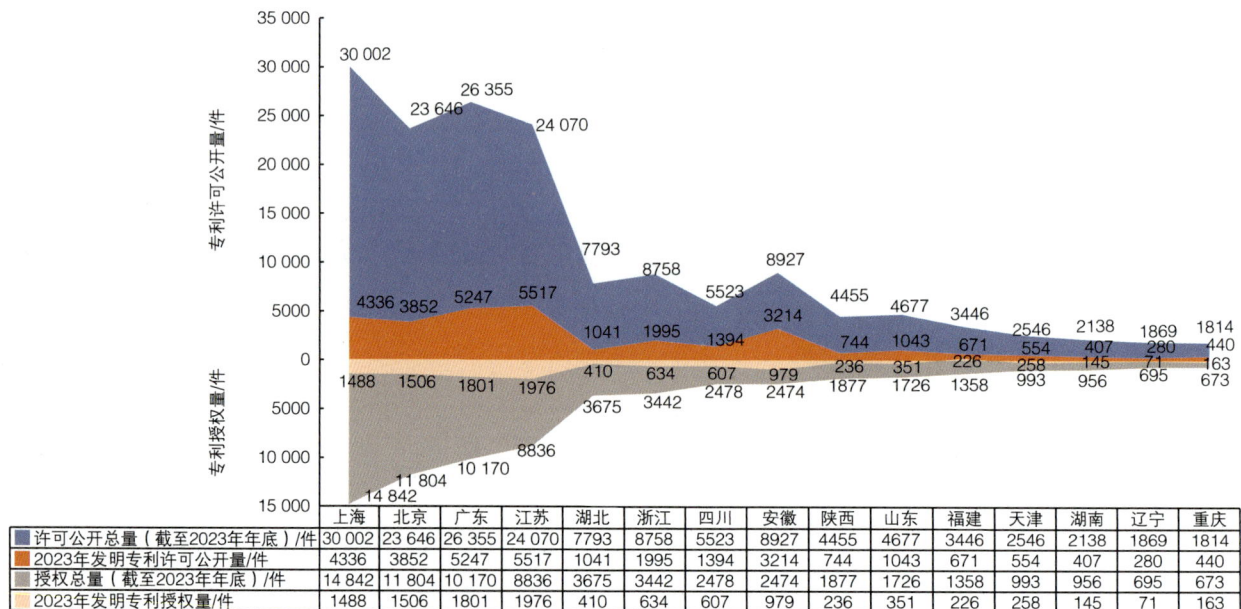

附图 1-3　集成电路技术领域部分省（自治区、直辖市）的国内发明专利数据

| | 上海 | 北京 | 广东 | 江苏 | 湖北 | 浙江 | 四川 | 安徽 | 陕西 | 山东 | 福建 | 天津 | 湖南 | 辽宁 | 重庆 |
|---|---|---|---|---|---|---|---|---|---|---|---|---|---|---|---|
| 许可公开总量（截至2023年年底）/件 | 30 002 | 23 646 | 26 355 | 24 070 | 7793 | 8758 | 5523 | 8927 | 4455 | 4677 | 3446 | 2546 | 2138 | 1869 | 1814 |
| 2023年发明专利许可公开量/件 | 4336 | 3852 | 5247 | 5517 | 1041 | 1995 | 1394 | 3214 | 744 | 1043 | 671 | 554 | 407 | 280 | 440 |
| 授权总量（截至2023年年底）/件 | 14 842 | 11 804 | 10 170 | 8836 | 3675 | 3442 | 2478 | 2474 | 1877 | 1726 | 1358 | 993 | 956 | 695 | 673 |
| 2023年发明专利授权量/件 | 1488 | 1506 | 1801 | 1976 | 410 | 634 | 607 | 979 | 236 | 351 | 226 | 258 | 145 | 71 | 163 |

184

部分技术领域部分省（自治区、直辖市）的国内发明专利数据

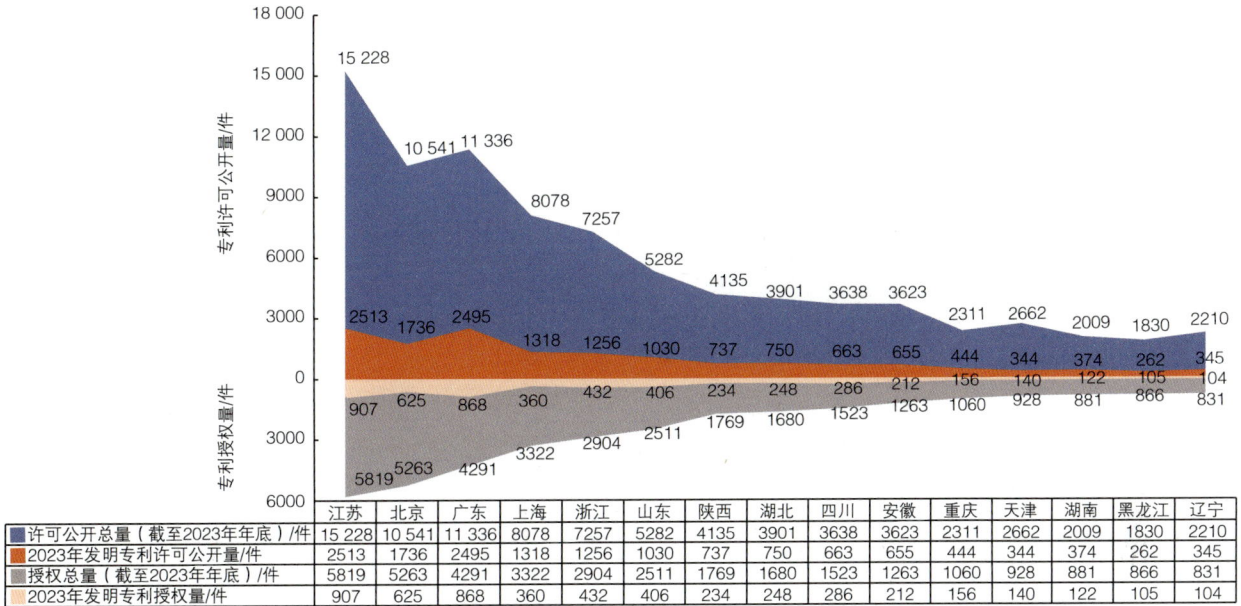

附图 1-4　传感器技术领域部分省（自治区、直辖市）的国内发明专利数据

| | 江苏 | 北京 | 广东 | 上海 | 浙江 | 山东 | 陕西 | 湖北 | 四川 | 安徽 | 重庆 | 天津 | 湖南 | 黑龙江 | 辽宁 |
|---|---|---|---|---|---|---|---|---|---|---|---|---|---|---|---|
| 许可公开总量（截至2023年年底）/件 | 15 228 | 10 541 | 11 336 | 8078 | 7257 | 5282 | 4135 | 3901 | 3638 | 3623 | 2311 | 2662 | 2009 | 1830 | 2210 |
| 2023年发明专利许可公开量/件 | 2513 | 1736 | 2495 | 1318 | 1256 | 1030 | 737 | 750 | 663 | 655 | 444 | 344 | 374 | 262 | 345 |
| 授权总量（截至2023年年底）/件 | 5819 | 5263 | 4291 | 3322 | 2904 | 2511 | 1769 | 1680 | 1523 | 1263 | 1060 | 928 | 881 | 866 | 831 |
| 2023年发明专利授权量/件 | 907 | 625 | 868 | 360 | 432 | 406 | 234 | 248 | 286 | 212 | 156 | 140 | 122 | 105 | 104 |

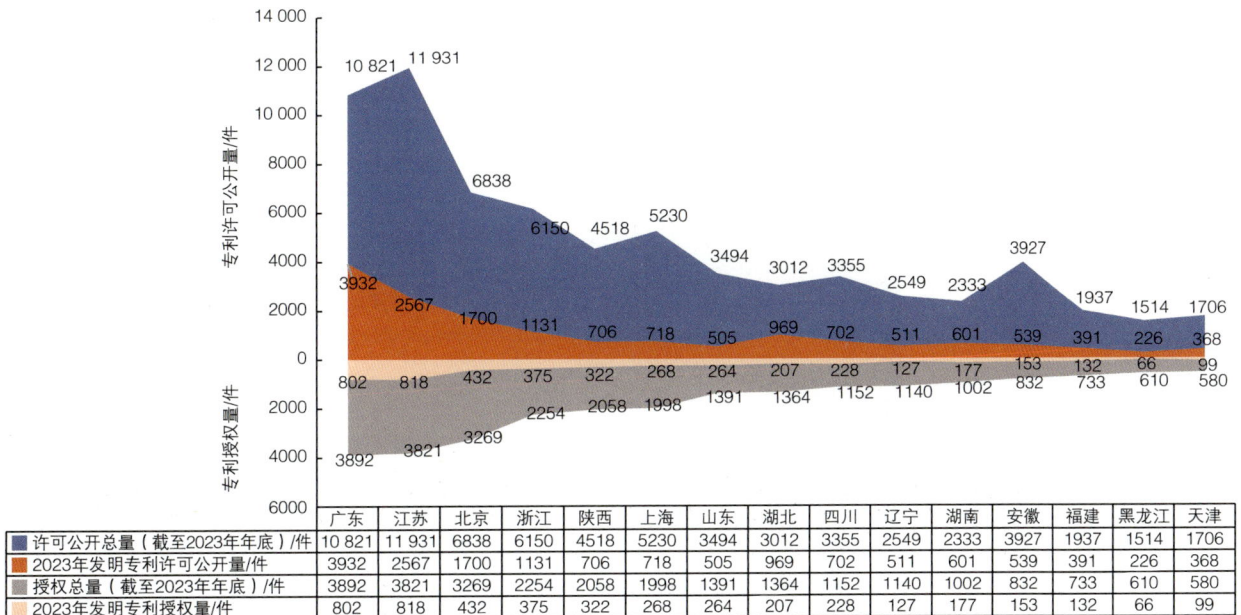

附图 1-5　增材制造技术领域部分省（自治区、直辖市）的国内发明专利数据

| | 广东 | 江苏 | 北京 | 浙江 | 陕西 | 上海 | 山东 | 湖北 | 四川 | 辽宁 | 湖南 | 安徽 | 福建 | 黑龙江 | 天津 |
|---|---|---|---|---|---|---|---|---|---|---|---|---|---|---|---|
| 许可公开总量（截至2023年年底）/件 | 10 821 | 11 931 | 6838 | 6150 | 4518 | 5230 | 3494 | 3012 | 3355 | 2549 | 2333 | 3927 | 1937 | 1514 | 1706 |
| 2023年发明专利许可公开量/件 | 3932 | 2567 | 1700 | 1131 | 706 | 718 | 505 | 969 | 702 | 511 | 601 | 539 | 391 | 226 | 368 |
| 授权总量（截至2023年年底）/件 | 3892 | 3821 | 3269 | 2254 | 2058 | 1998 | 1391 | 1364 | 1152 | 1140 | 1002 | 832 | 733 | 610 | 580 |
| 2023年发明专利授权量/件 | 802 | 818 | 432 | 375 | 322 | 268 | 264 | 207 | 228 | 127 | 177 | 153 | 132 | 66 | 99 |

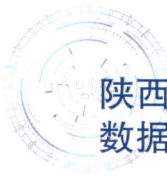

| | 江苏 | 广东 | 浙江 | 山东 | 北京 | 上海 | 安徽 | 辽宁 | 湖北 | 陕西 | 四川 | 湖南 | 重庆 | 福建 | 河南 |
|---|---|---|---|---|---|---|---|---|---|---|---|---|---|---|---|
| 许可公开总量（截至2023年年底）/件 | 23 654 | 15 189 | 11 936 | 6559 | 4474 | 5459 | 6873 | 4370 | 4312 | 3473 | 3514 | 2807 | 2371 | 2215 | 2235 |
| 2023年发明专利许可公开量/件 | 4217 | 2734 | 1688 | 1154 | 846 | 784 | 1017 | 630 | 737 | 607 | 723 | 545 | 332 | 226 | 399 |
| 授权总量（截至2023年年底）/件 | 7612 | 5505 | 4621 | 2682 | 2250 | 2136 | 1872 | 1810 | 1653 | 1492 | 1444 | 1084 | 877 | 814 | 408 |
| 2023年发明专利授权量/件 | 1604 | 1145 | 639 | 505 | 284 | 242 | 315 | 200 | 264 | 214 | 277 | 171 | 90 | 149 | 160 |

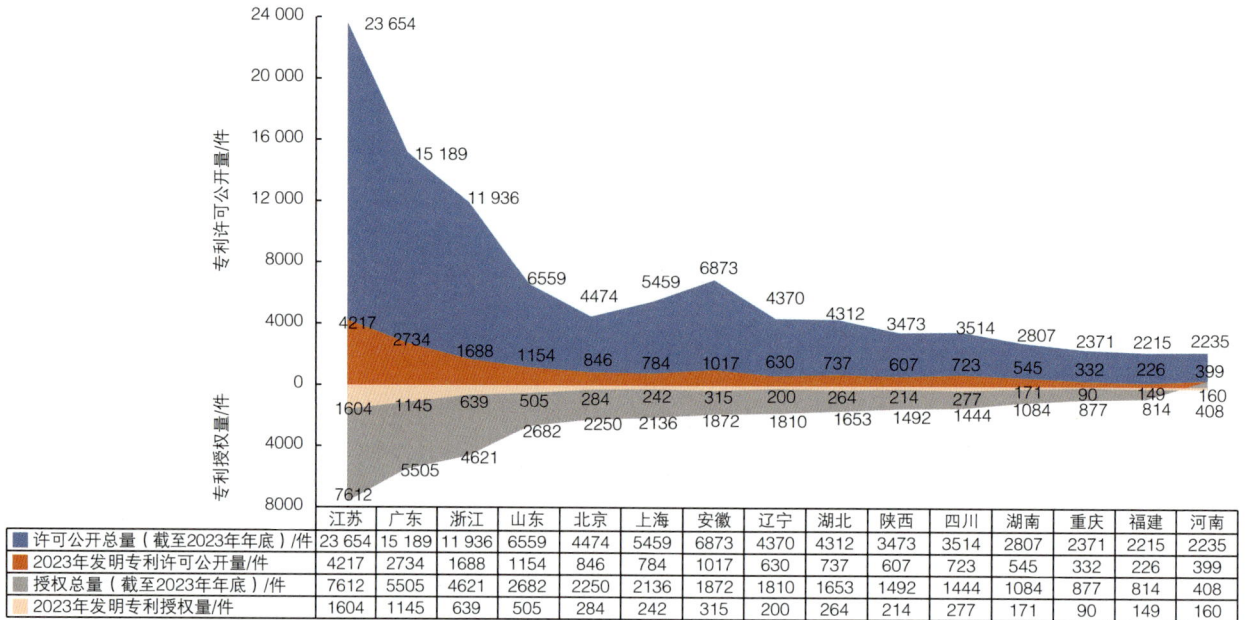

附图 1-6　数控机床技术领域部分省（自治区、直辖市）的国内发明专利数据

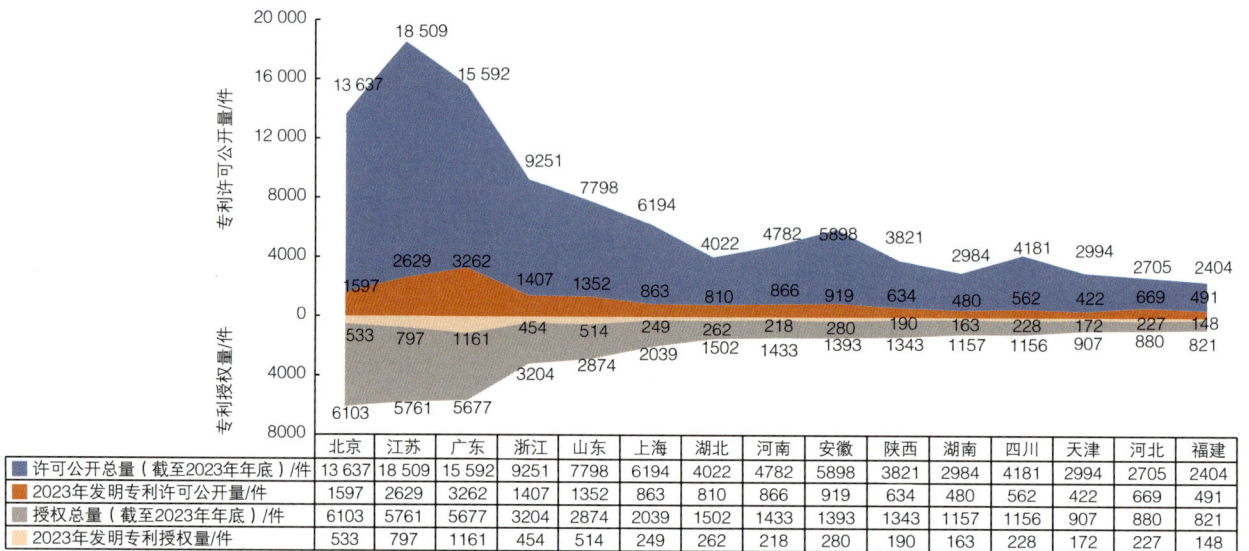

| | 北京 | 江苏 | 广东 | 浙江 | 山东 | 上海 | 湖北 | 河南 | 安徽 | 陕西 | 湖南 | 四川 | 天津 | 河北 | 福建 |
|---|---|---|---|---|---|---|---|---|---|---|---|---|---|---|---|
| 许可公开总量（截至2023年年底）/件 | 13 637 | 18 509 | 15 592 | 9251 | 7798 | 6194 | 4022 | 4782 | 5898 | 3821 | 2984 | 4181 | 2994 | 2705 | 2404 |
| 2023年发明专利许可公开量/件 | 1597 | 2629 | 3262 | 1407 | 1352 | 863 | 810 | 866 | 919 | 634 | 480 | 562 | 422 | 669 | 491 |
| 授权总量（截至2023年年底）/件 | 6103 | 5761 | 5677 | 3204 | 2874 | 2039 | 1502 | 1433 | 1393 | 1343 | 1157 | 1156 | 907 | 880 | 821 |
| 2023年发明专利授权量/件 | 533 | 797 | 1161 | 454 | 514 | 249 | 262 | 218 | 280 | 190 | 163 | 228 | 172 | 227 | 148 |

附图 1-7　输变电装备技术领域部分省（自治区、直辖市）的国内发明专利数据

## 部分技术领域部分省（自治区、直辖市）的国内发明专利数据

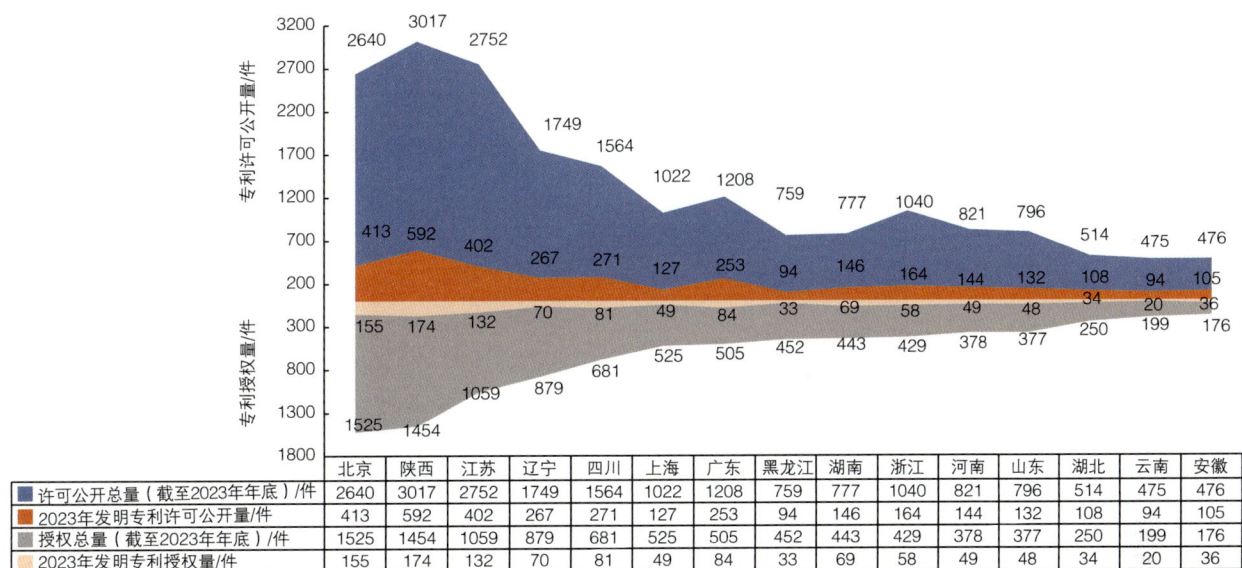

| | 北京 | 陕西 | 江苏 | 辽宁 | 四川 | 上海 | 广东 | 黑龙江 | 湖南 | 浙江 | 河南 | 山东 | 湖北 | 云南 | 安徽 |
|---|---|---|---|---|---|---|---|---|---|---|---|---|---|---|---|
| ■ 许可公开总量（截至2023年年底）/件 | 2640 | 3017 | 2752 | 1749 | 1564 | 1022 | 1208 | 759 | 777 | 1040 | 821 | 796 | 514 | 475 | 476 |
| ■ 2023年发明专利许可公开量/件 | 413 | 592 | 402 | 267 | 271 | 127 | 253 | 94 | 146 | 164 | 144 | 132 | 108 | 94 | 105 |
| ■ 授权总量（截至2023年年底）/件 | 1525 | 1454 | 1059 | 879 | 681 | 525 | 505 | 452 | 443 | 429 | 378 | 377 | 250 | 199 | 176 |
| □ 2023年发明专利授权量/件 | 155 | 174 | 132 | 70 | 81 | 49 | 84 | 33 | 69 | 58 | 49 | 48 | 34 | 20 | 36 |

附图 1-8　钛材料技术领域部分省（自治区、直辖市）的国内发明专利数据

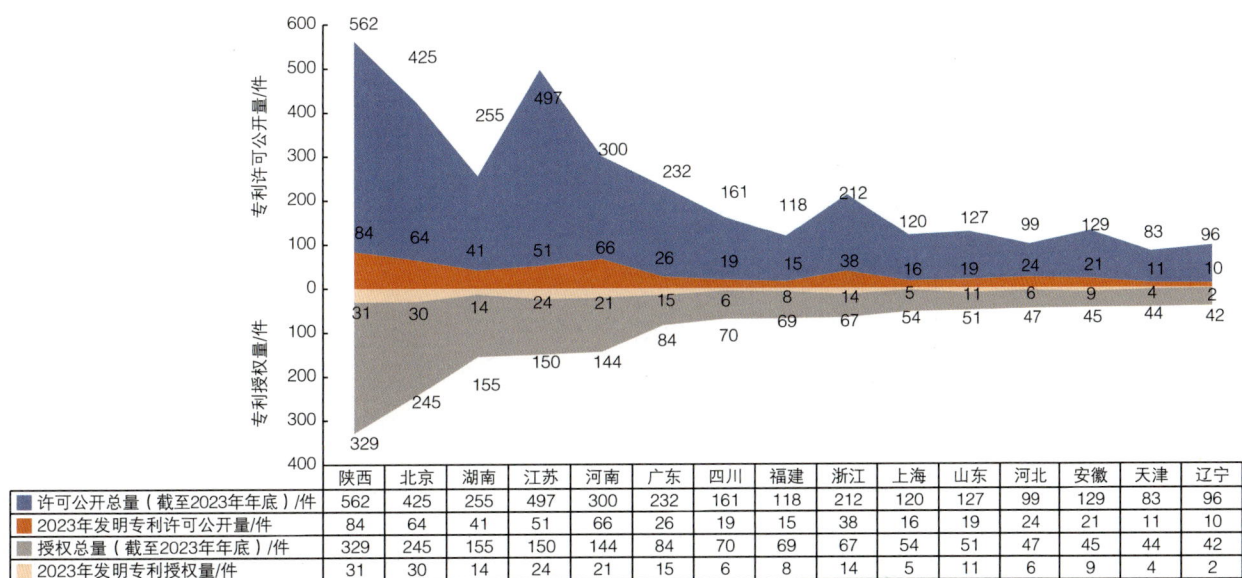

| | 陕西 | 北京 | 湖南 | 江苏 | 河南 | 广东 | 四川 | 福建 | 浙江 | 上海 | 山东 | 河北 | 安徽 | 天津 | 辽宁 |
|---|---|---|---|---|---|---|---|---|---|---|---|---|---|---|---|
| ■ 许可公开总量（截至2023年年底）/件 | 562 | 425 | 255 | 497 | 300 | 232 | 161 | 118 | 212 | 120 | 127 | 99 | 129 | 83 | 96 |
| ■ 2023年发明专利许可公开量/件 | 84 | 64 | 41 | 51 | 66 | 26 | 19 | 15 | 38 | 16 | 19 | 24 | 21 | 11 | 10 |
| ■ 授权总量（截至2023年年底）/件 | 329 | 245 | 155 | 150 | 144 | 84 | 70 | 69 | 67 | 54 | 51 | 47 | 45 | 44 | 42 |
| □ 2023年发明专利授权量/件 | 31 | 30 | 14 | 24 | 21 | 15 | 6 | 8 | 14 | 5 | 11 | 6 | 9 | 4 | 2 |

附图 1-9　钼材料技术领域部分省（自治区、直辖市）的国内发明专利数据

附图 1-10　石墨烯技术领域部分省（自治区、直辖市）的国内发明专利数据

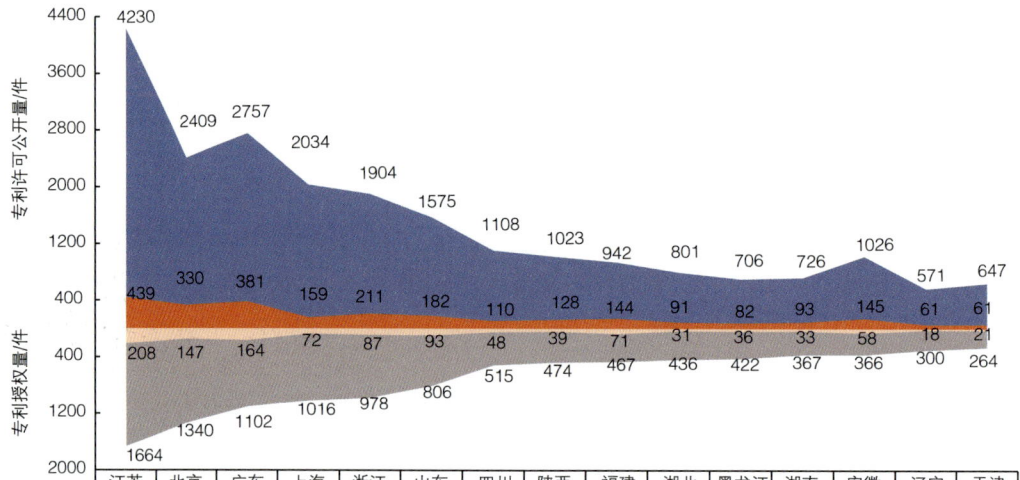

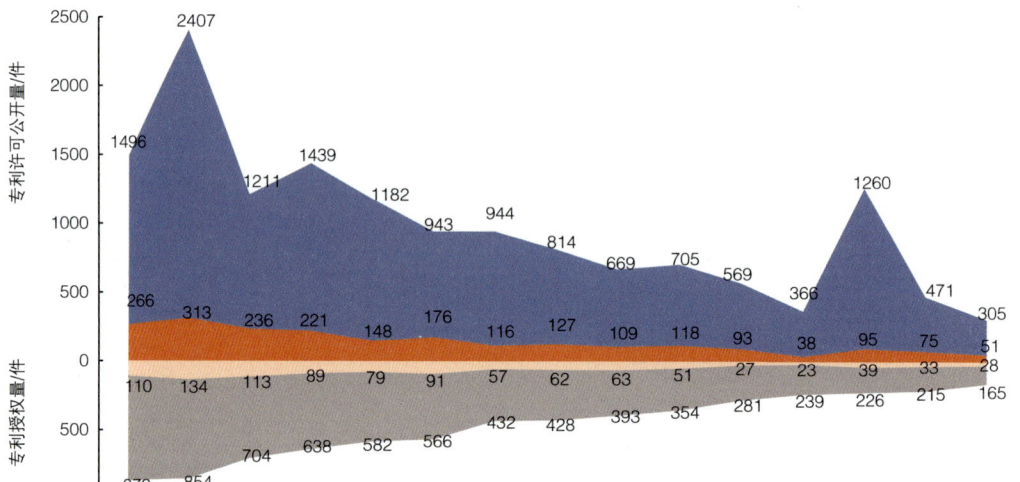

| | 江苏 | 北京 | 广东 | 上海 | 浙江 | 山东 | 四川 | 陕西 | 福建 | 湖北 | 黑龙江 | 湖南 | 安徽 | 辽宁 | 天津 |
|---|---|---|---|---|---|---|---|---|---|---|---|---|---|---|---|
| ■ 许可公开总量（截至2023年年底）/件 | 4230 | 2409 | 2757 | 2034 | 1904 | 1575 | 1108 | 1023 | 942 | 801 | 706 | 726 | 1026 | 571 | 647 |
| ■ 2023年发明专利许可公开量/件 | 439 | 330 | 381 | 159 | 211 | 182 | 110 | 128 | 144 | 91 | 82 | 93 | 145 | 61 | 61 |
| ■ 授权总量（截至2023年年底）/件 | 1664 | 1340 | 1102 | 1016 | 978 | 806 | 515 | 474 | 467 | 436 | 422 | 367 | 366 | 300 | 264 |
| ■ 2023年发明专利授权量/件 | 208 | 147 | 164 | 72 | 87 | 93 | 48 | 39 | 71 | 31 | 36 | 33 | 58 | 18 | 21 |

附图 1-11　陶瓷基复合材料技术领域部分省（自治区、直辖市）的国内发明专利数据

| | 北京 | 江苏 | 陕西 | 广东 | 山东 | 湖南 | 浙江 | 上海 | 湖北 | 河南 | 辽宁 | 黑龙江 | 安徽 | 四川 | 福建 |
|---|---|---|---|---|---|---|---|---|---|---|---|---|---|---|---|
| ■ 许可公开总量（截至2023年年底）/件 | 1496 | 2407 | 1211 | 1439 | 1182 | 943 | 944 | 814 | 669 | 705 | 569 | 366 | 1260 | 471 | 305 |
| ■ 2023年发明专利许可公开量/件 | 266 | 313 | 236 | 221 | 148 | 176 | 116 | 127 | 109 | 118 | 93 | 38 | 95 | 75 | 51 |
| ■ 授权总量（截至2023年年底）/件 | 870 | 854 | 704 | 638 | 582 | 566 | 432 | 428 | 393 | 354 | 281 | 239 | 226 | 215 | 165 |
| ■ 2023年发明专利授权量/件 | 110 | 134 | 113 | 89 | 79 | 91 | 57 | 62 | 63 | 51 | 27 | 23 | 39 | 33 | 28 |

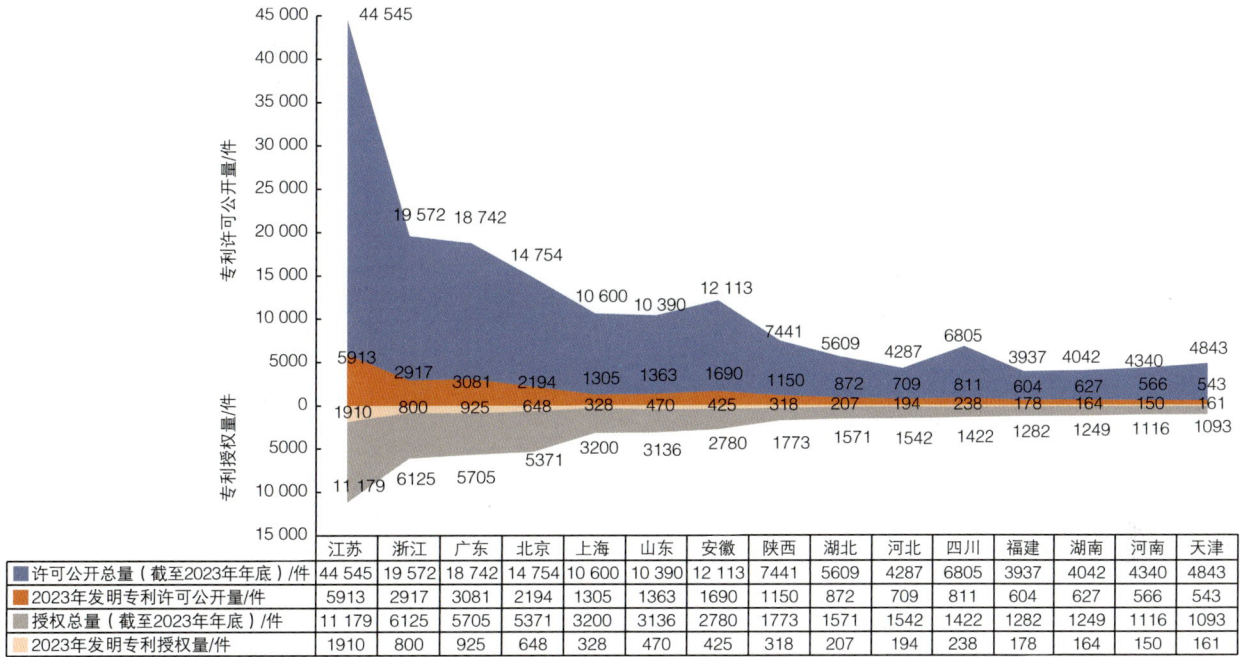

附图 1-12　太阳能光伏技术领域部分省（自治区、直辖市）的国内发明专利数据

| | 江苏 | 浙江 | 广东 | 北京 | 上海 | 山东 | 安徽 | 陕西 | 湖北 | 河北 | 四川 | 福建 | 湖南 | 河南 | 天津 |
|---|---|---|---|---|---|---|---|---|---|---|---|---|---|---|---|
| 许可公开总量（截至2023年年底）/件 | 44 545 | 19 572 | 18 742 | 14 754 | 10 600 | 10 390 | 12 113 | 7441 | 5609 | 4287 | 6805 | 3937 | 4042 | 4340 | 4843 |
| 2023年发明专利许可公开量/件 | 5913 | 2917 | 3081 | 2194 | 1305 | 1363 | 1690 | 1150 | 872 | 709 | 811 | 604 | 627 | 566 | 543 |
| 授权总量（截至2023年年底）/件 | 11 179 | 6125 | 5705 | 5371 | 3200 | 3136 | 2780 | 1773 | 1571 | 1542 | 1422 | 1282 | 1249 | 1116 | 1093 |
| 2023年发明专利授权量/件 | 1910 | 800 | 925 | 648 | 328 | 470 | 425 | 318 | 207 | 194 | 238 | 178 | 164 | 150 | 161 |

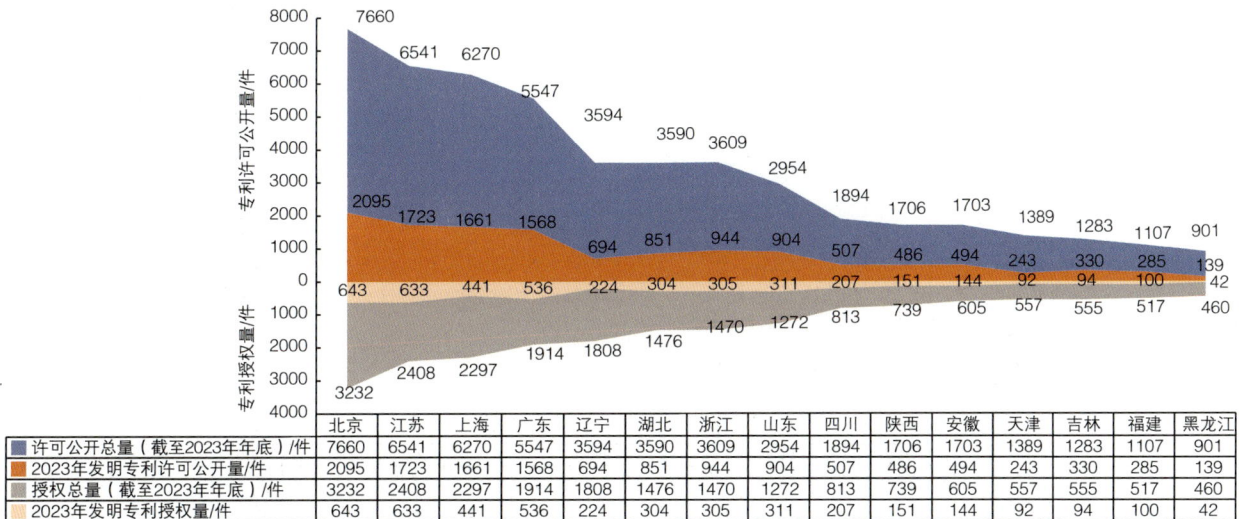

附图 1-13　氢能技术领域部分省（自治区、直辖市）的国内发明专利数据

| | 北京 | 江苏 | 上海 | 广东 | 辽宁 | 湖北 | 浙江 | 山东 | 四川 | 陕西 | 安徽 | 天津 | 吉林 | 福建 | 黑龙江 |
|---|---|---|---|---|---|---|---|---|---|---|---|---|---|---|---|
| 许可公开总量（截至2023年年底）/件 | 7660 | 6541 | 6270 | 5547 | 3594 | 3590 | 3609 | 2954 | 1894 | 1706 | 1703 | 1389 | 1283 | 1107 | 901 |
| 2023年发明专利许可公开量/件 | 2095 | 1723 | 1661 | 1568 | 694 | 851 | 944 | 904 | 507 | 486 | 494 | 243 | 330 | 285 | 139 |
| 授权总量（截至2023年年底）/件 | 3232 | 2408 | 2297 | 1914 | 1808 | 1476 | 1470 | 1272 | 813 | 739 | 605 | 557 | 555 | 517 | 460 |
| 2023年发明专利授权量/件 | 643 | 633 | 441 | 536 | 224 | 304 | 305 | 311 | 207 | 151 | 144 | 92 | 94 | 100 | 42 |

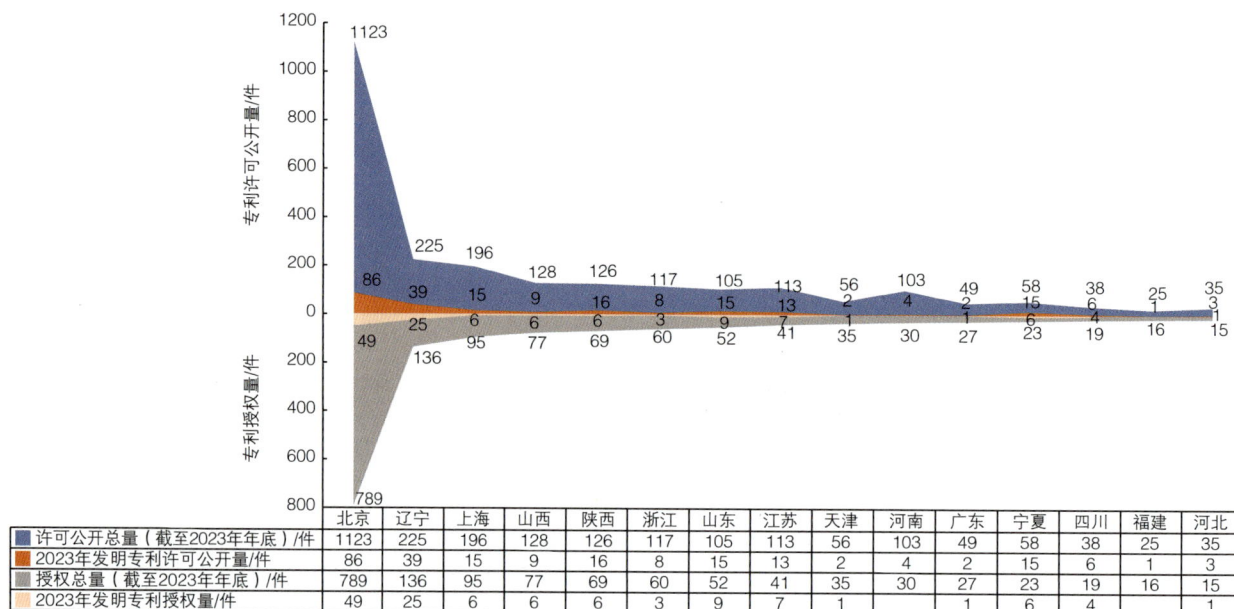

附图 1-14　煤制烯烃（芳烃）深加工技术领域部分省（自治区、直辖市）的国内发明专利数据

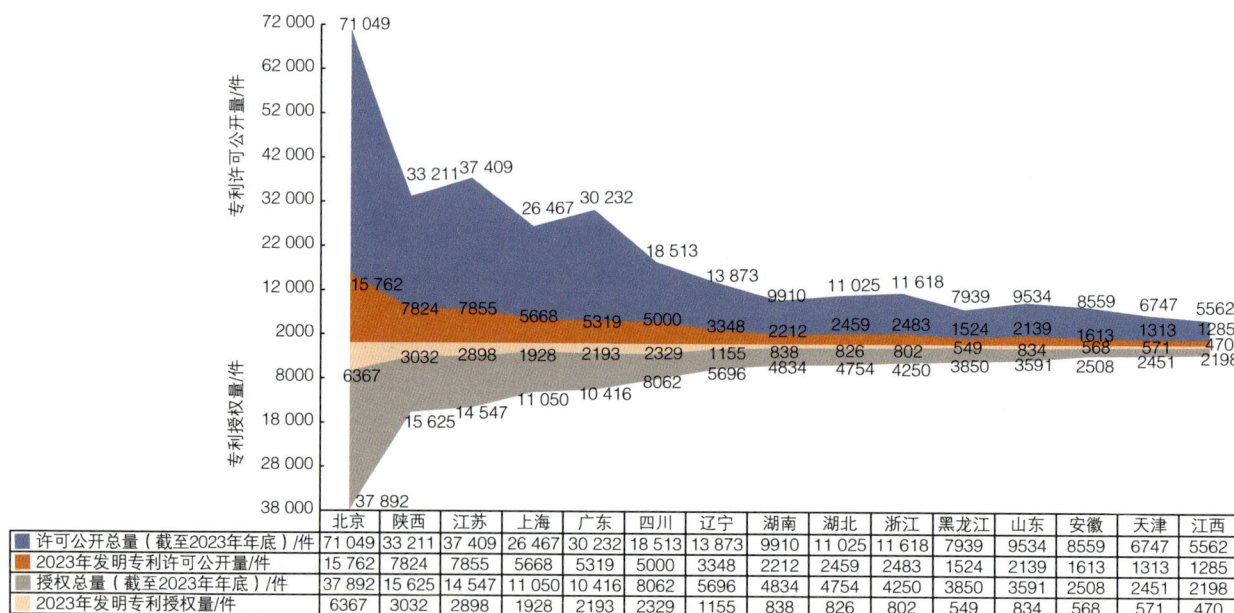

| | 北京 | 辽宁 | 上海 | 山西 | 陕西 | 浙江 | 山东 | 江苏 | 天津 | 河南 | 广东 | 宁夏 | 四川 | 福建 | 河北 |
|---|---|---|---|---|---|---|---|---|---|---|---|---|---|---|---|
| 许可公开总量（截至2023年年底）/件 | 1123 | 225 | 196 | 128 | 126 | 117 | 105 | 113 | 56 | 103 | 49 | 58 | 38 | 25 | 35 |
| 2023年发明专利许可公开量/件 | 86 | 39 | 15 | 9 | 16 | 8 | 15 | 13 | 2 | 4 | 2 | 15 | 6 | 1 | 3 |
| 授权总量（截至2023年年底）/件 | 789 | 136 | 95 | 77 | 69 | 60 | 52 | 41 | 35 | 30 | 27 | 23 | 19 | 16 | 15 |
| 2023年发明专利授权量/件 | 49 | 25 | 6 | 6 | 6 | 3 | 9 | 7 | 1 | | 1 | 6 | 4 | | 1 |

附图 1-15　航空航天技术领域部分省（自治区、直辖市）的国内发明专利数据

| | 北京 | 陕西 | 江苏 | 上海 | 广东 | 四川 | 辽宁 | 湖南 | 湖北 | 浙江 | 黑龙江 | 山东 | 安徽 | 天津 | 江西 |
|---|---|---|---|---|---|---|---|---|---|---|---|---|---|---|---|
| 许可公开总量（截至2023年年底）/件 | 71 049 | 33 211 | 37 409 | 26 467 | 30 232 | 18 513 | 13 873 | 9910 | 11 025 | 11 618 | 7939 | 9534 | 8559 | 6747 | 5562 |
| 2023年发明专利许可公开量/件 | 15 762 | 7824 | 7855 | 5668 | 5319 | 5000 | 3348 | 2212 | 2459 | 2483 | 1524 | 2139 | 1613 | 1313 | 1285 |
| 授权总量（截至2023年年底）/件 | 37 892 | 15 625 | 14 547 | 11 050 | 10 416 | 8062 | 5696 | 4834 | 4754 | 4250 | 3850 | 3591 | 2508 | 2451 | 2198 |
| 2023年发明专利授权量/件 | 6367 | 3032 | 2898 | 1928 | 2193 | 2329 | 1155 | 838 | 826 | 802 | 549 | 834 | 568 | 571 | 470 |

## 部分技术领域部分省（自治区、直辖市）的国内发明专利数据

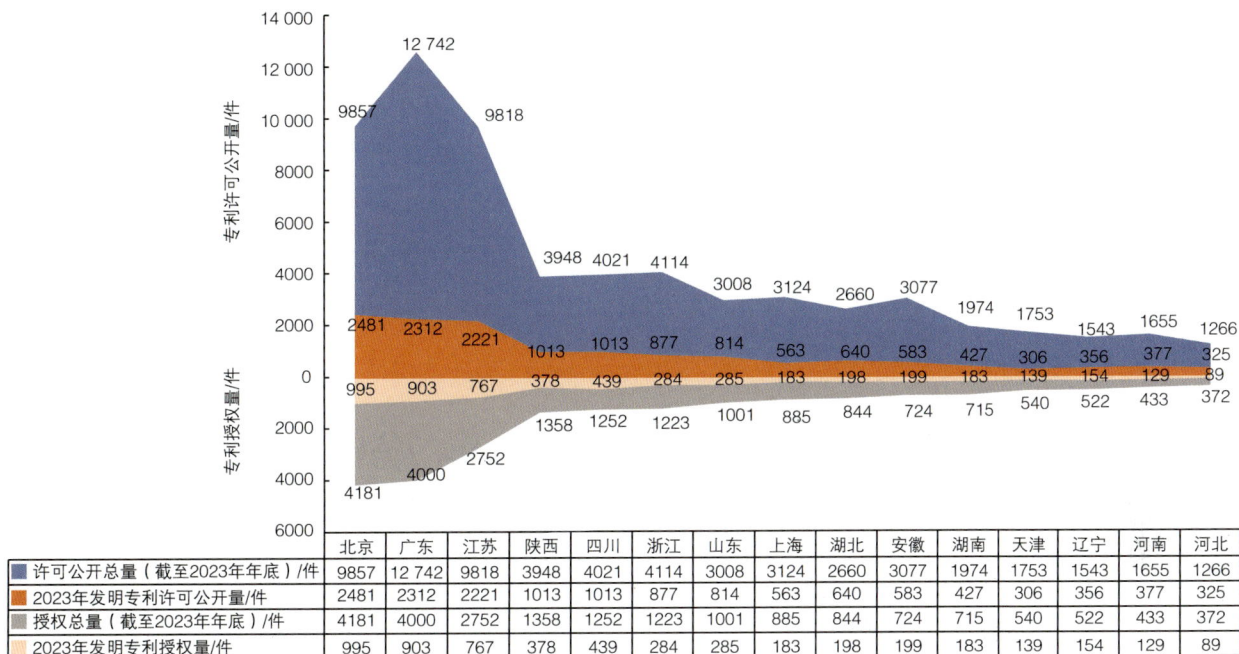

| | 北京 | 广东 | 江苏 | 陕西 | 四川 | 浙江 | 山东 | 上海 | 湖北 | 安徽 | 湖南 | 天津 | 辽宁 | 河南 | 河北 |
|---|---|---|---|---|---|---|---|---|---|---|---|---|---|---|---|
| 许可公开总量（截至2023年年底）/件 | 9857 | 12 742 | 9818 | 3948 | 4021 | 4114 | 3008 | 3124 | 2660 | 3077 | 1974 | 1753 | 1543 | 1655 | 1266 |
| 2023年发明专利许可公开量/件 | 2481 | 2312 | 2221 | 1013 | 1013 | 877 | 814 | 563 | 640 | 583 | 427 | 306 | 356 | 377 | 325 |
| 授权总量（截至2023年年底）/件 | 4181 | 4000 | 2752 | 1358 | 1252 | 1223 | 1001 | 885 | 844 | 724 | 715 | 540 | 522 | 433 | 372 |
| 2023年发明专利授权量/件 | 995 | 903 | 767 | 378 | 439 | 284 | 285 | 183 | 198 | 199 | 183 | 139 | 154 | 129 | 89 |

附图 1-16　民用无人机技术领域部分省（自治区、直辖市）的国内发明专利数据

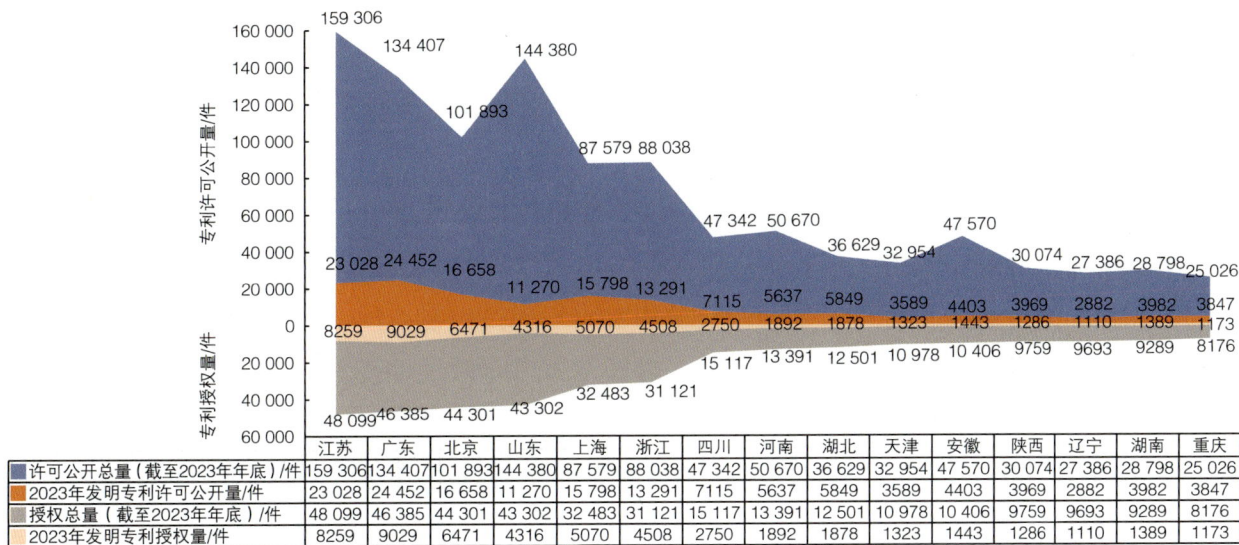

| | 江苏 | 广东 | 北京 | 山东 | 上海 | 浙江 | 四川 | 河南 | 湖北 | 天津 | 安徽 | 陕西 | 辽宁 | 湖南 | 重庆 |
|---|---|---|---|---|---|---|---|---|---|---|---|---|---|---|---|
| 许可公开总量（截至2023年年底）/件 | 159 306 | 134 407 | 101 893 | 144 380 | 87 579 | 88 038 | 47 342 | 50 670 | 36 629 | 32 954 | 47 570 | 30 074 | 27 386 | 28 798 | 25 026 |
| 2023年发明专利许可公开量/件 | 23 028 | 24 452 | 16 658 | 11 270 | 15 798 | 13 291 | 7115 | 5637 | 5849 | 3589 | 4403 | 3969 | 2882 | 3982 | 3847 |
| 授权总量（截至2023年年底）/件 | 48 099 | 46 385 | 44 301 | 43 302 | 32 483 | 31 121 | 15 117 | 13 391 | 12 501 | 10 978 | 10 406 | 9759 | 9693 | 9289 | 8176 |
| 2023年发明专利授权量/件 | 8259 | 9029 | 6471 | 4316 | 5070 | 4508 | 2750 | 1892 | 1878 | 1323 | 1443 | 1286 | 1110 | 1389 | 1173 |

附图 1-17　生物医药技术领域部分省（自治区、直辖市）的国内发明专利数据

# 指标解释

● 专利许可公开量 / 件：指当年许可公开的专利总数，包括发明专利公开量（当年授权的发明专利数量 + 当年许可公开但未授权的发明专利数量）、当年实用新型和外观设计授权量。

● 专利授权量 / 件：当年某地区各类申请人的专利授权数，包括授权发明专利、实用新型和外观设计 3 类。

● PCT 公开量 / 件：指发明人或发明持有者按世界知识产权组织 PCT 程序（国际阶段）提交的发明专利公开量。

● 专利技术分类：指按专利 IPC 分类号所划分的技术类别。

● 有效发明专利：指发明专利申请被授权后，仍处于有效状态的专利。

● 专利经济效率 /（件 / 百亿元）：指每百亿元 GDP 专利授权量，等于当年专利授权量 / 上一年度地区生产总值。

● 专利密度 /（件 / 万人）：指授权专利密度和有效发明专利密度。

● 授权专利密度 /（件 / 万人）：指每万人所拥有的专利授权量和每万人所拥有的发明专利授权量，等于截至当年年末专利授权量和发明专利授权量 / 上一年度年末常住人口数量。

● 有效发明专利密度 /（件 / 万人）：指每万人口有效发明专利拥有量，等于截至当年年末有效发明专利数量 / 上一年度年末常住人口数。

● 高价值专利贡献度：指区域高价值专利数量与区域所在上一级区域的整体高价值专利数量和之比。

● 专利含金量：指区域高价值专利数量与该区域总的专利数量之比。

附录三

# 2023 年陕西专利授权量 TOP 50 机构

| 序号 | 申请主体 | 专利数量 / 件 |
| --- | --- | --- |
| 1 | 西安交通大学 | 2078 |
| 2 | 西安电子科技大学 | 1785 |
| 3 | 西北工业大学 | 1669 |
| 4 | 中国人民解放军空军军医大学 | 1339 |
| 5 | 西安热工研究院有限公司 | 875 |
| 6 | 长安大学 | 852 |
| 7 | 西安理工大学 | 805 |
| 8 | 西北农林科技大学 | 783 |
| 9 | 陕西科技大学 | 647 |
| 10 | 西安建筑科技大学 | 633 |
| 11 | 西安科技大学 | 577 |
| 12 | 陕西法士特汽车传动集团有限责任公司 | 427 |
| 13 | 西北大学 | 416 |
| 14 | 隆基绿能科技股份有限公司 | 413 |
| 15 | 中国航空工业集团公司西安飞机设计研究所 | 392 |
| 16 | 西安石油大学 | 380 |
| 17 | 西安工业大学 | 365 |
| 18 | 中国人民解放军空军工程大学 | 343 |
| 19 | 中国科学院西安光学精密机械研究所 | 321 |
| 20 | 西安工程大学 | 295 |
| 21 | 中国电建集团西北勘测设计研究院有限公司 | 291 |

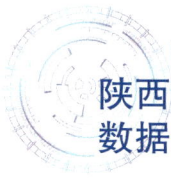

| 序号 | 申请主体 | 专利数量 / 件 |
| --- | --- | --- |
| 22 | 陕西师范大学 | 288 |
| 23 | 西安邮电大学 | 251 |
| 24 | 西安爱创新佳帮手智能科技有限公司 | 221 |
| 25 | 西安交通大学医学院第一附属医院 | 219 |
| 26 | 陕西飞机工业有限责任公司 | 218 |
| 27 | 中煤科工西安研究院（集团）有限公司 | 215 |
| 28 | 中国水利水电第三工程局有限公司 | 209 |
| 29 | 中国航空工业集团公司西安航空计算技术研究所 | 207 |
| 30 | 西安近代化学研究所 | 204 |
| 31 | 陕西理工大学 | 202 |
| 32 | 西安微电子技术研究所 | 199 |
| 33 | 咸阳中电彩虹集团控股有限公司 | 195 |
| 34 | 中国人民解放军火箭军工程大学 | 194 |
| 35 | 中铁第一勘察设计院集团有限公司 | 186 |
| 36 | 陕西延长石油（集团）有限责任公司 | 184 |
| 37 | 陕西倩华素姿智能科技有限公司 | 181 |
| 38 | 中建八局西北建设有限公司 | 175 |
| 39 | 西京学院 | 165 |
| 40 | 中航西安飞机工业集团股份有限公司 | 163 |
| 41 | 陕西奥林波斯电力能源有限责任公司 | 160 |
| 42 | 中国西电电气股份有限公司 | 157 |
| 43 | 西安佳赢企业管理咨询有限公司 | 149 |
| 44 | 西安诺瓦星云科技股份有限公司 | 144 |
| 45 | 中铁一局集团有限公司 | 143 |
| 46 | 中交二公局东萌工程有限公司 | 142 |
| 47 | 西北核技术研究所 | 141 |
| 48 | 中国航空工业集团公司西安飞行自动控制研究所 | 140 |
| 49 | 陕西中烟工业有限责任公司 | 139 |
| 50 | 中国飞机强度研究所 | 137 |

# 附录四

# 2023 年陕西发明专利授权量 TOP 50 机构

| 序号 | 申请主体 | 专利数量 / 件 |
|---|---|---|
| 1 | 西安交通大学 | 1875 |
| 2 | 西安电子科技大学 | 1739 |
| 3 | 西北工业大学 | 1381 |
| 4 | 西安理工大学 | 694 |
| 5 | 西安热工研究院有限公司 | 599 |
| 6 | 长安大学 | 561 |
| 7 | 陕西科技大学 | 487 |
| 8 | 西北大学 | 360 |
| 9 | 西安建筑科技大学 | 356 |
| 10 | 西安科技大学 | 344 |
| 11 | 西北农林科技大学 | 333 |
| 12 | 中国科学院西安光学精密机械研究所 | 290 |
| 13 | 中国人民解放军空军军医大学 | 286 |
| 14 | 西安工业大学 | 279 |
| 15 | 西安石油大学 | 258 |
| 16 | 陕西师范大学 | 258 |
| 17 | 中国人民解放军空军工程大学 | 243 |
| 18 | 西安工程大学 | 229 |
| 19 | 中国航空工业集团公司西安飞机设计研究所 | 217 |
| 20 | 西安邮电大学 | 214 |
| 21 | 西安近代化学研究所 | 204 |
| 22 | 西安微电子技术研究所 | 196 |

续表

| 序号 | 申请主体 | 专利数量/件 |
|---|---|---|
| 23 | 中国航空工业集团公司西安航空计算技术研究所 | 184 |
| 24 | 中煤科工西安研究院（集团）有限公司 | 164 |
| 25 | 中国人民解放军火箭军工程大学 | 158 |
| 26 | 中国飞机强度研究所 | 129 |
| 27 | 西安航天动力研究所 | 128 |
| 28 | 西安空间无线电技术研究所 | 117 |
| 29 | 陕西理工大学 | 115 |
| 30 | 西北核技术研究所 | 115 |
| 31 | 中航西安飞机工业集团股份有限公司 | 111 |
| 32 | 陕西莱特光电材料股份有限公司 | 109 |
| 33 | 西安航空学院 | 103 |
| 34 | 西安诺瓦星云科技股份有限公司 | 103 |
| 35 | 中国西安卫星测控中心 | 102 |
| 36 | 中铁第一勘察设计院集团有限公司 | 98 |
| 37 | 陕西法士特汽车传动集团有限责任公司 | 96 |
| 38 | 中国航发动力股份有限公司 | 93 |
| 39 | 西京学院 | 85 |
| 40 | 陕西延长石油（集团）有限责任公司 | 85 |
| 41 | 咸阳中电彩虹集团控股有限公司 | 79 |
| 42 | 西安西热节能技术有限公司 | 78 |
| 43 | 西安交通大学医学院第一附属医院 | 77 |
| 44 | 中国西电电气股份有限公司 | 61 |
| 45 | 中国重型机械研究院股份公司 | 61 |
| 46 | 中国人民武装警察部队工程大学 | 60 |
| 47 | 西安艾润物联网技术服务有限责任公司 | 60 |
| 48 | 中国科学院国家授时中心 | 59 |
| 49 | 中国航空工业集团公司西安飞行自动控制研究所 | 59 |
| 50 | 国网陕西省电力公司电力科学研究院 | 57 |
| 51 | 西安航天精密机电研究所 | 57 |
| 52 | 隆基绿能科技股份有限公司 | 57 |

# 2023 年陕西专利授权量 TOP 50 高校

| 序号 | 申请主体 | 专利数量/件 |
|---|---|---|
| 1 | 西安交通大学 | 2078 |
| 2 | 西安电子科技大学 | 1785 |
| 3 | 西北工业大学 | 1669 |
| 4 | 中国人民解放军空军军医大学 | 1339 |
| 5 | 长安大学 | 852 |
| 6 | 西安理工大学 | 805 |
| 7 | 西北农林科技大学 | 783 |
| 8 | 陕西科技大学 | 647 |
| 9 | 西安建筑科技大学 | 633 |
| 10 | 西安科技大学 | 577 |
| 11 | 西北大学 | 416 |
| 12 | 西安石油大学 | 380 |
| 13 | 西安工业大学 | 365 |
| 14 | 中国人民解放军空军工程大学 | 343 |
| 15 | 西安工程大学 | 295 |
| 16 | 陕西师范大学 | 288 |
| 17 | 西安邮电大学 | 251 |
| 18 | 陕西理工大学 | 202 |
| 19 | 中国人民解放军火箭军工程大学 | 194 |
| 20 | 西京学院 | 165 |
| 21 | 西安航空学院 | 133 |

| 序号 | 申请主体 | 专利数量/件 |
|---|---|---|
| 22 | 榆林学院 | 131 |
| 23 | 中国人民武装警察部队工程大学 | 116 |
| 24 | 西安外事学院 | 116 |
| 25 | 陕西铁路工程职业技术学院 | 77 |
| 26 | 陕西中医药大学 | 71 |
| 27 | 宝鸡文理学院 | 70 |
| 28 | 延安大学 | 70 |
| 29 | 陕西工业职业技术学院 | 67 |
| 30 | 陕西国防工业职业技术学院 | 65 |
| 31 | 西安医学院 | 57 |
| 32 | 西安培华学院 | 52 |
| 33 | 西安思源学院 | 52 |
| 34 | 陕西服装工程学院 | 46 |
| 35 | 商洛学院 | 44 |
| 36 | 西安文理学院 | 42 |
| 37 | 西安翻译学院 | 41 |
| 38 | 陕西国际商贸学院 | 35 |
| 39 | 西安航空职业技术学院 | 31 |
| 40 | 咸阳师范学院 | 30 |
| 41 | 西安财经大学 | 27 |
| 42 | 西安欧亚学院 | 25 |
| 43 | 陕西能源职业技术学院 | 22 |
| 44 | 咸阳职业技术学院 | 20 |
| 45 | 安康学院 | 20 |
| 46 | 陕西学前师范学院 | 20 |
| 47 | 渭南职业技术学院 | 19 |
| 48 | 西安铁路职业技术学院 | 19 |
| 49 | 西安汽车职业大学 | 18 |
| 50 | 铜川职业技术学院 | 18 |

# 2023 年陕西发明专利授权量 TOP 50 高校

| 序号 | 申请主体 | 专利数量 / 件 |
|---|---|---|
| 1 | 西安交通大学 | 1875 |
| 2 | 西安电子科技大学 | 1739 |
| 3 | 西北工业大学 | 1381 |
| 4 | 西安理工大学 | 694 |
| 5 | 长安大学 | 561 |
| 6 | 陕西科技大学 | 487 |
| 7 | 西北大学 | 360 |
| 8 | 西安建筑科技大学 | 356 |
| 9 | 西安科技大学 | 344 |
| 10 | 西北农林科技大学 | 333 |
| 11 | 中国人民解放军空军军医大学 | 286 |
| 12 | 西安工业大学 | 279 |
| 13 | 西安石油大学 | 258 |
| 14 | 陕西师范大学 | 258 |
| 15 | 中国人民解放军空军工程大学 | 243 |
| 16 | 西安工程大学 | 229 |
| 17 | 西安邮电大学 | 214 |
| 18 | 中国人民解放军火箭军工程大学 | 158 |
| 19 | 陕西理工大学 | 115 |
| 20 | 西安航空学院 | 103 |
| 21 | 西京学院 | 85 |
| 22 | 中国人民武装警察部队工程大学 | 60 |

| 序号 | 申请主体 | 专利数量 / 件 |
|---|---|---|
| 23 | 榆林学院 | 56 |
| 24 | 宝鸡文理学院 | 45 |
| 25 | 延安大学 | 42 |
| 26 | 西安医学院 | 37 |
| 27 | 陕西中医药大学 | 27 |
| 28 | 西安文理学院 | 25 |
| 29 | 商洛学院 | 23 |
| 30 | 西安外事学院 | 23 |
| 31 | 陕西工业职业技术学院 | 20 |
| 32 | 西安航空职业技术学院 | 18 |
| 33 | 咸阳师范学院 | 12 |
| 34 | 安康学院 | 12 |
| 35 | 陕西铁路工程职业技术学院 | 12 |
| 36 | 咸阳职业技术学院 | 10 |
| 37 | 西安思源学院 | 10 |
| 38 | 西安财经大学 | 10 |
| 39 | 陕西国际商贸学院 | 8 |
| 40 | 陕西国防工业职业技术学院 | 7 |
| 41 | 西安培华学院 | 6 |
| 42 | 陕西能源职业技术学院 | 6 |
| 43 | 陕西学前师范学院 | 5 |
| 44 | 西安交通工程学院 | 4 |
| 45 | 陕西交通职业技术学院 | 4 |
| 46 | 延安大学西安创新学院 | 2 |
| 47 | 延安职业技术学院 | 2 |
| 48 | 西安体育学院 | 2 |
| 49 | 西安欧亚学院 | 2 |
| 50 | 陕西广播电视大学（陕西工商职业学院） | 2 |
| 51 | 陕西服装工程学院 | 2 |

# 附录七

# 2023 年陕西专利授权量 TOP 50 企业

| 序号 | 申请主体 | 专利数量/件 |
|---|---|---|
| 1 | 西安热工研究院有限公司 | 875 |
| 2 | 陕西法士特汽车传动集团有限责任公司 | 427 |
| 3 | 隆基绿能科技股份有限公司 | 413 |
| 4 | 中国电建集团西北勘测设计研究院有限公司 | 291 |
| 5 | 西安爱创新佳帮手智能科技有限公司 | 221 |
| 6 | 陕西飞机工业有限责任公司 | 218 |
| 7 | 中煤科工西安研究院（集团）有限公司 | 215 |
| 8 | 中国水利水电第三工程局有限公司 | 209 |
| 9 | 咸阳中电彩虹集团控股有限公司 | 195 |
| 10 | 中铁第一勘察设计院集团有限公司 | 186 |
| 11 | 陕西延长石油（集团）有限责任公司 | 184 |
| 12 | 陕西倩华素姿智能科技有限公司 | 181 |
| 13 | 中建八局西北建设有限公司 | 175 |
| 14 | 中航西安飞机工业集团股份有限公司 | 163 |
| 15 | 陕西奥林波斯电力能源有限责任公司 | 160 |
| 16 | 中国西电电气股份有限公司 | 157 |
| 17 | 西安佳赢企业管理咨询有限公司 | 149 |
| 18 | 西安诺瓦星云科技股份有限公司 | 144 |
| 19 | 中铁一局集团有限公司 | 143 |
| 20 | 中交二公局东萌工程有限公司 | 142 |
| 21 | 陕西中烟工业有限责任公司 | 139 |
| 22 | 陕西汉德车桥有限公司 | 134 |

| 序号 | 申请主体 | 专利数量 / 件 |
|---|---|---|
| 23 | 中交第二公路工程局有限公司 | 129 |
| 24 | 西安国际医学中心有限公司 | 127 |
| 25 | 中国建筑西北设计研究院有限公司 | 123 |
| 26 | 陕西重型汽车有限公司 | 117 |
| 27 | 西安陕鼓动力股份有限公司 | 110 |
| 28 | 中煤航测遥感集团有限公司 | 106 |
| 29 | 中国水电建设集团十五工程局有限公司 | 101 |
| 30 | 中铁一局集团电务工程有限公司 | 98 |
| 31 | 中铁宝桥集团有限公司 | 98 |
| 32 | 陕西建工集团股份有限公司 | 96 |
| 33 | 中国航发动力股份有限公司 | 95 |
| 34 | 中建七局第四建筑有限公司 | 93 |
| 35 | 西安西热节能技术有限公司 | 93 |
| 36 | 中国重型机械研究院股份公司 | 89 |
| 37 | 陕西陕煤韩城矿业有限公司 | 89 |
| 38 | 西安佳品创意设计有限公司 | 87 |
| 39 | 中交二公局第五工程有限公司 | 85 |
| 40 | 西安航空制动科技有限公司 | 85 |
| 41 | 陕西建工第五建设集团有限公司 | 84 |
| 42 | 中国电力工程顾问集团西北电力设计院有限公司 | 81 |
| 43 | 中铁十二局集团有限公司 | 80 |
| 44 | 中交二公局第三工程有限公司 | 76 |
| 45 | 中交二公局铁路建设有限公司 | 76 |
| 46 | 陕西正通煤业有限责任公司 | 76 |
| 47 | 陕西省交通规划设计研究院有限公司 | 76 |
| 48 | 陕西建工机械施工集团有限公司 | 74 |
| 49 | 延长油田股份有限公司 | 73 |
| 50 | 陕西煤业化工集团有限责任公司 | 73 |

# 附录八

# 2023 年陕西发明专利授权量 TOP 50 企业

| 序号 | 申请主体 | 专利数量 / 件 |
|---|---|---|
| 1 | 西安热工研究院有限公司 | 599 |
| 2 | 中煤科工西安研究院（集团）有限公司 | 164 |
| 3 | 中航西安飞机工业集团股份有限公司 | 111 |
| 4 | 陕西莱特光电材料股份有限公司 | 109 |
| 5 | 西安诺瓦星云科技股份有限公司 | 103 |
| 6 | 中铁第一勘察设计院集团有限公司 | 98 |
| 7 | 陕西法士特汽车传动集团有限责任公司 | 96 |
| 8 | 中国航发动力股份有限公司 | 93 |
| 9 | 陕西延长石油（集团）有限责任公司 | 85 |
| 10 | 咸阳中电彩虹集团控股有限公司 | 79 |
| 11 | 西安西热节能技术有限公司 | 78 |
| 12 | 中国西电电气股份有限公司 | 61 |
| 13 | 中国重型机械研究院股份公司 | 61 |
| 14 | 西安艾润物联网技术服务有限责任公司 | 60 |
| 15 | 国网陕西省电力公司电力科学研究院 | 57 |
| 16 | 隆基绿能科技股份有限公司 | 57 |
| 17 | 西安万像电子科技有限公司 | 52 |
| 18 | 西安航空制动科技有限公司 | 52 |
| 19 | 中国电力工程顾问集团西北电力设计院有限公司 | 50 |
| 20 | 中国电建集团西北勘测设计研究院有限公司 | 50 |
| 21 | 陕西飞机工业有限责任公司 | 49 |
| 22 | 西安紫光国芯半导体有限公司 | 45 |

续表

| 序号 | 申请主体 | 专利数量 / 件 |
|---|---|---|
| 23 | 陕西煤业化工集团有限责任公司 | 45 |
| 24 | 西安易朴通讯技术有限公司 | 43 |
| 25 | 陕西航空电气有限责任公司 | 39 |
| 26 | 中国航发西安动力控制科技有限公司 | 38 |
| 27 | 西安稀有金属材料研究院有限公司 | 37 |
| 28 | 西安羚控电子科技有限公司 | 37 |
| 29 | 西安凯立新材料股份有限公司 | 36 |
| 30 | 西安翔腾微电子科技有限公司 | 36 |
| 31 | 西安爱生技术集团公司 | 36 |
| 32 | 中国水利水电第三工程局有限公司 | 34 |
| 33 | 中国移动通信集团陕西有限公司 | 34 |
| 34 | 中铁一局集团有限公司 | 33 |
| 35 | 中铁宝桥集团有限公司 | 33 |
| 36 | 西安航天发动机有限公司 | 33 |
| 37 | 国网陕西省电力公司 | 32 |
| 38 | 神华神东煤炭集团有限责任公司 | 32 |
| 39 | 中交第二公路工程局有限公司 | 31 |
| 40 | 西安奕斯伟硅片技术有限公司 | 31 |
| 41 | 西部超导材料科技股份有限公司 | 29 |
| 42 | 中国大唐集团科学技术研究院有限公司西北电力试验研究院 | 27 |
| 43 | 西安奕斯伟材料科技有限公司 | 27 |
| 44 | 西安昆仑工业（集团）有限责任公司 | 27 |
| 45 | 陕西合友网络科技有限公司 | 26 |
| 46 | 中煤能源研究院有限责任公司 | 25 |
| 47 | 宝鸡石油机械有限责任公司 | 25 |
| 48 | 陕西斯瑞新材料股份有限公司 | 25 |
| 49 | 中油国家油气钻井装备工程技术研究中心有限公司 | 24 |
| 50 | 中钢集团西安重机有限公司 | 23 |
| 51 | 拓尔微电子股份有限公司 | 23 |